JN223059

早稲田大学
自動車部品産業
研究所 **叢書①**

「100年に一度の変革期」を迎えた自動車産業の現状と課題

【編者】

中嶋聖雄 NAKAJIMA Seio

小林英夫 KOBAYASHI Hideo

小枝至 KOEDA Itaru

西村英俊 NISHIMURA Hidetoshi

高橋武秀 TAKAHASHI Takehide

柘植書房新社

「100年に一度の変革期」を迎えた自動車産業の現状と課題

目次

はしがき

　今日、自動車産業は「100 年に一度の変革期」にあると言われる。例えば、自動運転は実現するのか。実現するとすれば、いつ、どのようなかたちをとるのだろうか。現在、世界の自動車メーカーが、その開発にしのぎを削っている。また、電気自動車（EV）も、これまでの内燃機関中心の産業構造に大変革をもたらす可能性を秘めている。さらに、自動運転・EV 化に伴う新技術の導入とともに、研究開発やものづくりにおいても、従来の生産プロセスの改革が必要になってきている。世界に目を転じれば、頭打ちと言われる先進国でのスローダウンを尻目に、アジア・アフリカ・ラテンアメリカを中心とする新興国市場では、自動車生産・販売の双方において、新たなダイナミズムが生まれつつある。これら「100 年に一度の変革期」を構成するトレンドのうち、自動運転に関しては、すでに『自動運転の現状と課題』（2018 年、社会評論社）と題する編著を上梓しているので、本書では、そのほか三つのトレンド、すなわち、「I　EV の現状と自動車産業の対応」、「II　研究開発とモノづくりの新地平」、「III　新興市場の行方」について、16 章の論考と二つの座談会を所収した。各章は、「100 年に一度の変革期」を迎えた自動車産業の現状をできる限り正確に把握し、その前に立ちはだかる課題を明確化し、さらにその課題解決に向けての提言を模索する目的で執筆されている。

　我々は今まさに「変革」のただなかにおり、自動車産業は、様々な可能性・将来的発展の方向性を秘めたムービング・ターゲットである。したがって、編集方針としては、敢えて統一的な見解に収斂するように各章をアレンジするのでなく、なるべく多くの分野の専門家の考察を多元的に提示することをめざした。すなわち、大転換期の自動車産業を、技術論のみ、あるいは産業論のみ、といった単一の視点から論じるのではなく、当該現象に関わる種々の領域を網羅するかたちで、総合的・有機的に把握することに努めている。自動車産業発展の最終的な解を提示しているわけではないが、本書が新時代の自動車産業研究の新たな展開の一助となることを願っている。

　本書出版にあたっては、多くの方々のご協力とご支援をいただいた。ここに

すべてのお名前を挙げることはできないが、各章の執筆者及び、本書企画当初から強い関心を示していただき、編集作業へのサポートとご理解をいただいた柘植書房新社の上浦英俊氏に深く御礼申し上げたい。

　なお本書は、これまで『早稲田大学自動車部品産業研究所紀要』として出版されてきた同研究所の研究活動を、『早稲田大学自動車部品産業研究所叢書』として世に問う初めての書籍である。今後の展開に期待されたい。

　2019 年 6 月 11 日

中嶋　聖雄

I
EVの現状と自動車産業の対応

第1章　電気自動車の社会学・試論

中嶋聖雄

はじめに

　本章は、電気自動車（EV [electric vehicle]）という現象を、社会学的に分析するための理論的枠組みを準備することを目的としている。電気自動車を分析するに際して、有用であると思われる社会学的議論は無数にあるので、本章では、私の問題関心に即して、科学技術社会論という分野において彫琢されながら、現在は、その分野を越え、社会学、さらには社会科学全般に影響を与えつつあるアクターネットワーク理論（Actor-Network Theory; ANT）という議論に焦点を絞ることとする。その上で、社会学的見地が電気自動車という現象をどのようにとらえ得るのかを、経験的事例を挙げながら記述する。さらに、それら記述を踏まえて、各自動車メーカーおよび部品企業が、電気自動車化というトレンドの中で、進むべき方向性をどのように模索すべきかについての提言を行う。ただし、「提言」とは言っても、各メーカー、部品企業に、とるべき経営戦略を細かく指示するというのではなく、各企業が進むべき進路を自ら考えてゆくための分析的ツールを提供するということである。本章を読み進める上で、指針となる言葉を、世界的に著名な理論物理学者であるアルベルト・アインシュタインが残しているので、引用しよう。

　　リベラルアーツカレッジにおける教育の価値は、多くの事実を学ぶことにあるのではなく、教科書からは学ぶことのできない何かを考え出す力を鍛えることにある。[1]

　　　　　　　　　　　　　　　　（アルベルト・アインシュタイン 1921）

　もちろん、電気自動車という現象を理解するために、それにまつわる「多く

の事実を学ぶこと」は必須である。しかし、現前のこまごまとした事実を学ん
だとしても、それを自らの力で批判的に理解し、消化し、その結果をもとに、
自らが歩むべき道を決めてゆくためには、現実から一歩下がって、思考の抽象
度を一段階高めた上で、現実を俯瞰できる理論的枠組み——上記のアインシュ
タインの言葉に倣えば、「何かを考え出す力」——を会得する必要がある。特に、
現在の電気自動車のように、日々、技術が進歩し、その社会的意味付けもめま
ぐるしく変化している状況においては、多様な事象に応用できる理論的枠組み
をもつことが決定的に重要となる。本章がその一助になれば幸いである。

　本章の構成を述べよう。まず第 1 節では、社会学的アプローチの例として、
アクターネットワーク理論を紹介する。特に、1970 年代フランスにおける電
気自動車の「失敗」例についての研究が蓄積されているので、それを紹介し、
現代の電気自動車現象を分析的にとらえる準備をする。第 2 節では、前節で紹
介されたアクターネットワーク理論による電気自動車研究から得られた知見を
援用し、今日、電気自動車の世界で起こっている現象を読み解いてゆくことに
する。最後に、結論において、本章の議論を総括し、自動車メーカー、部品メー
カーへの提言を行う。

1. アクターネットワーク理論による電気自動車研究[2]

　アクターネットワーク理論は、もともとは科学技術社会論の一分野、特に
科学実験室のエスノグラフィーとして展開されたアプローチだが（e.g. Latour
1987; Latour and Woolgar 1986 [1979]）、現在は、経済（e.g., Callon 1998）、アート（e.g.,
Hennion and Grenier 2000）、 音楽（e.g., Hennion 1993）、 都市研究（e.g., Farias
and Bender 2010）、麻薬常習者（e.g., Gomart 2002）、組織（e.g., Czarniawska and
Hernes 2005）、法律（e.g., Latour 2010 [2002]）、メディア（e.g., Nakajima 2013）、さ
らに自動運転自動車（e.g., 中嶋 2018）のように、非常に多岐にわたる経験的事
象に応用されている。アクターネットワーク理論を援用して、電気自動車につ
いて論じた著名な研究があるので、本章ではそれを紹介しよう。1970 年代フ
ランスにおける電気自動車開発プロジェクトの「失敗」を分析した研究である
（Callon 1980, 1986a, 1987）。

1973年、フランス電力公社（Electricité de France [EDF]）が、電気自動車（véhicule electrique [VEL]）の開発計画を提示した。その計画は、「それが推奨しようとする自動車の詳細な特徴だけでなく、その自動車が機能する社会的世界までも決めていた。」（Callon 1986a: 21）。まず社会像については、新しい社会運動を担うポスト工業化的な消費者を指定し、ある特定の歴史観を提出する。産業社会の権化とも言える、内燃機関を有した自動車は、大気汚染と騒音の元凶とされ、また、自動車は、所有自体がステータス・シンボルとなるような過度な消費社会の弊害として描かれる。他方、EDF の提唱する電気自動車は、電気を推進力とするため大気汚染や騒音問題を解決するだけでなく、過剰な機能を搭載せず市民の移動に役立つだけのものとして構想されているため、過剰消費社会の弊害をも解決するものとされる。このような社会像とともに、EDF は、電気自動車開発に参加する組織とその役割も、細かく定立する。例えば、CGE（Compagnie Générale d' Electricité）は電気モーターと燃料電池、より良質な鉛蓄電池の開発、ルノーはシャーシとボディを製造、政府省庁は VEL に有利な規制を制定し補助金を出す。そのほかにも、研究所や科学者と協力する都市公共交通を運営する企業、等々が提示される。

　上述のように、アクターネットワーク理論は、自然物・人工物を含む非・人間（non-humans）と人間をシンメトリカルに扱うので、VEL の成功裡な開発には、蓄電池、燃料電池、電極、電子、触媒、電解質などの物質も重要な参加者となる（Callon 1987: 86）。一般的な社会学的アプローチは、ともすれば、社会決定論——特定の人物や組織の意図が事象を決定するという見方——に傾きがちである。社会決定論的な見方に従えば、VEL の失敗は、特定の（人間）組織、例えばルノーの VEL プロジェクトへの反対（実際にルノーは、1973 年にはプロジェクトへの参加を表明していたが、数年後には、EDF が措定したルノーが果たすべき役割、燃料電池の開発の可能性、消費者の選好、内燃機関の将来に対する疑問、のすべてに反対する書籍を出版した [Callon 1986a: 25]）に帰するか、複数の組織の利害関係の調整に失敗したと説明するだろう。また、反対に技術決定論——技術の客観的・科学的性質が事象を決定するという見方——によれば、燃料電池の開発にさえ成功していれば、組織はプランを遂行していたであろう、というような、技術原因論的な立場をとる。他方、アクターネットワーク理論は上記すべての

アクターを社会現象（例えば電気自動車の開発）を構成するアクター[3] として取り扱い、その総体をアクターネットワークと呼ぶ。アクターネットワーク理論は、現象をヒトとモノによって構成されたアクターネットワークとしてとらえるので、失敗（あるいは成功）をヒトとモノの関係性の帰結として説明する。カロンの言葉を引くと：

　……もし電子がその役割を果たさなかったら、またもし触媒が汚染されたら、消費者が新しい自動車を拒否すること、新しい規制が施行されないこと、あるいはルノーが頑なに R5 [小型ガソリン車の一モデル——筆者] を開発すること、と同じくらい悲惨な結果となるのである。

(Callon 1987: 86)

　VEL の構成要素は、電極の間を自由に行き来する電子；社会的ステータス・シンボルとしての自動車を捨てて公共交通にコミットする消費者；騒音の許容レベルに関する法律を定める生活の質省 [Ministry of the Quality of Life；現エコロジー・持続可能開発・エネルギー省——筆者]；ボディ生産者としての役割を担うルノー；改善された鉛蓄電池；来るべきポスト工業化社会という概念、等々である。これら構成要素のどれも、アプリオリに、その重要性を決めることはできないし、その性質によって区別することはできない。公共交通機関を支持する社会活動家は、何百回も再充電できる鉛蓄電池と同様に重要なのである。

(Callon 1987: 86)

　カロンは、さらに、「アクターワールド」（actor-world）、「翻訳」（translation）、そして「単純化」（simplification）と「並列化」（juxtaposition）という概念を提示する。それぞれ説明しよう。

　まず「アクターワールド」という概念は、上記に詳述したアクターネットワークという概念の特殊型であると言えるだろう。上述の例で言うと、「我々がアクターワールドと呼ぶことを提案するものが存在する。その世界＝ワールドにおいては、その主導者である EDF が、その構成要素ともなる。」（Callon 1986a:

22）換言すると、アクターネットワークが、ヒトとモノがつながっている状態を社会ととらえる最も一般的な用語であるのに対して、アクターワールドは、「アクターネットワークによって創出された存在物の世界」（Callon, Law and Rip 1986: xvi）であり、それはアクターネットワーク一般が、ある特定の世界像・社会像（例えば、「EDF が主導し、EV が自動車の中心となる社会」）によって切り取られた特定の領域であると言えるだろう。[4]

　次に、「翻訳」の概念を紹介しよう。[5] 翻訳とは多種多様なアクターが結びつくためのプロセスであるが、成功裡な翻訳には、以下の四つのステップが必要となる（Callon 1986b: 203-219）。本章で扱う EV の事例に即して記述しよう。まず第一に、「問題化」（problematization）(Callon 1986a: 26, 1986b: 203)。上述のように、公害や過剰消費社会という問題が設定され、その解決としての電気自動車の必要性が唱えられる。またその問題化の過程で、EDF が、それが主導する、「EDF アクターワールド」（Callon 1986a: 22）において「必須通過点」（obligatory points of passage）(Callon 1986a: 26-27, Callon 1986b: 205-06) となるような問題設定がなされる。第二に、「利害関心化」（interessement）(Callon 1986b: 206-11)。例えば、消費者の利害関心は、環境に配慮し、健康を希求する人間；ルノーはボディーメーカーたることを欲するというような、いわば、利害関心に基づくアイデンティティの定義づけが行われる。第三に、「登録」（enrollment）(Callon 1986a: 24, Callon 1986b: 211-14)。上記、「問題化」と「利害関心化」を経た上で、アクターの役割定義と調整が行われ（Callon 1986b: 211）、アクターワールドへの実際の参加が促されるプロセスである。例えば、EDF アクターワールドに、EDF、ルノー、一般の消費者、社会運動グループ、政府各省庁、燃料電池の触媒などが「登録」される。第四のステップは「動員」（mobilization）(Callon 1986b: 214-19) である。「動員」とは、特定のアクターが、複数のアクターを動員して、その代表として措定されるプロセスである。例えば、EDF、CGE、ルノーにおいては VEL プロジェクト・リーダーが味方を動員し、メディアにとりあげられる EV に好意的な消費者が、無数にいる一般消費者を動員し、EV に親和的なグループが各社会運動グループを動員し、各省庁では VEL プロジェクト担当者がその他の職員・部署を動員し、燃料電池においては、特定の触媒が、それ以外の要素を動員する。上記四つのプロセスがうまく遂行さ

れたときに、アクターネットワークが凝固化し、安定したアクターワールド——
——EVを自動車社会の中心に据えたEDFアクターワールド——が編成される。
他方、あるアクター、例えばルノーが上記のプロセスのどこかでボディメーター
たることを拒否したり、触媒が汚染されないという役割を果たさなかった場合
——それは「反逆」("treason, *tradutore-traditore*")（Callon 1986a: 25）とも呼ば
れる——アクターワールドは崩壊し、EVのような技術は失敗に終わるのであ
る。

　次に、「単純化」（simplification）と「並列化」（juxtaposition）（Callon 1986a: 28-
33）という概念を紹介しよう。まず、「それぞれの存在物の背後には、その存在
物が様々な程度にまとめあげている他の諸存在物が隠れている。我々は、それ
らが顕現するまで、それらを見ることも知ることも、ほとんどできない。」(Callon
1986a: 30)。あるアクター——例えばルノー——が、EVアクターワールドへの
参加者でありうるのは、その背後に、例えば、ガソリン車を主軸とするアクター
ワールドにかかわる様々な要素が存在するからであって、さらに言えば、それ
らの複雑なネットワークに同時参加（「並列化」）しているからこそ、ルノーが
確固たる存在として存在しうるのである。換言すると、「単純化」され、ある
特定のアクターワールドに還元される可能性を持つ複雑な「並列化」が背後に
あるからこそルノーはルノー足りうるのである。カロンの言葉を引くと、「あ
るアクターワールドにおける存在物——単純化された存在物——は、それをと
りまくコンテキストの中で——すなわち、その存在物がリンクされている他の
諸存在物との並列状態において——しか存在し得ない」(Callon 1986a: 30)ので
ある。

　例えば、上述のように、ルノーは、VELプロジェクトとR5のような小型
ガソリン車プロジェクトの双方にかかわっていた。あるアクターワールドにア
クターがうまく翻訳されるためには、「単純化」が必要となるので、例えば、
EDFアクターワールドの例でいえば、翻訳の「利害関心化」において、「ルノー
はボディメーカーであることを欲する」という単純化が行われた。ただし、「単
純化」の背後には、アクターが他のアクターワールドに同時参加しているとい
う「並列化」が存在しており、ルノーの例でいうと、「ルノーはガソリン車メー
カーであることから利益を得る」という命題が、上記の「ルノーは（EV車両の）

ボディメーカーであることを欲する」という命題と並列して存在している。そして、EV アクターワールドの視点からすると、背後に隠されていた、「並列化」されたガソリン車を軸としたアクターワールドに参加する諸要素が強く表出したため、EDF アクターワールドは、不安定化し、究極的には失敗したのである。

　次節では、本節で紹介したアクターネットワーク理論の見地を援用して、今日の EV 現象を読み解いてゆくことにするが、その前に、アクターネットワーク理論に関して、もう一点だけ、追加的な情報を記しておこう。

　まず、上記で特に焦点を当てて論じたミシェル・カロンであるが、彼は、現在、パリ国立高等鉱業学校 (École Nationale Supérieure des Mines de Paris；通称 Mines ParisTech)の社会学教授である。同校のイノベーションの社会学センター (Centre de Sociologie de l' Innovation) のメンバーであり、1982 年から 1994 年にかけては、同センターのディレクターを務めた。カロンは、ブルーノ・ラトゥール、ジョン・ローとともに、アクターネットワーク理論の主要な提唱者の一人とされる。特に、「翻訳」(translation)の概念を精緻化し、「翻訳の社会学」(sociology of translation) (Callon 1986b) を提起したことで知られる。カロンが現在所属し、ラトゥールも以前所属したパリ国立高等鉱業学校は、1783 年に、鉱山工学の技術者養成のために設立された教育機関であるが、現在は、自動車を含む幅広い工学系の技術者養成機関として有名であり、フランスの少数精鋭のエリート高等職業教育機関であるグランゼコール (Grandes Écoles) の一つであることからも分かるように、フランスの研究・教育界において大きな影響力を持つ。出身者も、フランス国内はもちろん世界的に、幅広い分野——政界、財界、教育・研究界等——で活躍する（した）人々を含んでいる。例えば、数学者で科学哲学者でもあるアンリ・ポアンカレ、元フランス大統領のアルベール・ルブラン、経済学者のレオン・ワルラスの他、自動車業界では、グループ PSA （旧 PSA・プジョーシトロエン)元 CEO の Jean-Martin Folz、日産自動車の元会長カルロス・ゴーンがいる。ゴーンは、エコール・ポリテクニーク (École Polytechnique；理工系グランゼコールの一つ）を卒業後、パリ国立高等鉱業学校で工学博士号を取得している。カルロス・ゴーンを含め、パリ国立高等鉱業学校を卒業し、今日の自動車業界で活躍している経営者・技術者のすべてが、アクターネットワーク理論に関する教育を受けたわけではないだろうが、アクターネットワーク理

論の世界的中心拠点とされるパリ国立高等鉱業学校から、フランスをはじめヨーロッパ・世界各国の自動車業界で活躍している人材が輩出されていることには、注目すべきであり、アクターネットワーク理論的な考え方——例えば、アクターワールドの概念が示唆するように、ヴィジョンによって現実世界を作り上げてゆくことの重要性；アクターネットワークを強固にするために、様々なアクターを「翻訳」して味方につけていくことの重要性、等——が世界の自動車業界に影響を与えている可能性はある。特に、政治・経済・軍事・芸術・理工学といった職業と密接に関連する「実学」教育を第一義的な目的とするグランゼコールの一つであるパリ国立高等鉱業学校においても、イノベーション全般を研究するセンターがあり、そこでアクターネットワーク理論のような汎用性の高い議論が彫琢されているということは、フランスのグランゼコールが、焦点を絞った職業的専門知識・技術の修得に重点を置く一方で、幅広い分野に応用可能な教養教育・一般理論の構築にも力を入れている証であるといえる。換言すると、アクターネットワーク理論は、使用される概念が複雑・難解であるがゆえに、純粋学術的で現実の自動車業界とは一見無縁のように見えるかも知れないが、特に EV のような、複雑で日新月歩の技術を正確に読み解いていくためには、有効な議論であることを強調したい。上記、アインシュタインのひそみに倣えば、アクターネットワーク理論は、すぐに利用できる「多くの事実」を提供するものではないかも知れないが、「教科書からは学ぶことのできない何かを考え出す力」を鍛えるツールとしては有効な理論であろう。

2　今日の EV 現象をアクターネットワーク理論で読み解く

　本節では、上記第 1 節で紹介したアクターネットワーク理論の考え方、またそれによる 1970 年代フランスにおける電気自動車の「失敗」例を踏まえて，今日の EV 現象について考えてみることにする。紙幅の関係から、本節では、特にアクターワールドの概念を援用しよう。

　まず第一に強調しておきたいのは、特に現在の EV 現象のような発展途上の技術においては、複数の、時には対立するアクターワールドが併存するということである。最も一般的な意味においてのアクターネットワークは、複数のア

クターの結びつきであるから、EV 現象にも非常に多数のアクターネットワークが存在するが、それらを特定のヴィジョン・世界観によって切り取ったアクターワールドには、主に次のようなものがあるだろう。

まず自動車産業内のアクターワールドとして、各自動車メーカーのアクターワールドがあり、それは「既存勢力」であるトヨタ、ダイムラー、GM のようなガソリン車においても重要なアクターであった自動車メーカーと、EV を含む次世代自動車の勃興とともに現れてきた「新興勢力」であるテスラ、中国のバイトンのようなメーカーに大きく二分されるだろう。[6]

次に、個別企業をまたぐアクターワールドがある。現在、EV を取り巻く世界の中で、特に重要なものは、MaaS（Mobility as a Service）という世界観によって構成されるアクターワールドと、CASE（Connected, Autonomous, Sharing and Services, Electric）の世界観によって構成されるアクターワールドであろう。MaaS と CASE は重なる部分も多いが、細かい違いもあるので、下記で、双方について論じる。

他方、自動車産業の「外」にも、EV に関わるアクターワールドが存在する。例えば、不動産業において、EV の出現によって、そこにおける商品（住宅、店舗等）のありかたが変化する可能性があるため、EV に関わるアクターワールドが存在する。また、より広く、街づくり・都市政策の分野においてもアクターワールドは存在するだろう。そこでは、スマートグリッドやスマートシティといった概念・世界観によってアクターワールドが編成されることとなる。さらに、近年の防災・減災への関心の増大に照らして、「災害」という分野においても、EV にまつわるアクターワールドは存在する。さらに視点をずらせば、地域別のアクターワールドとういものも存在するだろう。例えば、EV の普及率が高いノルウェーなどの北欧諸国、日本の離島地域、韓国の済州島、アメリカではカリフォルニア州やハワイ州において、独特の EV アクターワールドが存在する。以下において、上記それぞれのアクターワールドについて、見てゆこう。

(1) 自動車産業内のアクターワールド

i) 各自動車メーカーのアクターワールド

「既存勢力」のアクターワールド：トヨタの例

まずトヨタのアクターワールドについて、記述しよう。もちろん、同じ企業内でも、EVの推進に積極的な部署とそうでない部署との差は存在するだろうが、[7] 企業全体として、トヨタのアクターワールドは、技術と社会（人間）の共同・協同・協働で安全が実現され、自動運転・EV等の次世代自動車技術は、非常に重要ではあるが、その一つの要素でしかない、というものだと言えるだろう。[8]

上記の世界観を端的に示すトヨタのCMがあるので紹介しよう。[9] そのビデオでは、まず、小学校の図工室で児童が先生の指導のもと、工作をしている場面が流れる。よく見ると、児童が楽しそうに、魚をかたどった色紙をはさみで切り取っている。次に、場面は変わり、まだ日が高い時間に、児童たちが学校の外へ出てゆく。子供たちは、街ゆく人々に声をかけながら、その人々の背中に、さきほど教室で作った工作の魚をはりつけてゆく。時間がたち、日は暮れ、街は暗くなる。街灯があるとは言え、自動車の運転手から歩行者が見えにくくなる時間帯である。車が通過し、ヘッドライトが歩行者を照らし出す。この時に初めて、工作でつくられた魚の意味が明らかにされる。切り取られた色とりどりの魚は反射板で作られており、それが歩行者の背中に張られたことによって、ヘッドライトの光が反射し、事故を防ぐのである。このCMのメッセージは明らかである。すなわち、もちろんトヨタも自動運転やEVのような技術の開発は積極的に行うが、技術のみでは、安全は確保できない。CMの最後には、次のような言葉が流れる。「テクノロジーだけでは解決できないことを解決するのは、人かも知れない。優しさかも知れない。人が人を思いやる、優しい『WOW』のある世界をつくりたい。」

本章の中心論題であるEVから少しずれるが、EVとともに次世代自動車の重要な要素である自動運転の領域においても、トヨタは、生身のヒトに寄り添うことによって、より良い自動車社会が実現する、というヴィジョンを提示している。例えば、トヨタの自動運転技術の概念的核となる「ガーディアン」（Guardian）（守護者）と「ショーファー」（Chauffeur）（お抱え運転手）を表象した、

トヨタの企業ヴィジョンである「WHAT WOWS YOU」のビデオ・コンテンツ [10] を例に論じてみよう。

　まず、ビデオには、20XX 年というテロップが現れる。本章で論じてきたような EV、さらには自動運転を核とする次世代自動車が普及した時代を示すのだろう。主人公である老齢の男性が画面に現れる。自然豊かな森の中にある一軒家に住んでいるが、彼の表情は明るくない。家のガレージにカメラがズームインするが、そこは空っぽで自動車は置かれていない。「車に乗ることは、もうないと思っていた。」という女性ナレーターの言葉が流れる。カメラは、棚の上にある若かりし頃の男性とその妻、子供 2 人が楽しそうに笑っているファミリーフォトに焦点を合わせる。ファミリーフォトの背景には、同じガレージが写っており、そこにはトヨタの車が置かれている。そこへ、もう成人し、パートナーもおり、子供もいる、老人の娘が、家族を連れて訪れる——トヨタの次世代自動車技術を搭載した車とともに。上述のナレーションに続けて「（車に乗ることは、もうないと思っていた。）そのテクノロジーに出会うまでは。」という言葉が続く。シーンは、高齢男性がその車にのり、ドライブに出かける場面に移る。乗っている車では、完全自動運転のショーファー機能が作動しているので、高齢男性が自ら運転する必要はない。手もハンドルから離れている。しかし、窓を開ける操作をし、外の風を感じ、ドライブする喜びを思い出す。「大好きなあの道で、加速する喜び。思い出の風景を、大切に走る喜び。」というナレーションが流れる。高齢の男性が、自分の妻子と過ごした若かりし日々・楽しかった時間を回想するシーンが現われる。「ドライブの喜びをすべての人に。それが、私たちの考える、車の未来です。」というナレーションが流れる。シーンは、再び、高齢男性が一人、自宅にいる早朝の様子を映し出す。ただし、今回は、ビデオの冒頭に現れたような憂鬱な表情でなく、喜びに満ちた顔をしている。老人が帽子をかぶる。老人の大好きな趣味だった釣りに出かけるのである。老人がガレージに向かう。ガレージには、次世代自動車がある。「そのテクノロジーに WOW はあるか。」というセリフが流れる。老人は、今度は、自らハンドルを握り、釣りに出かける。ショーファーではなく、ガーディアンという高度安全機能をオンにして、自らハンドルを握って。

　上記ビデオのメッセージも明らかである。理想的な自動車の未来が、技術の

発展によって、なるべく人間が関与する度合いを低めてゆくというものである
のなら、ガーディアンは必要なく、技術はショーファーに収斂してゆくであろ
う。ただし、もし、このビデオが示唆するように、ユーザーが自動車を運転す
る喜びを車に求め続けるなら、ガーディアンが自動運転車の成功型として普及
するのかも知れない。この例は、客観的に優れた技術が選択され、歴史に残る、
技術決定論的見方ではなく、人や社会と技術との相互作用によって、技術は進
歩してゆく、という技術・社会相互作用論的な見方をとっていると言えるだろ
う。[11]

「新興勢力」のアクター・ワールド：テスラの例

次に、自動車産業界の言わば「新興勢力」であるテスラのアクターワールド
を見てみよう。具体例として、テスラのモデルSの日本版広告映像を取り上
げる（「テスラ　モデルS　カスタマーストーリー」）。

ビデオは、男性テスラ・オーナーの声での「テスラという車は、未来の姿
を完全に示している。」という台詞から始まり、そこに "Without progress the
world remains at a stand still"（「進歩なくしては、世界は停滞する」）という英
語字幕が現れる。現状からの変革こそが善であるとする、新興勢力独特の挑戦
的な世界観が表明されている。先ほどの男性の声で、「やはり既存の車の概念
をもう変えたというふうに言えると思うんです。」との言葉が続く。また別の
オーナーが、インタビュー形式で話し、英語で "It is not just an electric car.
It is a great car, in every way."（「テスラ・モデルSはただの電気自動車ではない。
すべての面において、最上級の車だ。」）と述べる。あるオーナーは、自宅の宝塚
から週末にしばしば出かけるという淡路島までの距離、片道150キロを余裕を
もって往復できる、というEVでありながら航続距離が長いというテスラ・モ
デルSの長所を強調する。さらに、前出の英語で話したオーナーは、オート
パイロット機能が運転時の疲れを軽減することを話し、"I think that electric
vehicles are going to be a lot more common in the near future."（「電気自動車
は、近い将来、もっともっと普及すると思う。」）と結ぶ。また、EV特有のレスポ
ンスの速さについての称賛も続く。最後には、「間違いなく時代が切り替わる
のを感じますね。」とのセリフで、ビデオは終わる。

上記の映像分析からもあきらかなように、新興勢力のテスラは、自動車の未来が、ガソリンを使った内燃機関から、EV（と自動運転）に切り替わることはすでに確定済みであるとのアクターワールドを強力に提示する。さらに言えば、テスラという会社が、その新しい、いわば EV アクターワールドの必須通過点となることを宣言しているのである。

ii）個別企業をまたぐアクターワールド

　上述のように企業ごとのアクターワールドも存在するが、個別企業をまたぐアクターワールドも存在する。本章では紙幅の関係から MaaS の世界観によって構成されるアクターワールドと、CASE の世界観によって構成されるアクターワールドを論じることにする。

MaaS

　MaaS とは、<u>M</u>obility <u>as</u> <u>a</u> <u>S</u>ervice の略で、車を個人で購入・使用するというかたちの移動と対比して用いられ、車とそれに関わるサービスを享受するかたちの移動のことを言う。上述のように MaaS は個別企業をまたぐアクターワールドであるが、そのアクターワールドの具体的な構築の仕方は、企業ごとに異なる。以下、トヨタと日産の MaaS アクターワールドの二例を紹介しよう。

トヨタの e-Palette Concept

　トヨタの e-Palette Concept は、2018 年、ラスベガスで開催された CES において発表された。トヨタ自動車社長の豊田章男氏によると：

> 　自動車産業は今、電動化、コネクティッド、自動運転などの著しい技術の進歩により、100 年に一度の大変革の時代を迎えています。トヨタは、もっといいクルマをつくりたい、すべての人が自由に楽しく移動できるモビリティ社会を実現したいという志を持っています。今回の発表は、これまでのクルマの概念を超えて、お客様にサービスを含めた新たな価値が提供できる未来のモビリティ社会の実現に向けた、大きな一歩だと

考えています。

（「トヨタ自動車、モビリティサービス専用 EV "e-Palette Concept" を CES で発表」2018）

　このように、日本最大の自動車メーカーであるトヨタが、その主要戦略として、MaaS を取り入れていこうとしていることは注目に値する。より具体的には：

　e-Palette Concept は、電動化、コネクティッド、自動運転技術を活用した MaaS 専用次世代 EV です。移動や物流、物販など様々なサービスに対応し、人々の暮らしを支える「新たなモビリティ」を提供したいと考えています。

（「トヨタ自動車、モビリティサービス専用 EV "e-Palette Concept" を CES で発表」2018）

　この MaaS 車両は、アマゾン、滴滴、ピザハット、ウーバーを含む e-Palette Alliance とよばれるパートナー企業によって提供され、滴滴、マツダ、ウーバーの技術協力も得ている。アライアンスは、トヨタの「モビリティサービス・プラットフォーム」（Mobility Service Platform; MSPF）を利用して運用される。MSPF とは、「車両に搭載された DCM（データコミュニケーションモジュール）から収集」された車両情報を「グローバル通信プラットフォームを介して、TBDC（TOYOTA Big Data Center）に蓄積」するシステムである（「トヨタ自動車、モビリティサービス専用 EV "e-Palette Concept" を CES で発表」2018）。収集された「車両情報に基づき、車両をリースや保険等の各種ファイナンス、販売店と連携した高度な車両メンテナンスなどとあわせて提供するとともに、MSPF 上で、車両状態や動態管理など、サービス事業者が必要とする API を公開」するのだという（「トヨタ自動車、モビリティサービス専用 EV "e-Palette Concept" を CES で発表」2018）。

　e-Palette が何を意図しているのかをさらに理解するために、コンセプト・ビデオを分析してみよう（「トヨタ自動車、モビリティサービス専用 EV "e-Palette

Concept"をCESで発表」2018)。「オープニング映像」と題されたビデオでは、e-Paletteがスポーツブランドのショールーム、ライドシェアリング、宿泊施設、ファブリケーション・ラボ、レストラン、ラウンジ、フリーマーケットといったような多機能性を有し、「Dream Factory」となることが宣言される。ビデオによると、e-Paletteは、移動店舗になり、品物がオンラインでオーダーでき、キャッシュレスで支払いできる「オンデマンドリテールエクスペリエンス（"on-demand retail experience"）を提供する。「多目的移動スペース」（"multi-purpose moving space"）というセクションでは、e-Paletteが、モバイル・オフィスやファブリケーション・ラボになることが示される。「移動型フリーマーケット」（"mobile personal shops"）は、ユーザーが自分の商品を売買できる個人的なモバイルマーケットプレイスを提供する。ここでも、支払いはキャッシュレスである。「オンデマンド繁華街」（"on-demand city"）というセクションでは、（例えばビデオで示されているように、砂漠の真ん中で開催されるボクシングの試合のような）「遠隔地でも、様々なサービスを提供するe-Paletteが集まってきます。店舗販売とeコマース、その境界線があいまいになります。」と説明される。

　「基本機能説明映像」（"Basic Function video"）と題する第二のビデオでは、e-Paletteの「多機能性」（"multi-functionality"）に焦点が当てられる。車両は早朝にはライドシェアリング、午前中には病院シャトルとなる。昼食時には、ランチデリバリーとライドシェアリングシャトルとして使用される。午後には、オフィスシェアリング車両となる。さらに、夕方の通勤時には、再びライドシェアリング車両となる。そしてまた次の日の早朝、ライドシェアリングとして利用される。「多機能性」を描写した後には、e-Paletteの「ロジスティックス・イノベーション」への貢献が示される。ロジスティックス・イノベーションとは、「配送センターから最終目的地まで、一貫して自動配送するサービスです。適切なサイズの車両を適切な場所で使用するモビリティソリューションです。」と説明される。大型のe-Paletteによって運ばれた荷物が、中型・小型のe-Palette車両に移され、最終配達先に配送される。さらに、配達先では、顔認証を搭載した自動モバイル・カートが、個々の住宅、オフィス、店舗等まで、荷物を運ぶ様子が写される。

　e-Palette Conceptは、その名の通り、「コンセプト」の段階ではあるが、現

実世界での具体的な運用プランもすでに構想されている。例えば、e-Palette Concept は、2020 年、東京オリンピック、パラリンピックの MaaS 車両としてショーケースされる予定である。

　実際の運用を進めるために、トヨタとソフトバンクは、2018 年 10 月、提携を行うことを発表し、MONET Technologies Corporation という合弁会社を 2019 年 4 月までに設立することを宣言した。少し長くなるが、MaaS の方向性を明解に示しているので、ソフトバンクとトヨタの発表から下記、引用しよう。

> 　MONET は、トヨタが構築したコネクティッドカーの情報基盤である「モビリティサービスプラットフォーム（MSPF）」と、スマートフォンやセンサーデバイスなどからのデータを収集・分析して新しい価値を生み出すソフトバンクの「IoT プラットフォーム」を連携させ、車や人の移動などに関するさまざまなデータを活用することによって、需要と供給を最適化し、移動における社会課題の解決や新たな価値創造を可能にする未来の MaaS 事業を開始します。
>
> （ソフトバンクとトヨタ自動車、新しいモビリティサービスの構築へ向けて戦略的提携に合意し、共同出資会社を設立, 2018）

　上記の e-Palette の例からも分かるように、自動車産業におけるサービス産業的要素（Mobility as a Service）は拡大しているのである。

日産の Easy Ride

MaaS の二つ目の例として、Easy Ride を取り上げる。Easy Ride は、日産と DeNA によって共同開発されている「ドライバレスモビリティサービス」である。コンセプト車両は、日産の電気自動車であるリーフを使用している。日産のホームページによると：

> 　「Easy Ride」は「もっと自由な移動を」をコンセプトに、誰でもどこからでも好きな場所へ自由に移動できる交通サービスで、移動手段の提供にとどまらず、地域の魅力に出会える体験の提供を目指します。

「Easy Ride」のサービスは、DeNA と共同開発する専用のモバイルアプリで目的地の設定から配車、支払いまでを簡単に行うことができる「手軽さ」と、目的や気分に合わせて地元のスポットやおすすめの観光ルートなどの行き先を自由に選択できる「自由さ」、日産ならではの信頼性の高い自動運転技術や無人運転車両でも 24 時間体制で遠隔管制センターがサポートしてくれている「安心感」を提供することを目指しています。

（「Easy Ride—ドライバレスモビリティサービスの実現に向けて—」）

　Easy Ride は、神奈川県横浜市のみなとみらい地区で、2018 年 3 月 5 日〜18 日にかけて、初めての実証実験を行った。第二回の実証実験は、2019 年初頭に行われた。

　「Easy Ride コンセプト・ムービー」を紹介することによって、展開されるサービスを見てみよう。ムービーは、完全自動運転 EV の Easy Ride が、空港で外国からの来日者 2 人をピックアップするところから始まる。2 人が車に乗り込んだ後、男性が英語で「この近くにお勧めの観光スポットはありますか？」（"Are there any recommended tourist spots around here?"）と尋ねる。そして、Easy Ride は、いくつかのおすすめスポットを、訪問者の評価とともに、英語で伝える。今度は、女性客が、フランス語で、観光の後、どこかケーキ屋に寄ってほしいと伝える。Easy Ride も、フランス語で了解する。その後、Easy Ride は、別の顧客——老齢の夫婦——をピックアップする。夫婦が、どこか海辺へドライブに出かけたいと伝えると、天気などを考慮して、今日は、湘南方面へ出かけることを進める。湘南への道中、Easy Ride は、夫婦の好みのクラッシック音楽を奏でる。次に、シーンは、ピアノ教室を終えた 2 人の子供をピックアップする場面に移る。2 人のお母さんは別の場所にいるが、ビデオ・フォーンで子供と話し、もうすぐ帰宅する旨を伝える。夜になると、サラリーマンらしき男性の乗客が利用し、おすすめのケーキ屋を Easy Ride に尋ねる。子供へのお土産にするようだ。Easy Ride は、おすすめの店まで乗客を連れて行き、男性がケーキを買っている間、駐車場を探す必要がないように、ケーキ屋の周辺を自動巡回し、男性が買い物を終えたころにケーキ屋の前に戻ってく

る。男性は、午前中に Easy Ride を利用したフランス語を話す女性と店の入り口ですれ違う（前出のように、観光を終えて、ケーキを買っているようだ）。男性は、自宅に戻り、次の日の朝8時半の Easy Ride 利用の予約を、スマートフォンを使って完了する。Easy Ride は、また次の仕事・サービスに向け、走り去ってゆく。

　上記からも明らかなように、Easy Ride も、MaaS をめざした電気自動車である。先述のトヨタ e-Palette Concept が、個人・ビジネス両用のモジュラー型ミニバン、マイクロバス、大型バス／トラックを意図しているのに対して、Easy Ride は、普通乗用車車両（リーフ）をベースに、個人消費者に焦点を合わせているのが分かる。両者のサービスの顧客ターゲットに違いはあるにせよ、e-Palette Concept、Easy Ride とも、自動車産業が製造業からサービス産業的要素を含む産業、すなわち MaaS へと変貌ししつつあることを示している。

　上記の MaaS のアクターワールドは、個人が自家用車を所有し、個人利用するという自動車像から、個人用にせよ商業用にせよ、自動車を所有するのでなくシェア（共用）し、一定の条件のもと車両を一定時間利用するという世界観を提示している。MaaS のアクターワールドによって集められるアクターも、これまでの自動車産業のように、自動車メーカーとカーオーナーが主となるのでなく、より幅広いアクターのネットワークが思い描かれている。例えば、e-Palette Concept は、既述のように、アマゾン、滴滴、ピザハット、ウーバーを含む e-Palette Alliance とよばれるパートナー企業によって提供され、滴滴、マツダ、ウーバーの技術的協力も得ているので、それら複数企業が重要なアクターとして措定される。Easy Ride に関しても、自動車メーカーの日産とインターネット企業の DeNA が、重要なアクターとしてネットワークされる。いずれにしても、従来のアクターとは違った、新しいアクターが MaaS では参集されるのである。そのうえで、やはり自動車メーカーは、自動車産業の中心的存在として、「必須通過点」となることを求めており、だからこそ、従来の「自家用車」というアクターワールドで生きてきたメーカーにとっては、危機でもありチャンスでもある MaaS アクターワールドに、積極的にコミットしてきているのであろう。

CASE

　MaaS とともに、自動車業界で今、話題のキーワードに、CASE がある。もともとは、ダイムラーが 2016 年に発表した中長期戦略であるが、それは、一社の戦略を超えて、自動車業界全体に広がる傾向でもある。CASE が、Connected, Autonomous, Sharing and Services, Electric の頭文字をとったものであることからもわかるように、それは、5G のような高速通信によって車がつながり（Connected; Connectivity）、自動運転を核とし（Autonomous）、シェアリング（Sharing）を軸として、所有ではなく MaaS で強調されるように、提供されるサービス（Service）に重点を置き、地球温暖化や公害・騒音対策として、電気自動車（Electric）を主役にするという新しい自動車社会の姿をまとめたものである。

　具体例として、ダイムラーが 2018 年 9 月に公開した "CASE: Reinventing Mobility" と題する英語ビデオを見てみよう。ビデオは、まず、世界初の実用的なガソリン自動車の発明者であり、ベンツの創業者でもあるカール・ベンツの「全世界における自動車の需要が、5000 台を超えることはないだろう。」という予言をキャプションで表示することから始まる。そこに、「少なく見積もりすぎた？」と続き、さらに大きなフォントで「カール・ベンツは間違っていた。」というキャプションが現れ、「200,000×5,000」という現在の自動車台数の数字が現われる。10 億台の自動車が現在全世界を走っているわけだが、それら自動車はいろいろな意味において最適化されているとは言い難く、このままいくと、2030 年までには、現在の倍、20 億台の「非効率な」自動車が走ることになることを強調する。そしてそれはベンツが自動車を発明し、自動車社会の発展に貢献したという「成功」が、「普及した自動車の最適化問題」という、今日の難題につながっているというメッセージが続く。しかし、どの難題にも新たな機会があり、今こそ、「モビリティを再発明する」（Reinventing Mobility）チャンスだと述べる。そのうえで、Connectivity の例として、増大する貨物輸送を効率化するために、自動車を「つなげる」技術を説明し、Autonomous の例として、自動車事故の 90％がヒューマンエラーによって引き起こされていることを示し、自動運転の可能性を提示する。さらに Sharing and Services の例として、一台の自動車が平均、一日のうち一時間しか利用されていないというデータを示し、個人所有から共同利用サービスへの移行の可能性を示す。最後に、Electric の例を示す；「低排出への希求は、モビリティへの需要を妨げるべきでなく、それを加速すべきである」と説く。そこで登場するのが言うまでもなく電気自動車であるが、ビデオでは、純電気自動車（BEV）はもちろん、プラグインハイブリッド（PHEV）、水素自動車（FCV）など、「利用可能な技術のすべてを使って」この問題に立ち向かうことを宣言している。最後に、これら CASE 問題にダイムラーが全力を挙げて取り組んでいることを宣言し、カール・ベンツの言葉、「発明する情熱は、止むことはない」(The passion to invent will never cease.) を引き、「カール・ベンツは正しかった」(Carl Benz was right.) のキャプションが続き、ビデオは終わる。

　上述の MaaS と同様に、CASE という現象も、上述のアクターネットワーク理論のレンズで読み解くことができる。まず、アクターネットワークとは、「アクターワールドの構造と作動であり、あるアクターによって成功裡に『翻訳』あるいは『登録』された存在物が相互連関したもの」であった (Callon, Law, and Rip, eds. 1986: xvi) さらに、個々のアクターは、それら様々な存在物と関連づけられることによって、力を得、当該社会現象に影響を与えることとなる (Callon, Law, and Rip, eds. 1986: xvi)。このような「アクターネットワークによって創出された存在物の世界」(Callon, Law, and Rip, eds. 1986: xvi) がアクターワールドであった。さらに言えば、アクターワールドというが概念は、「ある特定のアクターにとって、それが作り出した、自らもその一要素であるネットワークを超えるものは存在しないということを強調する。」(Callon, Law, and Rip, eds. 1986: xvi) すなわち、アクターワールドは、特定の世界像や世界観によって、その構成要素が固定化されたものであるといえよう。

　上で説明したダイムラーのビデオからもわかるように、CASE アクターワールドは、自動車社会の進展によって立ち現れてきた様々な問題（物流量の増加による非効率なロジスティックス、交通事故、個人所有による自動車の非稼働・非効率問題、地球温暖化や公害・騒音問題）を解決するために必要な構成要素を C と A と S と E であると規定し、それらに必要なアクター（ヒト、モノ、組織）をネットワーク化することを目指す世界観である。その上で、やはり自動車メー

カー（この場合で言えばダイムラー）が、来る CASE 社会の中心的存在として、「必須通過点」となることを宣言しており、だからこそ、従来の自動車社会を構成してきたアクターワールド——例えば、ガソリン車のみで構成される自動車社会——を（一部分）否定してでも、CASE 社会への移行を提唱しているのである。

　上記、CASE のアクターワールドは、ダイムラーだけでなく他の自動車メーカーにおいても共有されている。例えば、トヨタはそのホームページの「社長メッセージ」に、「私は、トヨタを『自動車をつくる会社』から、『モビリティカンパニー』にモデルチェンジすることを決断しました。」という豊田章男氏の言葉を乗せている。また、上でも紹介したトヨタとソフトバンクの共同出資会社である「MONET Technologies（モネ テクノロジーズ）」の設立記者会見の場で、豊田社長は以下のように述べ、CASE がこれからの自動車社会の最重要キーワードとなることを宣言している。

　　みなさまご承知のとおり、自動車業界は今、「100 年に一度」と言われる大変革の時代を迎えております。

　　その変化を起こしているのは、「CASE」とよばれる新技術の登場です。
　　コネクティッド、自動化、シェアリング、電動化といった技術革新によって、クルマの概念が大きく変わり、競争の相手も、競争のルールも大きく変化しております。

　　これからのクルマは、情報によって、町とつながり、人々の暮らしを支えるあらゆるサービスとつながることによって、社会システムの一部になると考えております。

（「トヨタとソフトバンク共同記者会見」2018)

(2)　自動車産業外のアクター・ワールド

　以上、自動車産業内のアクターワールドを論じてきたが、自動車産業と関係はしながらも、自動車産業の「枠外」にあると考えられる産業や世界にも、

EV 化を契機とした、EV をその構成要素として含みこむアクターワールドが形成されつつある。そのすべてに触れることはできないので、以下、「不動産業」、「街づくり・都市政策」、「防災・減災」、「地域」の四領域における EV 化の影響を簡単に述べよう。

i）不動産業

EV の存在は、不動産業のアクターワールドにも影響を与えつつある。例えば、EV の普及を見越して、住宅市場において、電気自動車の充電設備のある住居が注目されつつある（出端 2018）。ある住宅情報サイトの記事で紹介されている、賃貸物件のオーナーをサポートしている不動産仲介業者の言葉を引くと：

　　現在はまだ電気自動車の利用者が少ないことはオーナーも承知していますが、住まいは今後 10 年、20 年と使われていくもの。住まわれる方が途中で電気自動車に乗り換えることは十分に考えられます。今回、建て替えにあたり、将来を見越して充電設備を導入することをオーナーにもご理解いただきました。（エイブル昭島店・住野さん）

この言葉をアクターネットワーク理論を用いて考えると、不動産業という、通常であれば自動車産業の外にあると考えられる産業分野のアクターワールドにおいても、EV はそのアクターネットワークの重要な一要素として組み込まれつつあるということだろう。

また次のような興味深い事例もある。あるニュース情報によると：

　　これまで大通りや幹線道路に面したマンションは、そうでないマンションに比べてやや価格が低くなっているのが常であった。幹線道路沿いのマンションはすぐに大通りに出られるという利点がある一方で、排気ガスや騒音などの問題があったからだ。しかし電気自動車の普及率が高まるにしたがって、マンション価格に変化が生じつつある。

　　　　　　　　　（「電気自動車普及で高騰必至　大通り沿いマンション」2018）

この記事によると、大通り沿いのマンションのデメリットとして、「騒音、排気ガス、振動」があり、メリットとしては、大通りに面しているため、交通の便が良いということがある。電気自動車の普及によってデメリットが克服されれば、メリットしか残らず、大通り沿いの物件の相対的価値があがる、という見立てである。もちろん、そのためには、電気自動車のスペックの向上とさらなる普及が必要ではあるが、前述の例と同様に、不動産業という一見、自動車産業とはあまり関係のない業種のアクターワールドにまで、EV が影響を及ぼす可能性があるということは念頭に置いておくべきだろう。

ii）街づくり・都市政策

　必ずしも個別の産業ではなく、企業と行政の組み合わせによって成り立つ領域であるが、街づくり・都市政策といった分野にも、EV の存在は影響を与えつつある。一例を挙げると、スマートグリッド、すなわち、電力需要と供給をコンピュータによって制御することによって、電力の流れを最適化できる送電網＝電力ネットワークにも EV はその要素として組み込まれている。例えば、米国エネルギー省（U.S. Department of Energy）の smartgrid.org のホームページの " What is the Smart Grid?" というページにも The Smart Home、Renewable Energy、Consumer Engagement、Operation Centers、Distribution Intelligence という構成要素に加えて、Plug-In Electric Vehicles が措定されている。Plug-In Electric Vehicles を説明するページでは、Home Area Network (HAN) によって EV と住宅の他の電気機器への給電バランスを制御することが述べられている。EV は、電気使用総量が比較的少なく、再生エネルギーである風力発電に必要な風が強いことの多い早朝に集中的に充電され、昼間の自動車使用時には、充電が完了されていることが目指されている。EV は、それに供給され蓄電された電気をスマートグリッドに再供給するソースとしても利用可能（vehicle to grid）であることも説明されている。EV は、電力使用のピークタイムにグリッドに電力を供給したり、ある地域での停電時に一時的に電気を供給するソースにもなり得る。まとめると、スマートグリッドにおいても、EV はそのネットワークの重要な構成要素として措定されてい

るのである。スマートグリッドをその構成要素とするさらに大きな概念として
スマートシティがある。国土交通省都市局の報告書（国土交通省都市局 2010: 4）
によると、スマートシティは、「都市の抱える諸課題に対して、ICT 等の新技
術を活用しつつ、マネジメント（計画、設備、管理・運営等）が行われ、全体最
適化が図られる持続可能な都市または地区」と定義されている。スマートシティ
構想においても、EV は重要な役割を期待されており、自動車メーカーも、そ
れにコミットしつつある（例えば、藤堂 2010 参照）。

　以上まとめると、スマートグリッドやスマートシティといった街づくり・
都市政策のアクターワールドにおいても、EV がその重要な構成要素として組
み込まれつつあるということだ。

iii）防災・減災

　上記、街づくり・都市政策を敷衍したものとも言えるが、防災・減災の世界
でも EV は重要な役割を期待されている。

　例えば、2016 年 4 月 14 日以降に熊本県と大分県で発生した熊本地震の際に、
その震源の一つとなった熊本県・益城町の町役場前に駐車された三菱自動車
の PHV アウトランダーが、そのバッテリーから外部照明に電力を供給し、町
役場を照らし出している映像を、ニュース番組で目にした読者も多いだろう。
EV は、災害時には、照明を含む電気機器への電力一時供給のほか、情報上の
ライフラインともなりうる携帯電話への充電をすることもできる。例えば、日
産の電気自動車リーフは、40 キロワット時 [12] の電力を蓄えられるが、それを
使えば、「6500 台ほどの携帯電話の充電が可能」（舘内 2018）であるという。

　防災・減災という世界のアクターワールドでは、EV は、災害時の電力供
給源として、そのアクターネットワークに組み込まれていると言えるだろう。

iv）地域別のアクターワールド

　上記とは少し視点をずらすと、地域別のアクターワールドの存在も見えてく
る。いくつかの興味深い事例があるが、まずは、代表例ノルウェーでのアクター
ワールドを紹介する。『日本経済新聞』の記事によると（深尾 2018）、ノルウェー
は、2019 年に、世界で初めて、充電できる自動車が乗用車新車販売の半分を

超える見込みであるという。2018 年 1 月〜 11 月の新車販売台数のシェアは、EV が 30％（40,953 台）、ガソリン車が 23％、PHV が 18％（24,516 台）、ディーゼル車が 18％、ハイブリッド車が 11％とのノルウェー交通情報評議会（OFV）の数字を同記事は伝えている。もちろん、北欧の小国であるノルウェーの年間新車販売台数は、16 万台ほどで、「日本やドイツの一カ月分にも満たない」（深尾 2018）数値ではあるが、「EU は 18 年 12 月に 30 年の乗用車の二酸化炭素（CO_2）排出量を 21 年比 37.5％減らす規制案で合意し」ており、それは「新車の 3 分の 1 以上を EV にしなければ達成不可能とみられており」、現時点ではアウトライヤーではあるが、未来の方向性を担う国として、ノルウェーの動向は注目に値する。

　では、なぜノルウェーでは、このようなハイスピードで EV 化が進んでいるのだろうか。小国であるから合意を取りやすいなどの要因の他、EV の価格をガソリン車と同等に抑える税制優遇策や、EV であればバス専用レーンを走行許可にするなどの政策が一つの要因である（深尾 2018）。

　もう一つの重要な要因として、ノルウェーは、電力を自給できる国であるということがある（清水・安井 2017）。日本でも良く知られているが、ノルウェーには、フィヨルドという高低差の大きい深い谷があり、それを利用した水力発電が盛んである。電力の 96％を水力発電でまかなっているという（清水・安井 2017）。水が凍ってしまう冬季期間は、夏に生産される余剰電力でつくられた水素を貯蓄したものを使うという。すなわち、EV を導入しても石炭発電で CO_2 を排出してしまうので、いわゆる Well to Wheel で見ると CO_2 排出量が減らないというような事態が問題視されている中で、ノルウェーでは、完全再生エネルギーであるため、その問題を回避できるというのが、EV 理解・普及を容易にしている原因の一つなのだろう。

　さらに興味深い事実が、前出の記事（清水・安井 2017）ではレポートされている。同記事によると、寒冷地であるノルウェーでは、エンジンオイルが固まってしまわないように、通常のガソリン車にはブロックヒーターというヒーターがついているという。自宅駐車場あるいは公共駐車場にはブロックヒーターに電源を供給する 230 ボルトのコンセントが必ずあるのだそうだ。そうすると、「クルマをコンセントに挿すのは当たり前」（清水・安井 2018）ということにな

り、インフラとしての充電ステーションだけではなく、それを利用するという行為についても抵抗感が無いということである。

　以上のような要因——小国であり、政府の優遇政策があり、地形から電力を再生エネルギーで自給でき、寒冷という地理的条件から充電という行為が社会的に慣習化されている——がひとまとまりとなって、アクターネットワークを形成し、その構成要素として EV がそのネットワークに組み込まれている、と言えるだろう。ノルウェーにおける自動車アクターワールドにおいて、EV はすでにその構成要素として当たり前のことのように認識されている。

　地域によって EV にまつわるアクターワールドの在り方が違うというのは、ノルウェーのような EV 先進国以外でも見られる。例えば、日本の離島地域（「離島地域の EV ＆充電スタンド事情（第一回：沖縄本島）」2016）、韓国の済州島（ファン 2017）、アメリカではカリフォルニア州（「カリフォルニア州が主導　電気自動車シフト」2017）やハワイ州（「ハワイ・マウイ島は EV6 万台ですべて再生エネに。その実証と確証」2017）といった地域では、そのアクターワールドに EV が組み込まれている度合いが強いと言えるだろう。

結論：まとめと提言

　「はじめに」でも述べたように、本章は、電気自動車という現象を、社会学的に分析するための理論的枠組みを準備することを目的とした。本章では、特に私の問題関心に即して、科学技術社会論という分野から始まりながら、現在では社会学および社会科学の各分野に影響力を広げつつあるアクターネットワーク理論という分析枠組みを援用した。本結論では、本章で展開された議論をまとめとして総括し、それを踏まえて、各自動車メーカーおよび部品企業へ、いくつかの提言を行いたい。

(1)　まとめ

　上記で詳述したように、EV 化という現象をとらえるうえで、単なる事実の羅列的記述では見えてこないような側面を、社会学的理論・概念が照らし出す

可能性を示した。いわば、分析的総論としての社会学的アプローチの有用性である。反復は避けるが、例えば、アクターネットワーク理論の「アクターワールド」、「翻訳」、「単純化」と「並列化」という概念を用いることによって、フランスの1970年代における電気自動車の「失敗」を説明することができたし、アクターワールドという共通の概念を使うことによって、個別自動車企業、個別企業を超えて自動車産業全体に広まる趨勢、さらには自動車産業外の不動産業、街づくり・都市政策、産業ではなく現象としての防災・減災、加えて地域別のアクターワールド、というようなEV化の多種多様な顕現を、相互に無関係な個別現象としてではなく、統一的な視点からとらえることができた。より一般的な示唆としては、現在のEV現象は、多種作用なアクターワールドが交錯・併存している初期状態であると言えた。

(2) 提言

　本論での分析を踏まえて、自動車メーカー、部品企業にいくつか暫定的提言をしたい。

　まず第一に、多様なアクターワールドを「自動車産業・日本」という枠組みを越えて、観察する必要性があるということである。例えば、ノルウェーのEVは、絶対数としては少ないが、EVシフトが加速している最前線の事例として、理解しておく必要があるだろう。「現時点の技術ではEVは普及しない」と一般化して論じるのではなく、「もしEVシフトが起こるとしたらどのような方向性がありうるのだろうか」、というオルターナティブなアクターワールドを想像してみることの有用性は高いだろう。

　第二に、どのアクターワールド（複数もありうる）にコミットしたいのか、という視点をもって、EV化と関係してほしいということである。現時点のような技術の初期発展段階においては、非常に多種多様なEVアクターワールドがある以上、どのアクターワールドに収斂するのか、あるいは複数のアクターワールドが併存する状態が長く続くのか、未来の可能性は多方向に開かれている。そうだとすると、「EV化はどのように起こるのだろうか／起こらないのだろうか」、というような受動的な問いとともに、「どのようなEV化を進めて

いきたいのか／あるいは EV 化のオルターナティブを模索したいのか」、とい
う能動的・「行為遂行的」（performative）——言明することがその内容を現実
化してゆくこと——な問いが重要となるということだ。

　第三に、どのような EV アクターワールドを構想するにせよ、企業はその「必
須通過点」になることを目指さなければならないということである。例えば、
内燃機関の部品を主に供給している部品企業は、EV 化が起こった場合に、ど
の EV アクターワールドにコミットし、どのような形で必須通過点たり得るの
か、真剣に考える必要があるだろう。

　第四に、これは、第一の多様なアクターワールドを観察しておくことの大切
さともつながるが、自分の属しないアクターワールドで展開されている「都合
の悪い事実」（ウェーバー 1936 [1917]: 53）（'inconvenient' facts）（Weber 1946 [1917]:
147）[13] をこそ直視する必要があるということである。この「都合の悪い事実」
とは、ドイツの社会学者マックス・ウェーバーが 1917 年 11 月 9 日（中村 2009:
245-246）に、大学生に向けて行った講演「職業としての学問」の中の言葉であ
るが、EV のような新しい技術を考える際には、例え従来の技術がこれから先
も一定期間優勢であるとしても、自分の思い描く技術の役割には「都合の悪い
事実」にこそ敢えて向き合い、もしその「都合の悪い事実」が現実化した場合
にどのような対策が必要か考えておくことは、自分の思いに沿う「都合の良い
事実」を探し求めることと同様に重要であろう。特に、今日のように、非常に
多くの情報があふれている社会においては、人間は、ともすると自分の考え方
に都合の良い情報のみに目を向け、都合の悪い情報には耳を閉ざす傾向があ
る。メディア研究では、エコーチェンバー（echo chamber）——自分と同じ意
見のみ存在・反響し合うような狭い世界に閉じこもることによって（時には誤っ
ていることもありうる）自分の意見が強化・増幅される現象、あるいはフィルター
バブル（filter bubble）——インターネットにおける情報ソースがアルゴリズム
を利用することによって閲覧者の嗜好に合わせた情報を提供し、フィルターが
かかり、そのフィルターを通じた自分の好みの情報で満たされた「バブル」に
閉じこもってしまうこと——とも言われる傾向である。だからこそ、自分に不
都合な情報——例えば EV 推進派であれば、EV の環境へのやさしさは、well
to wheel の全体プロセスを見なければいけないこと；ガソリン車温存派であ

れば、EV が急速に普及している地域があり、そこから学ぶべきことがありうること——にこそ、目を向けてほしい。そうすることでこそ、自分のとるべき道が見えてくるのである。最後にウェーバー自身の言葉を引いて、本論文を終えることにする。

　有能な教師たるものがその任務の第一とするべきものは、その弟子たちが事実、たとえば自分の党派的意見にとって都合のわるい事実のようなものを承認することを教えることである。そして、だれにでも——たとえばわたくしにでも——その党派的意見にとってはなはだ都合のわるい事実というものがあるのである。わたくしの考えでは、もし大学で教鞭をとるものがその聴講者たちを導いてこうした習慣をつけるようにさせたならば、かれ [ママ] の功績はたんなる知育上のそれ以上のものとなるであろう。わたしはあえてこのような功績をいいあらわすのに「徳育上の功績」ということばをもってしよう。もちろん、それは教師としてはまったく当たりまえのことであって、これほどまでにいうのはおそらくやや誇張にすぎるであろうけれども。

（ウェーバー 1936 [1917]: 52-53）

　注
⑴　英語原文は、"The value of an education in a liberal arts college is not the learning of many facts but the training of the mind to think something that cannot be learned in textbooks."
⑵　本節におけるアクターネットワーク理論の紹介は、一部、中嶋（2018: 21-25）に基づいている。本章では、新たに、「アクターワールド」、「翻訳」、「単純化」と「並列化」の諸概念の説明を加え、議論を精緻化した。
⑶　ヒトとモノの双方を含むことを強調するために、ヒトのみを含蓄してしまうアクター（actor）ではなくアクタン（あるいは英語発音にならってアクタント）（actant）の語が使われることもある。
⑷　「アクターネットワーク」と「アクターワールド」の異同について、カロンは次のように述べている。

　　まとめると、アクターワールドとアクターネットワークという用語は、同じ

現象の二つの異なった側面に注目するものである。アクターワールドという用語は、それらを創造する存在物の周辺に造られた世界が、統合されており、かつ必要十分であることを強調する。アクターネットワークという用語は、それらが構造を有し、その構造が可変であることを強調する。したがって、本書の後の各章では、それら用語は相互互換的に使用される。

(Callon 1986a: 33)

⑸ 「翻訳」については、電気自動車を論じた論文である Callon 1986a でも展開されているが、より詳細な論文（Callon 1986b）があるので、本論文では、両者を参照した。

⑹ 「既存勢力」（incumbents）と「新興勢力」（challengers）の概念についての、より分析的な議論は、Fligstein and McAdam（2011, 2012）に詳しい。

⑺ 企業内部での「権力闘争」（power struggles）が、企業の組織行動に影響を与える点については、Fligstein（1996: 664）を参照。

⑻ トヨタ自動車は、現時点では、EV——バッテリーのみで駆動するいわゆる「電池電気自動車」（Battery Electric Vehicle; BEV）——を一般市場投入していないので、ここで論じる CM は、EV そのものを表象してはいないが、EV・自動運転を含む次世代自動車技術に対するトヨタの世界観を表していると思われるので、これら CM を参照する。なお、周知のように、トヨタ自動車は、2014年に、量産車としては世界初の燃料電池自動車（FCV; Fuel Cell Vehicle）（セダン）を発売している。また、トヨタグループの一つであるトヨタ車体株式会社は、超小型 EV コムスをすでに販売している。

⑼ https://www.bilibili.com/video/av5204899/（アクセス：2019 年 3 月 27 日）。

⑽ https://www.bilibili.com/video/av5204936/?spm_id_from=333.788.videocard.0（アクセス：2019 年 3 月 27 日）。

⑾ 「技術決定論」、「社会決定論」、「技術・社会相互作用論」について、より詳しくは、中嶋（2018：14-29）を参照。

⑿ 2019 年 1 月 9 日に発表された「新型リーフ e+」には、62kWh の電池が搭載されている。新型リーフでは、一万台以上の携帯電話が充電可能なことになる。

⒀ 「不愉快な事実」（中村 2009: 217）の訳語もある。

参考文献

「カリフォルニア州が主導　電気自動車シフト」, 2017,（https://www.nhk.or.jp/

ohayou/biz/20170803/index.html）（アクセス：2019 年 3 月 29 日）.

Callon, Michel, 1980, "The State and Technical Innovation: A Case Study of the Electrical Vehicle in France," *Research Policy* 9: 358-376.

----------, 1986a, "The Sociology of an Actor-Network: The Case of the Electric Vehicle," pp. 19-34 in Michel Callon, John Law, and Arie Rip, eds., *Mapping the Dynamics of Science and Technology: Sociology of Science in the Real World*, London: The Macmillan Press Ltd.

----------, 1986b, "Some Elements of a Sociology of Translation: Domestication of the Scallops and the Fishermen of St Brieuc Ray," pp. 196-223 in John Law, ed., *Power, Action and Belief: A New Sociology of Knowledge?*, Routledge & Kegan Paul.

----------, 1987, "Society in the Making: The Study of Technology as a Tool for Sociological Analysis," pp. 83-103, in Wiebe E. Bijker, Thomas P. Hughes, and Trevor J. Pinch, eds., *The Social Construction of Technological Systems: New Directions in the Sociology and History of Technology*. Cambridge, MA: The MIT Press.

Callon, Michel, ed., 1998, *The Laws of the Markets*, Oxford, UK: Blackwell Publishers.

Callon, Michel, John Law and Arie Rip, eds., 1986, *Mapping the Dynamics of Science and Technology: Sociology of Science in the Real World*, London: The Macmillan Press Ltd.

"CASE: Reinventing Mobility," （https://www.youtube.com/watch?v = 074ha9bDMzo）（アクセス：2019 年 3 月 29 日）.

Czarniawska, Barbara, and Tor Hernes, eds., 2005, *Actor-Network Theory and Organizing*, Malmö/Copenhagen, Denmark: Liber & Copenhagen Business School Press.

「Easy Ride コンセプトムービー」, （https://easy-ride.com/）（アクセス：2019 年 3 月 28 日）.

「Easy Ride―ドライバレスモビリティサービスの実現に向けて―」, （https://www.nissan-global.com/JP/TECHNOLOGY/OVERVIEW/easy_ride.html）（アクセス：2019 年 3 月 27 日）.

Einstein, Albert, 1921, Quoted in U.C. Berkeley College of Letters & Sciences Home Page (https://ls.berkeley.edu/about) (Accessed: March 28, 2019).

ファウ・ウヒョン, 2017, 「福島後の未来：韓国・済州島を CO_2 ゼロの島に　電気自動車を蓄電設備に使用」, 『週刊エコノミスト』, (https://www.weekly-economist.com/20171031afterfukushima/) （アクセス：2019 年 3 月 29 日）.

Fligstein, Neil, 1996, "Markets as Politics: A Political-Cultural Approach to Market Institutions," *American Sociological Review* Vol. 61, No. 4 (Aug., 1996): 656-673.

Fligstein, Neil, and Doug McAdam, 2011, "Toward a General Theory of Strategic Action Fields," *Sociological Theory* Vol. 29, No. 1 (March 2011): 1-26.

---------, 2012, *A Theory of Fields*, New York, NY: Oxford University Press.

藤堂安人, 2010, 「スマートシティに本腰入れる自動車メーカー」, 『日本経済新聞』, (https://www.nikkei.com/article/DGXNASFK2702M_X21C10A0000000/) （アクセス：2019 年 3 月 27 日）。

深尾幸生, 2018, 「ノルウェー、2019 年に EV・PHV が 5 割超え」, 『日本経済新聞』, (https://www.nikkei.com/article/DGXMZO39488650Y8A221C1EAF000/) （アクセス：2019 年 3 月 29 日）。

Gomart, Emilie, 2002, "Methadone: Six Effects in Search of a Substance," Social Studies of Science, Vol. 32, No. 1: 93-135.

「ハワイ・マウイ島は EV6 万台ですべて再生エネに。その実証と確証」, 2017, 『ニュースイッチ』, (https://newswitch.jp/p/9469) （アクセス：2019 年 3 月 29 日）。

Hennion, Antoine, 1993, *La Passion Musicale. Une Sociologie de la Médiation*, Paris, France: Métailié.

Hennion, Antoine, and Line Grenier, 2000, "Sociology of Art: New Stakes in a Post-Critical Time," pp. 341-355, in Stella Quah and Arnaud Sales, eds. *The International Handbook of Sociology*, London, UK: Sage.

国土交通省都市局, 2010, 「スマートシティの実現に向けて（中間とりまとめ）」, (http://www.mlit.go.jp/common/001249774.pdf), （アクセス：2019 年 3 月 29 日）.

久保田雄城, 2018, 「電気自動車普及で高騰必至　大通り沿いマンション」, 『エキサイトニュース』, (https://www.excite.co.jp/news/article/Economic_81976/) （アクセス：2019 年 3 月 27 日）。

Latour, Bruno, 1987, *Science in Action: How to Follow Scientists and Engineers Through Society,* Cambridge, MA: Harvard University Press. （川崎勝・高田紀代志訳, 1999, 『科学が作られているとき――人類学的考察』, 産業図書）

----------, 2010 [French Original 2002], *The Making of Law: An Ethnography of the Conseil d' Etat*, Cambridge, UK: Polity Press.（堀口真司訳，2017，『法が作られているとき——近代行政裁判の人類学的考察』，水声社）

Latour, Bruno, and Steve Woolgar, 1986 [First Published in 1979], *Laboratory Life: The Construction of Scientific Facts*, Princeton, NJ: Princeton University Press.

「モビリティサービス・プラットフォーム（MSPF）」，2016，(https://global.toyota/jp/download/14100580/)（アクセス：2019 年 3 月 28 日）．

Nakajima, Seio, 2013, "Re-imagining Civil Society in Contemporary Urban China: Actor-Network-Theory and Chinese Independent Film Consumption," *Qualitative Sociology* Vol. 36, No. 4: 383-402.

中嶋聖雄，2018，「自動運転と社会：社会学的分析の可能性」，中嶋聖雄・高橋武秀・小林英夫編著，『自動運転の現状と課題』，社会評論社，13-38 頁.

「離島地域の EV ＆充電スタンド事情（第一回；沖縄本島）」，2016，(http://ev.gogo.gs/news/detail/1472453159/)（アクセス：2019 年 3 月 29 日）．

「社長メッセージ」，(https://www.toyota.co.jp/jpn/company/message/)（アクセス：2019 年 3 月 27 日）．

清水和夫・安井孝之，2017，「『新車の 4 割』EV 大国ノルウェーの裏事情」，『BLOGOS』，(https://blogos.com/article/246094/)（アクセス：2019 年 3 月 29 日）．

「ソフトバンクとトヨタ自動車、新しいモビリティサービスの構築へ向けて戦略的提携に合意し、共同出資会社を設立」，2018，(https://www.softbank.jp/corp/group/sbm/news/press/2018/20181004_01/)（アクセス：2019 年 3 月 27 日）。

田端邦彦，2018，「電気自動車を自宅で充電！EV 充電設備付きの賃貸物件を取材してきた」，『CHINTAI 情報局』，(https://www.chintai.net/news/2018/05/09/26341/)（アクセス：2019 年 3 月 29 日）．

舘内端，2018，「EV、災害時に家の『電源』として利用…三菱アウトランダー PHEV なら 4 日間持つ」，『Business Journal』，(https://biz-journal.jp/2018/09/post_24735.html)（アクセス：2019 年 3 月 29 日）．

「テスラ　モデル S　カスタマーストーリー」(https://www.tesla.com/jp/videos/tesla-owners-of-japan)（アクセス：　2018 年 7 月 16 日）．

「トヨタ自動車、モビリティサービス専用 EV "e-Palette Concept" を CES で発表」，2018，(https://global.toyota/jp/newsroom/corporate/20508200.html)（アクセ

ス：2018 年 3 月 27 日）.

「トヨタ自動車、東京 2020 オリンピック・パラリンピックを最先端モビリ
　ティとトヨタ生産方式でサポート」, 2018, (https://global.toyota/jp/
　newsroom/corporate/23541540.html?_ga=2.230362910.368303816.1553744971-
　254581325.1552957282)（アクセス：2019 年 3 月 28 日）.

「トヨタとソフトバンク共同記者会見」, 2018, (https://global.toyota/jp/
　newsroom/corporate/24745307.html)（アクセス：2019 年 3 月 29 日）.

ウェーバー, マックス（尾高邦雄訳), 1936 [1917],『職業としての学問』, 岩波書店.

----------(中村元訳), 2009 [1917],『職業としての政治／職業としての学問』, 日経BP社.

Weber, Max, 1946, "Science as a Vocation," pp. 129-156 in *FROM MAX WEBER:
　Essays in Sociology,* translated, edited, and with an introduciton by H. H.
　Gerth and C. Wright Mills, Oxford University Press.

第2章　EV化が自動車産業へ及ぼす変化とは
–ものづくりの変化から考える–

太田志乃

はじめに

　自動車産業が大きな分水嶺にあることは間違いない。電気自動車（以下、EV）は国によっては優遇車両となり、従来、内燃機関車が中心だった市場に変化を与えようとしている。一方で、シェアリングカーに代表されるようにクルマの所有形態が変わることにより、完成車企業はクルマを生産し、販売することを主としたその業態を変えつつあるようにも見える。例えばトヨタ自動車（以下、トヨタ）は、自動車部品技術でトヨタグループ企業を集約したグループで技術基盤を強固にする姿勢がみてとれるが、半導体部品やサービス構築では従来の業種を超えた提携に急いでいる。従来、自動車という産業内でほぼ留まっていた巨漢がサービス化に向けた道筋をひとつひとつ構築しているようにもみえる。

　他方で EV 化の流れは、EV そのものの販売ボリュームが増加する傾向にあることを示しつつも、ハイブリッド車（以下、HEV）やプラグインハイブリッド車（以下、PHEV）など、EV 以外の電動車の加速も促している。本稿ではこれらの流れを電動化と表現することとしよう。

　そしてこの分水嶺にあって特に注目すべきは、自動車産業が重点をおく研究開発分野である。日本経済新聞社による「2018 年度研究開発投資ランキング」[1] によると、トップがトヨタ（研究開発費 1 兆 800 億円）、2 位がホンダ（同 7,900億円）、3 位が日産（同 5,400 億円）、4 位デンソー（同 4,950 億円）と、完成車企業、そして自動車部品企業がトップ 4 を占める。以下、パナソニック、ソニーと続き、トップ 10 位を自動車関連、そして電機企業が占める結果となっているが、その投資重点分野が興味深い。1 位のトヨタが「自動運転、電動車」を掲げ、

2位のホンダが「AI、自動運転、EV」、3位日産は「自動運転、EV、コネクテッドカー」と、自動運転や電動車両が主役となる時代を睨んだ研究開発を示しているのである。そして5位以下の電機メーカーは、クルマという文言こそは出てこないものの、センサーやAI、IoTなど、自動運転、コネクテッド、シェアリングなどと関連する技術への投資を明らかにしている。研究開発分野のみではあるが、自動車、電機企業がともに今後の自動車産業へのベクトルを同じくしていると指摘できるだろう。自動運転、シェアリングなどモビリティ社会ともいえる時代に向けた研究開発が重視される中、もはや業界の垣根がない状態で技術開発が進んでいるのである。

1 グローバル自動車産業におけるEV化の流れ

(1) EVに注目する背景

　その中で、本稿ではEVに着目する。日本の完成車メーカーはHEVやPHEVなどの電動車両市場に強く、今後の市場はEVよりも内燃機関車の電動化が進んだ車両が主となるといった指摘も多い[2]。筆者もそれらの指摘に同意することを前提に本稿でEVにも着目するのは、やはり一部の国での優遇策が既に始まっていること、そしてEVが今後のモビリティ産業においては、色々な可能性を秘めていると考えるからである。

　ここでモビリティ産業とは、いわゆる四輪車や二輪車など既存のモビリティだけではなく、例えばスケートボード型や車椅子、自転車など人々の移動に供する媒体全般を指す。日本では法規制が多く自由なモビリティ活動が限定的であるが、本来であれば人々が移動しやすいモビリティが望ましく、特に日本のように高齢社会を迎える国では、その地域に見合ったモビリティやサービス展開が必要である[3]。その際には既存のモビリティだけではなく、地域や環境に適した自由なモビリティ投入が可能になることが望ましいが、エンジンを搭載する内燃機関車はやはり技術的にも高度であり、新たなモビリティにいわゆる自動車のサプライチェーンを適用するのは難しい。他方でEVであれば、その実現可能性が高まるとも言えるだろう。例えば日本国内で完成車メーカー以

外の企業として初めて型式認証をとった日本エレクトライク（神奈川県川崎市）は中小企業の立場でそれを成し遂げた[4]。

(2) グローバル市場における EV

OICA によると、2017 年の世界販売台数は約 9,730 万台と 1 億台に迫る結果となった[5]。他方で EV は約 75 万台と全体の 0.8% と、1% に満たない市場であった[6]。この値は確かに全体販売台数からすると微々たるものであるが、注目すべきは図表 1 に示すようにその増加の速さである。この EV 増の背景には、先に指摘した特定国の政府による EV 優遇策、中でも世界第一位の自動車市場である中国政府による EV 購入時の補助金優遇策が大きく原因すると想定される。中国政府による補助金は、収束していくと報道されているが、自国の自動車産業を強化のため、中国政府は今後も EV そのもの、もしくは EV 開発、生産企業に対して何かしらの優遇制度を設けるものとも考えられる。また、図表 2 に示すように中国以外の国も EV 展開に積極的であることも踏まえると、今後も EV そのものの需要は高まると想定される。

加えて、今後は EV そのものに親和性のあるユーザー層が世界的にも拡大していることも看過できない。例えばインターネットが既に普及した環境の下、スマートフォン等に慣れ親しんでいるミレニアル世代（2000 年代生まれ）やポストミレニアル世代[7] は、クルマ（モビリティ）のシェアリングにも違和感ないであろうし、コネクテッドカーの概念にも親しみやすいと思われる[8]。

そして EV 化の流れを加速しているのが、先の各国政策に加え、従来の完成車企業、自動車部品企業、そしてスタートアップなどを含む新興企業である。完成車でみると、欧州の環境対応政策や主戦場である中国市場を睨んでか、ドイツ企業の EV シフトが顕著であり、例えば VW グループは 2025 年までに 30 車種以上の EV を投入する計画である。また同グループは 2025 年までに EV の年間販売台数を 300 万台に、新車販売に占める EV 比率を現行の 1% から 25% まで高めることを視野に入れている模様である。また、EV の定義に発電専用エンジン搭載も含める BMW も、2025 年の新車販売のうち 15 〜 25% を

図表1:急増する世界のEV市場

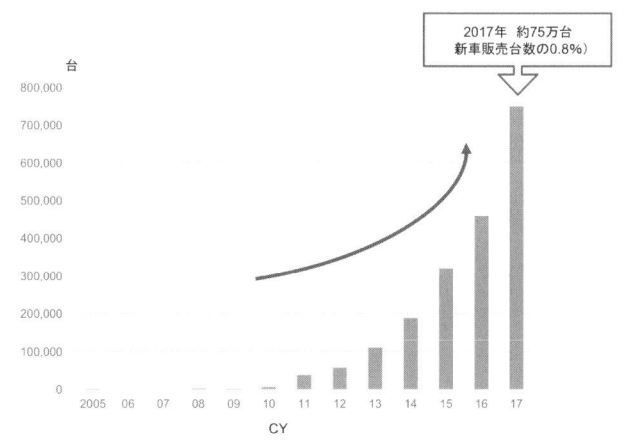

2017年 約75万台
新車販売台数の0.8%）

出典：IEA, *Global EV Outlook 2018*, p.109 より作成。

図表2:各国が進めるEV戦略（一部）

国／地域	2020－30　EVターゲット
中国	・2020年までにEV500万台　（小型乗用車460万台、バス20万台、トラック20万台） ・NEV要求：2020年までに乗用車販売台数の 12%をNEVに ・NEV販売割合：2020年までに7〜10%、2025年までに15〜20%、2030年までに40〜50%
EU	・2025年までに乗用車商用車販売台数の 15%、30年までに30%をEVに
フィンランド	・2030年までにEVを25万台
インド	・2030年までに販売台数の30%をEVに ・2030年までに都市バス向け販売の100 %をEVに
アイルランド	・2030年までにBEV販売台数を50万台に
日本	・2030年までに自動車販売台数の 20〜30%をEVに
オランダ	・2020年までに自動車市場の10%をEVに ・2030年までに小型乗用車販売の100%をEVに ・2025年までに公共バス販売の100%をEVに、2030年までにすべての公共バスを EVに
ニュージーランド	・2020年までに6.4万台をEVに
ノルウェー	・2025年までに小型乗用車、商用車、都市バスの全販売を EVに ・2030年までに75%の長距離バス、50%のトラックの販売をEVに
韓国	・2020年までに小型乗用車の 20万台をEVに

出典：IEA, *Global EV Outlook 2018*, p.34 〜 35 より作成。

EVに、もしくはPHEVにすることを目指している[9]。他方で海外勢と比べると EV 加速度が鈍かった日本勢もトヨタが中国で 2020 年に EV を、マツダがロータリーエンジン搭載の EV を 2020 年に発売すると発表しており、ここにきて日本勢も EV 市場へも手を拡げつつある。また自動車部品企業も、EV を含む電動車への技術開発を急いでおり、それは研究開発投資だけではなく例えば、企業買収や他社との連携、またトヨタグループにみるように特定技術をある企業に集約するなどの動きからも明らかである。

⑶　部品産業拡大の動き

　以上にみた EV 化の流れの中で再び強調したいのは、必ずしも EV が市場の大半を担うモビリティではない点である。その市場拡大の加速度は確かに早いものの、充電インフラの問題や価格帯など内燃機関車にメリットがある点は多く残る。しかし、EV に併せて HEV や PHEV 技術が進化していることは疑いようもなく、EV も含めた電動車が市場の大半を担っていくのは間違いない。その際に考えなければならないのは、部品産業の拡がりだろう。CASE（Connected, Autonomous, Sharing, Electric）時代を迎える今、電動部品、電子部品など従来の内燃機関車には未搭載の部品や、自動運転など ADAS（Advanced Driver Assistance System）に関わる部品群を考えると、その拡がりは従来の自動車部品の括りを超えたものとなる。そのため、上述のように電機企業もこれらモビリティ市場に向けた研究開発に急いでいるのである。

2　自動車産業が直面する「ものづくり変革」時代

⑴　顕在化した「ものづくり変革」

　このように搭載部品の可能性が広まる中、自動車市場に驚きを与えたのはやはり Tesla 社だろう。2003 年創業の同社が発売した EV は、閉ざされた EV 市場を一気に開花させたといっても過言ではない。また同社がユニークなのは EV という形態に留まらず、自動運転やコネクトモードを他社に先駆けて技術

搭載したことにある。同社は 2017 年 2 月に創業以来の名称 Tesla Motors から Tesla へと社名変更している。Motors という文言を省いた点に同社の考えが垣間見えよう。

この Tesla が与えたインパクトは主に 3 点に上ると考えられる。まず 1 点目が、「つくりかた」へのインパクトである。同社のようないわば新興企業が、トヨタと GM の生産合弁会社の生産工場を買収し、そこに生産拠点を構えたことは世界に驚きを与えた。そして 2 点目に、米国で一般的である他社製車両と同じ販売店ではなく Tesla 車のみの直販化を図った点、そして 3 点目として、上述した自動運転対応のハードウェア搭載やデータをアップデートするといった、製品そのものの差別化に対するインパクトである。

この Tesla 社が与えたインパクトのように、このものづくりの本質を見直さなければならない時を迎えている。なぜなら、今後のモビリティ社会を見据えたとき、すでに「モノ」だけで製品は完結せず、場や他の「モノ」とつながる（Connect）、共有する（Sharing）といった機能を実現するソフト技術も重視されるからだ。経済産業省も自動車新時代戦略会議において、「2050 年までに世界で供給する日本車について世界最高水準の環境性能を実現する」ことを目標に掲げる一方で、「車の使い方のイノベーション」も重視する姿勢を示している [10]。Zero Emission に向けたチャレンジのなかで、「使い方のイノベーション」も実現するということはすなわち、ハード面だけではなくソフト面でも競争力のある企業の輩出が求められていることは明白である。

(2) モノからコトへ拡大する産業変化

では機械産業を主としたハード面だけではなく、情報技術なども組み込んだソフト面での強化を図る際、ものづくりにどのような変化が生じるのだろうか。産業の対象も「モノ」から「コト」まで拡大していく中で、この変化を捉えることはとても重要である。

例えば、開発のあり方はどのように変化するだろうか。従来の「モノ」の開発は、例えば仕様書に基づいた開発、試作、評価、検証を経て開発のやり直しといったサイクルで進められてきた。一方で「コト」の開発は、サービス分野

まで拡がると想定した場合、全体仕様を予め用意することは難しいだろう。む
しろ小さなトライアルを積み上げていくような開発パターンを想定する方が現
実的だ。

　他にも、「カネ」の配分にも変化が生じる可能性もある。MaaS（Mobility as
a Service）の概念がモビリティ市場において一般的となった場合、従来とはつ
くる「モノ」が異なることも考えられる。ユーザーによって異なる形状のモビ
リティとして提供される場合、従来型の自動車ではなく、ユーザーごとにカス
タマイズされた全く異なる形状のモビリティが投入されることもあるだろう。
そうなると、世界にひとつしかない製品を産み出すための開発費が生産費目に
占める割合は、これまでの大量生産型自動車産業時代とは異なる配分となる可
能性もある。

　以上に挙げた可能性だけを捉えても、ものづくりに変化が生じるのは必須で
あり、この変化を企業がどのように捉えるのかによって、モビリティ時代の勝
敗が明白になるように思える。

⑶　自動車産業に顕在化する変化

　では具体的にどのような変化が生じているのか。本節では4つの例を挙げ
て、その変化を概観したい。

i)　主要完成車企業のガソリンエンジン型数変化

　図表3に1998、2007、2017年と各10年の間に、日米欧主要完成車企業が生
産するガソリンエンジンの型数がどのように変化したのかを示した。同図表か
ら、型式数は明らかに減少傾向にあることが把握できる。エンジンはその開発
費に莫大な費用がかかる。型式を少なくすることにより開発費用を小さくする
ことが型式数減少の背景にあると思われるが、そもそも燃費や効率向上に関す
る研究開発の重要性も増している。完成車企業にとっては MaaS 時代を睨んだ
研究開発も必要となる一方で、パワートレインの電動化や次世代エンジン開発
などに要する研究開発費も増すため、エンジン型式数を絞り込むことも重要な
経営戦略なのである。

ii) 完成車、部品メーカーによる電動化に向けた事業拡大

そして2点目が、完成車企業や部品企業による新部門の設立など、電動化時代に向けての戦略変化である。例えばトヨタは、2020年代前半に世界で10種類以上のEVを販売し、燃料電池自動車（以下、FCEV）の車種も広げる計画を掲げている。これらの戦略を具体的に推し進めるために、次世代車専門の新組織「トヨタ ZEV ファクトリー」を新設し、そのトップを社内カンパニーのひとつ「先進技術開発カンパニー」のトップが担当すると報道された。

また世界最大手の部品メーカー、Bosch（独）は、既存のガソリンシステム事業部、ディーゼルシステム事業部とe モビリティに特化した新部門を統合し、2018年初頭からひとつの事業部として展開している。同社は2025年にはグローバルで約2,000万台のHEV、EVが、8,500万台の内燃機関車が販売されると予測しており、全体の2割近い電動車両に対応する事業部を展開していく構えとみられる。

興味深いところでは豊田通商は、コーポレート部門に「ネクストモビリティ推進部」、「ネクストテクノロジーファンド推進室」を設け、次世代自動車の技

図表3:日米欧主要完成車メーカーのガソリンエンジン型数変化

◆ 日系完成車メーカー

	トヨタ	日産	ホンダ	マツダ	三菱自	ダイハツ	スズキ	SUBARU	合計（基）
1998年	26	23	15	11	12	7	10	6	110
2007年	26	19	12	5	12	5	7	5	91
2017年	19	9	10	4	5	2	6	5	60

◆ 独系完成車メーカー

	VW Audi	Mercedes	BMW	合計（基）
1998年	18	20	15	53
2007年	19	15	15	49
2017年	9	10	11	30

◆ 米系完成車メーカー

	GM	Ford	合計（基）
1998年	12	18	30
2007年	24	15	39
2017年	24	11	35

出典：総合技研（2018）p.84より筆者作成。

術開発等を支援する部門（ネクストモビリティ推進部）を立ち上げたほか、自動車や情報、生活関連の先端技術、サービス開発を後押しするファンド（ネクストテクノロジーファンド推進室）を新設した。これらは同社において自動車部門を扱う「自動車本部」とは別の「コーポレート部門」の下におかれていることから、自動車産業の変革期において、まさに全社横断的な取り組みに着手していると言えるだろう[11]。

　これら企業による部門の新設や、新企業の立ち上げなどは従来の自動車産業よりも事業が増幅していることの証である。また事例が多岐に亘るので本稿では逐一を示さないが、例えば注目を集めたトヨタとソフトバンクによるMONET Technologies 株式会社の設立は、来るモビリティ社会に向けて自動車会社以外の企業による参入加速も示している。EV 化への道のりは、企業の事業そのものにも大きな変化を及ぼすのである。

iii) 開発手法の変化 - R&D の効率化 -

　次いで挙げるのは、ものづくりの上流にある開発の効率化を図る取り組みである。ここで注目するのは、MBD と称されるモデルベース開発（以下、MBD：Model Base Development）だ。これはコンピュータのシミュレーション技術を活用した手法である。

　実機を用いた開発を最小限に留め、開発工数の低減と先進的な技術開発を同時並行的に行うことを目的としたもので、結果として開発費の削減、技術開発の向上を相反する事項を可能にする取り組みとも言える。

　この MBD 導入で注目されたのが、2012 年に CX-5 上市後、好調なマツダだ。同社によると、2004 年に MBD を導入しているがそれ以前は例えばエンジン開発時には実際のエンジンや車両を試作していたところ、現行モデルは実に75% を MBD による適合開発を行っているという。75% という値は、試作数が MBD 導入前の1/4 まで削減したことを示す。また、MBD 導入前は実機による試作を 4 回重ねていたところ、10 年前には 3 回に削減、そして現在では 2 回程度との報道もある[12]。

　同社はこの MBD 導入を、「Hardware と Software のコラボレーションの強化」と表現しており、開発時にはその両方からのアプローチをとることによっ

メーカー	発表年	概要
BOSCH（独）	2017年2月発表 （2018年初〜始動）	①「パワートレイン・ソリューションズ」事業部の新設 ②同部門にeモビリティに特化する部門を新設
豊田通商	2017年3月発表 （同年4月始動）	①次世代自動車の技術開発等を支援する「ネクストモビリティ推進部」を新設 ②自動車や情報、生活関連の先端技術やサービス開発を後押しする社内ファンド新設
日本電産	2017年12月発表 （2018年5月設立）	PSA（仏）とEVモータの開発・生産する合弁会社「Nidec PSA emotors」を設立
Schaeffler	2017年8月発表 （2018年1月始動）	「電動モビリティ事業部門」新設（独立）
住友電工	2018年3月発表 （2018年4月始動）	①自動車事業本部と情報通信部門システム事業部を統合 ②自動車事業本部に「ソフト戦略室」を新設
トヨタ自動車	2018年10月発表・始動	次世代自動車専門の新組織「トヨタEVファクトリー」立上げ
（トヨタグループ）	2014年頃〜	2014年末：豊田自動織機へのディーゼルエンジン開発・生産を集約 現在も「ホーム＆アウェイ」の下、グループ内事業の再編を加速

出典：各種報道より筆者作成。

て「頭脳の統合化」を図るとしている[13]。本稿で注目するEV化への道程には、従来よりも大幅に増加する研究開発の工数と、それに費やす研究開発費増も必須となる。そのため、いかに開発を効率よく行い、そして費用負担を減らすことが出来るのかが勝敗の分かれ目ともなる。もちろんこの取り組みは、例えば本節に挙げたマツダだけではなく、取引サプライヤーとの協調も必要になるだろう。部品開発時にもMBDを導入することにより、サプライチェーン全体での開発費を抑えることも必要になるからである。日本企業が従来得意としてきた生産現場での改善活動、それによる原価低減などの取り組みに加え、MBDによる開発費の削減に向けた取り組みも、ものづくりのあり方を変えようとするひとつの試みである。

iv）生産・開発手法の変化 −デジタル技術の活用

そして最後に挙げるのが、iii）に挙げたMBD同様にSoft技術の導入であ

図表5:Local Motorsが手掛ける自動走行シャトル「Olli」

出　典：Local Motors Website（https://launchforth.io/launchforth/ollifleet-location-challenge/latest/）より転載。

る。ここでは 2007 年に創業した米国企業、Local Motors による取り組みに注目する。同社は 2014 年に世界で初めて 3D プリンターを活用した車両を開発（3D-Printed Car）、2016 年には同じく 3D プリンターを活用した世界初自動走行シャトル「Olli」を発表した [14]。車両に搭載する主要構成部品は全て自社で 3D プリンターを用いて製造するため、車両は少量生産となる [15]。

　元々同社は、オフロード仕様の SUV「Rally Fighter」や電動 3 輪車「Verrado」を生産してきた。そのビジネスモデルは、世界中のモビリティ業界のスペシャリストが同社に登録し、ネット上でアイディアを出し合った上でモデル生産に着手するものである [16]。

　このものづくりのあり方だけでも、従来の自動車産業のそれとは大きく異なるが、やはり強調すべきは 3D プリンターを活用するなど、デジタル技術を多用する試みにあることにある。自動走行フリートシャトル「Olli」も同技術を用いて開発、生産されたもので、シャトルという製品上、大量生産は不要である上に 3D プリンターを用いていることからひとつの車種毎にカスタマイズ対

応が可能となる。「Olli」は自動走行技術が搭載されていることでも注目されたが、それ以前に 3D プリンターで車両を生産する取り組みは、ものづくりのあり方を大きく変えたとも言えるだろう。先述したように、来るべきモビリティ社会においては、ユーザー特性に見合ったモビリティの導入が望まれる。そのユーザーに応じてカスタマイズされたモビリティの生産にあっては、「Olli」にみる生産工程のあり方が参考になる。3D プリンターというデジタル技術が、モビリティ産業におけるものづくりに変化を与えた一例である。

3　まとめにかえて

　以上に 4 つのものづくりの「変化」例も挙げながら、自動車産業に及ぼす変化を概観した。ここまでにみてきたように、電動化が及ぼすものづくりに及ぼす変化とは、企業戦略に大きく関わるものであり、産業構造そのものにも変化を迫るものである。例えば自動走行技術やコネクテッド技術がそうであるように、必ずしも電動化だけではない技術変容も含まれるが、モビリティ時代に向けて、従来の自動車産業のものづくりは明らかに変化しつつある。いわゆるハード（機械）面だけではなくソフトも含めた技術の高度化が今後のモビリティ産業を豊かにしているという一面もある。この変化に伴う対応を迫られるのは企業であり、少なくともそれを認識しておくことが企業には求められてこよう。

　そして留意すべきは、本節に挙げた「変化」は氷山の一角に過ぎないことである。従来の自動車産業に関わる企業の中でも、上述した 4 つの変化だけでも「自社には関係のないこと」と捉える企業もあるだろう。しかし、自動車そのものが変化していることはもはや自明である。加えて情報通信技術の高度化は、ものづくりの現場にも変化を与えており、IoT が注目される所以はそこにもある。従来の自動車産業が「製品」として生産してきた対象の変化、そしてそれを生産する「ものづくり」工程の変化、これらの変化を捉えて、自社なりの対応を講じる企業が、この大変革時代に生き残るプレイヤーとなるのだろう。

注
(1)　日本経済新聞（2018 年 7 月 26 日）参照。

(2) 前述の「2018 年度研究開発投資ランキング」のうちトヨタが重点分野のひと
つに EV ではなく「電動車両」を掲げ、ホンダや日産が「EV」と掲げている
のは、完成車メーカーによる戦略の違いが示されているようで興味深い。

(3) モビリティ市場、産業については機械振興協会経済研究所（2017）・（2018）を
参照されたい。。

(4) 機械振興協会経済研究所（2017）参照。なお型式認定取得当初は、光岡自動車
以来、19 年ぶりに日本で新たな自動車メーカーが誕生したと話題になったと
いう（同社へのヒアリング調査より）。

(5) OICA（国際自動車工業連合会）Website（http://www.oica.net/）より確認。

(6) IEA, *Global EV Outlook 2018*, p.109。

(7) ミレニアル世代とは一般的に、1980 年代から 2000 年代初頭生まれ、ポストミ
レニアル世代はそれ以降の生まれを指すことが多い。

(8) いわゆる「電動化」技術に親和性が高く、例えば自動運転やコネクテッドカー、
シェアリングなど国内外の取り組みを俯瞰しても、そのモビリティが EV であ
るケースが多い。もちろんシェアリングの概念やコネクテッドカーが全て EV
を主体とするものではなく内燃機関車にも該当するものだが、国内外の現状で
の取り組みを俯瞰しても、そのクルマ（モビリティ）が EV であるケースも多
い。これはおそらく、現行の内燃機関車生産企業以外のメーカーが新たにクル
マ（モビリティ）から開発、生産する場合、先に指摘したよう部品調達などの
観点から EV の方が着手しやすいからと思われる。また、機械振興協会経済研
究所が行ったヒアリング調査では、今後の環境への影響を考えて EV を選択し
た事例や、EV 仕様にしたことにより機構に余剰スペースが生じ、ある部品搭
載が可能になったとの事例なども見聞できた。これらの事例については、機械
振興協会経済研究所（2017）・（2018）を参照されたい。

(9) 『日経 Automotive』（2017 年 7 月号）参照。

(10) 経済産業省自動車新時代戦略会議「自動車新時代戦略会議中間整理」資料（平
成 30 年 8 月 31 日）、p.9 参照。

(11) これらは同社において自動車部門を扱う「自動車本部」とは別の「コーポレー
ト部門」の下におかれている（同社 Website（https://www.toyota-tsusho.
com/about/project/14/）参照）。

(12) Response（https://response.jp/）2018 年 9 月 20 日付記事参照。

(13) 中小企業庁小規模企業基本政策小委員会（2018 年 6 月 29 日開催）、マツダ株
式会社 代表取締役副社長　藤原　清志氏資料「マツダ"モノ造り革新"の進化

⒁　～ MBD 活用含む」。

⒁　同社 Website（https://localmotors.com）参照。

⒂　同社がその車両生産の工場を「Microfactories」と称しているのも興味深い（同上）。

⒃　同社はその様相を「Open Innovation」と表現している（前掲⒂）。

参考文献

IEA, *Global EV Outlook 2018*, 30 May 2018（https://webstore.iea.org/global-ev-outlook-2018）。

Response（2018 年 9 月 20 日）「マツダ 人見常務「車両試作台数は 4 分の 1 に削減」…「モデルベース開発」を積極推進」（https://response.jp/article/2018/09/20/314193.html）。

機械振興協会経済研究所（2017 年 3 月）『H28-3 将来型モビリティの新市場展開』。

機械振興協会経済研究所（2018 年 3 月）『H29-4「将来型モビリティ」創造に向けた価値構築』。

経済産業省自動車新時代戦略会議（2018 年 8 月 31 日）「自動車新時代戦略会議中間整理」。

総合技研（2018）『電動化車両・関連部品市場の現状と将来予測』。

日経 BP 社『日経 Automotive』2017 年 7 月号。

日本経済新聞（2018 年 7 月 26 日）「研究開発費、企業 4 割「最高」、今年度本社調査、車関連けん引、12.4 兆円、9 年連続で増加」。

第3章　電動化の現状と自動車部品産業

松本　周

はじめに

　2017年3月中国政府はBEVを含むNEVに対する優遇措置と生産・販売目標を掲げBEV中心の将来クルマ構想を内外に宣言した。同じく4ヶ月後の同年7月、今度は欧州のイギリスとフランスがそれぞれ2030年を目標にガソリン車の使用制限を掲げてBEVの生産販売促進方針を打ち出した。これら一連の動きや発言の背後には環境問題を先取りした政治的色彩が濃厚ではあったが、これでBEVを始めとするxEV普及を目指す動きが一段と加速されたことは言うまでもない。

　その後電動化の動きはTeslaの生産遅滞などで一時の盛り上がりは後景に退いているとはいえ、依然として電動化の動きは力強い趨勢として自動車生産の底流を流れている。

　本章は世界各国での電動化の現状と政策展開の実情、それに対する各社の対応を概観すると同時にこうした動きが自動車部品企業に与える影響に関して考察することとしたい。

1　完成車メーカーの電動車動向

　はじめに完成車メーカーの電動化の現状を確認しておこう。中国メーカーについては3.で後述するため詳しくはそちらに譲り、以下では日本・欧州・米国を中心にみていくこととする。

(1)　完成車メーカーの動向

まずは、それぞれの地域のメーカーの現状を俯瞰するとしよう。電動車展開の現状については、表1で示しているので合わせて参照願いたい。

ⅰ）日系メーカー

　表1にあるように、日系メーカーの BEV 展開はさほど進んでおらず、環境対策の中心は HEV となっている。1997 年にトヨタが "21 世紀に間に合いました" というキャッチコピーで世界初の量産 HEV である「プリウス」を発売したのを手始めに、1999 年にホンダが「インサイト」を、2000 年には日産が限定販売ではあったが「ティーノ ハイブリッド」を発売した。2000 年代に入るとトヨタを中心に HEV のラインナップが拡充され、日本ではエコカーといえば HEV と強く印象付ける形となった。現在においてもその傾向は顕著に表れており、トヨタを中心にほぼ全てのメーカーが HEV を展開している。但し、HEV の方式はメーカーごとに多様な方式が存在している。

　トヨタは「プリウス」を中心にシリーズパラレル方式のハイブリッドシステムを採用しており、メインは 1 モーター式「THS Ⅱ」となるが、一部 4WD モデルはリア駆動用にモーターが追加される。さらに、2017 年から「カムリ」から最大熱効率 41％の新エンジンを組み合せたシステムも登場した。また、「クラウン」やレクサスブランドの「LS500h」等には V6 エンジンと 2 基のモーターから構成されるハイブリッドシステムに変速機構を直列に配置したマルチステージハイブリッドシステムも採用されている。

　ホンダは主に 3 方式である。「フィット」など小型モデルに搭載されるのがパラレル式 1 モーターの「i-DCD」であり、7 速 DCT にモーターが内蔵される。「アコード」など中・大型モデルにはパラレル式 2 モーターの「i-MMD」が搭載され、この方式は駆動用と発電用の 2 つのモーターを持ち、シリーズ方式のような側面も持つシステムである。「NSX」と「レジェンド」にはパラレル式（同様にシリーズ的側面も持つ）3 モーター「SH-AWD」が搭載され、トルクベクタリングと組み合わせられた 2 つのモーターにより左右独立した駆動力の伝達が可能であり、駆動輪も前後、四輪の 3 パターンに切り替えが可能なシステムとなっている。

　日産は主に 2 方式である。一つ目は「フーガ」や「エクストレイル」に搭載

表1：主要国の代表的なEV一覧表

	EV	PHEV	HEV	FCEV
日本	リーフ（日産） e-NV200（日産） i-MiEV（三菱）*	プリウスPHEV（トヨタ） アウトランダーPHEV（三菱） クラリティPHEV（ホンダ） CROSSTREK（スバル）	プリウス（トヨタ） シビック（ホンダ） ノートe-power（日産） スイフト（スズキ）	ミライ（トヨタ） クラリティFCEV（ホンダ）
中国	秦 EV300（北汽） EC180（北汽） 知豆D2（吉利） iEV6S（江淮＝JAC） eQ1（奇瑞）	秦（BYD） 荣威 eRX5（上汽） 唐（BYD） 帝豪 PHEV（吉利） 傳祺 GS4（広汽）		荣威 950FCEV（上汽） ※16年生産終了
アメリカ	Bolt (Chevrolet) Focus (Ford)	Volt (Chevrolet) Fusion (Ford) Pacifica (Chrysler) CT-6 (Cadillac)	C-MAX (Ford) Malibu (Chevrolet)	
欧州	e-Golf (VW) C-ZERO/i-ON (PSA)* i-Pace (Jaguar) ZOE (Renault)	MINI CROSSOVER (MINI) i3 (BMW) C350e (MB) Panamera (Porsche)	S450 (MB) ▲ A8 (Audi) ▲	GLC F-CELL (MB)
その他	e2o Plus (Mahindra) Soul (起亜) Tigor EV (Tata) Niro (起亜)	Sonata (現代) Optima/K5 (起亜) ▲	Scorpio (Mahindra) ▲ Ertiga (Maruti Suzuki) ▲ Ioniq (現代)	NEXO (現代)

▲はマイルドHV　　*は兄弟車

出典：各社ホームページより筆者作成。

されるⅠモーター2クラッチ方式である。この方式は必要に応じて駆動系からエンジンを切り離すことが可能であり、EV走行からエンジンプラスモーター走行まで幅広くこなす事が出来る。もう一つが、「ノート」などに搭載される「e-Power」である。このシステムは発電専用のエンジンを搭載し、その電力を用いてモーターで走行する。外部充電は出来ず、バッテリー容量も小さくエンジンへの依存度が高いため、EVではなくHEVに分類される。

その他に、スズキはシングルクラッチの「AGS」にモーターを組み合わせてパラレル式1モーターのシステムを「スイフト」等に搭載している。マツダもHEVを展開しているが、トヨタの「THSⅡ」を応用したものとなっている。

HEVに関連して、PHEVの投入も近年増えている。三菱自動車はSUVである「アウトランダー」にPHEVを設定し、日本と欧州で最多の販売台数を記録している。また、トヨタもプリウスにPHEVモデルを設定している。ホンダも「クラリティ」PHEVモデルを2018年11月に、スバルもトヨタのシステムを応用したPHEV「CrossTrek Hybrid」を北米市場で発表した。そ

れぞれの諸元(EV 走行換算距離／ハイブリッド燃料消費率／最廉価モデル価格)は、「アウトランダー PHEV」が 65.0 km ／ 18.6 km/L ／ 418 万円、「プリウス PHEV」が 68.2 km ／ 37.2 km/L ／ 326 万円、「クラリティ PHEV」が 114.6 km ／ 28.0 km/L ／ 588 万円、「CrossTrek Hybrid」は米国での基準となるが EV 走行距離が 17 マイル（約 27 km）、最大航続距離が 480 マイル（約 760 km）となっている。それぞれ車格やボディタイプ、駆動方式が異なるため一概には比較できないが、各メーカーの特色が出る形となっている[1]。

　他方で、BEV の展開は遅れているが、日系メーカー中でも日産と三菱は BEV に積極的な姿勢を見せている。そもそも日本では、終戦後のガソリン不足の時代に立川飛行機を前身とする東京電気自動車が「たま」という BEV を 1947 年に発売しており、BEV の歴史は決して新しいものではない。しかし、その後は 1970、80 年代にコンセプトカーとして発表されるにとどまり、市販モデルの展開はほとんど見られなかった。1990 年代に入ると日産が「アベニール」や「ルネッサ」等、トヨタが「タウンエース」や「RAV4」等、ホンダが「EV Plus」を地方公共団体向けに台数や販路を限定する形で BEV を発売するなど[2]、徐々に BEV の開発や生産が進められた[3]。2000 年代に入ると、スバルも 2009 年に BEV 仕様の「ステラ」を発売するなど、その流れは広がっていった。そして同年に三菱自動車が「i-MiEV」を、2010 年に日産が「リーフ」の量産を開始し、両社を中心に BEV の量産と一般販売が開始された。

　そして、現在は日産が 2 世代目の「リーフ」と商用 EV バン「e-NV200」を、三菱自動車が「i-MiEV」[4]と軽商用車「ミニキャブ・ミーブ」を量産・販売している。その他には、トヨタ車体が一人乗りの小型 EV「コムス」を発売している程度であり、日系メーカーの EV 展開は中国など一部地域を除き進んでいない。

　一方で、日系メーカーは他国に比べて FCEV に積極的である。トヨタは、2014 年に世界初の量産 FCEV として「MIRAI」を発売し、ホンダは 2016 年に「クラリティ Fuel Cell」を発売している。ただし、前者が一般販売なのに対して後者はリース販売に限られる。一充填の走行距離は前者が約 650 km、後者が 750 km であり[5]、価格面では 727 万円と 767 万円にそれぞれなっている。更に、後者は FC パワートレーンをボンネット内に収めるという特徴

を持っている。FCEV に関しては、ホンダが積極的に開発を進めてきた。ホンダは、1999 年には小型 FCEV「FCX-V1」を開発、その後改良を重ねて 2008 年に現在の「クラリティ」の前身になる「FCX Clarity」のリース販売を開始した [6]。トヨタも同様に 1996 年に「RAV4」ベースの「FCEV（1）」でパレード走行を行い、2001 年には「FCHV-3」を発表するなど開発が続けられ、2008 年の「愛・地球博」では FCEV バスを運行するなど、FCEV の開発と試験走行を続けてきた [7]。

　以上、日系メーカーの電動車動向を見てきた。日系メーカーは先行して開発を進めてきたものの、今までは需要が見込めなかったため量産・一般販売へと至らず、HEV が中心になったと考えるのが妥当であろう。

ii）欧州メーカー

　次に、欧州メーカーの動向についてみてみよう。欧州メーカーの環境対策の中心はディーゼルエンジンであったため、BEV など電動化の対応は遅れていた。欧州ではアウトバーンにみられるように一般道を含めて平均速度が速く、日本とは違い比較的長距離を走る傾向がある。更に MT の比率も他地域に比べて高い傾向にあり、それらの要因が HEV ではなくディーゼルエンジンの割合を高くしたと考えられる。近年では、VW の「TSI」や Fiat の「TwinAir」のように気筒数や排気量を減らしたエンジンに過給機を組み合せたダウンサイジングエンジンが環境対策としてトレンドとなっていた。しかし、2015 年に発覚した VW による排ガス不正問題や中国における NEV 規制などによって、その流れは変わり始めている。まずは、現在の状況についてみておくことしよう。

　欧州メーカーの電動モデルとしては PHEV が多い。Mercedes-Benz（以下、MB とする）は「C350 e」、MINI は「MINI Crossover」、VW は「Golf GTE」などの PHEV を展開し、Porsche が「Panamera 4 E Hybrid」を展開しているように環境性能だけではなく、モーターによるアシストを活用し走行性能を追求するモデルとして PHEV を位置づけるメーカーも少なくない。「Golf GTE」を例に PHEV としての諸元（EV 走行換算距離／ハイブリッド燃料消費率／最廉価モデル価格）を見てみると、45.0 km ／ 19.9 km/L ／約 469 万円

となっており、環境性能を追求した日本車と遜色ない性能を示しており、価格面でも輸入車という点も考慮すると高いわけではない。

BEV は、現時点ではその種類は少ない。Renault が「ZOE」、VW が「e-Golf」、BMW が「i3」で自社独自の BEV を展開している一方で、PSA は提携先の三菱自動車「i-MiEV」の OEM で BEV を展開している。また、Audi が「e-tron」の発売を 2019 年に控え、Jaguar が「I-Pace」の受注を開始するなど、BEV が大衆車から SUV やスポーツモデルにまで広がりつつある。BEV の諸元については、次項で「e-Golf」を例に検討することとしたい。

日系メーカーではストロング HEV が主流であるのに対して、PHEV を除いて欧州メーカーでは 48V のマイルド HEV [8] が HEV の中心となっている。マイルド HEV 増加の要因は、後述する欧州での燃費規制強化が挙げられるが、モーターアシストによる走行性能向上やダウンサイジングエンジンを補うためなどといった要因も孕んでいる。現在は、MB が「S450」や Audi「A8」に展開するなど大型モデルが中心となっているが、MB が新たに中型セダン「C200 Avant-garde」に搭載するなど、今後は搭載クラスが広がっていくと思われる。

以上、欧州メーカーも電動車の展開は遅れており、PHEV や 48 V マイルド HEV から展開を進めている。BEV は今後導入が加速されていくと思われ、後述する中国メーカーや日系メーカー、米国メーカーとの競争が激化していくことになるであろうが、当面の課題は強化される燃費規制への対応となってくるだろう。

iii）米国メーカー

米国メーカーの動向をみてみると、現時点では EV などの電動車の展開は進んでいない。米国ではピックアップや SUV など大型車の人気が高く、MPV やセダンにおいても日本や欧州のメーカーよりもサイズの大きなモデルが好まれる傾向にある。また、ガソリン価格が比較的安価である点や広い国土面積といった要因もあり、原動機としては排気量の大きなガソリンエンジンがラインナップの中心となっている。環境対応モデルとしても、Ford の「EcoBoost」エンジンのような過給機付きダウンサイジングエンジンが搭載される傾向にある。

しかし、後述するように米国ではカリフォルニア州などで ZEV 規制が導入され、完成車メーカーは電動車を展開せざるを得ない状況下にあり、PHEV を中心に HEV や BEV の拡充も進められている。その嚆矢が、GM が Chevrolet ブランドから 2011 年に発売した「Volt」であろう。PHEV である同モデルは、"プリウスキラー" になるとも言われるほど鳴り物入りで登場し、2012 年にはリチウムイオン電池の発火問題が発生するなどしたとは言え、グリーンカーオブザイヤーやヨーロッパカーオブザイヤーを受賞するなどしている。その一方で、販売は伸び悩んでいる模様である。現行モデルは 33,520 ドルから販売されており、フル充電で 53 マイルの EV 走行、フル充電かつガソリン満タンの状態で 420 マイルの走行が可能な性能となっている。同ブランドからは、「Bolt」という 5 ドアハッチバックも販売されており、こちらはフル充電で 238 マイル走行可能な BEV となっている [9]。

　このように、米国メーカーでは電動車の展開は数モデルに限られるのが現状であるが、今後もこの傾向は継続されると思われる。詳細は次項を参照願いたいが、現トランプ政権は電動化には消極的な姿勢を示しており、米国内での普及はまだ進まないと思われる。一方で、米国メーカーといえども世界最大の自動車市場である中国市場は軽視できない存在であり、詳細は 3. に譲るが BEV を促進する中国向けには電動モデルの展開を進めざるを得ないのが現実であろう。

ⅳ）その他メーカー

　最後に、その他の国のメーカーについてみていきたいと思う。しかし、ある程度の規模を持つ完成車メーカーは上記以外の国・地域ではあまり存在していないのが現状であり、したがってここでは韓国とインドのメーカーについてみていく事としたい。

　韓国メーカーとしては現代自動車と起亜の動向についてみておこう [10]。現代・起亜も HEV が中心となっている。特に現代の「Ioniq Hybrid」（パラレル式 1 モーター 2 クラッチ）は「プリウス」をベンチマークにして開発され、同社の主力 HEV となっている。HEV は北米などでの主力車種「Sonata」や起亜ブランドの SUV で電動車専用モデルである「Niro」にも展開されている。

ZEV や NEV の対象となる PHEV も、同様に前出の車種において展開されている。BEV も中国向け「Elantra」や起亜の「Soul」、「Niro」などに展開されているが、現代・起亜が力を入れるのは FCEV である。後述するように、韓国では FCEV の普及目標を掲げているが、現代は FCEV の主導権確保を目的に FCEV 開発に注力している。2018 年 6 月に現代は Audi と FCEV 分野での特許共有などの提携に合意し、第一弾として同年に韓国や欧州に投入した FCEV 専用モデル「Nexo」で培った技術を Audi 側に提供するとしている。現代・起亜は HEV や EV で日本や中国のメーカーの後塵を拝する形となったが、FCEV を軸に巻き返しを図ろうとしている [11]。

　政府が EV 化の目標を示すインドのメーカーは BEV を中心に展開している。インドでは安価な ICEV が市場の中心であり、Maruti Suzuki がマイルド HEV を展開しているがインドメーカーでの HEV や PHEV の展開は進んでいない。一方の EV は、Tata が小型セダン「Tigor」 [12]、Mahindra が小型ハッチバック「e2o Plus」や小型セダン「e Verito」を展開しており、政府の方針も背景に BEV モデルの導入が増える見込みである。

(2)　各国主要メーカーの EV 比較

　では次に各国主要メーカーの BEV を紹介しておくこととしよう。ここでは吉利（中国）の「帝豪」、Tesla（米国）の「Model S」、日産（日本）の「リーフ」、VW（ドイツ）の「c-Golf」の 4 車種を挙げておこう（表 2 参照）。

　諸元表を見る限りは各社ともに大差はないが、Tesla の「Model S」については他車よりも車格が上回る点は考慮しなければならない。第 5 章で示すように、BEV の航続距離や価格はリチウムイオンバッテリーの容量の大小に比例しており、この表からも概ねその傾向がみられる。また、Tesla 以外の 3 車種を比較するとわずかに吉利の「帝豪」がパワーや航続距離、車重において劣る数値となっている。しかし、この差は中国の自動車産業の歴史の浅さを考慮すれば非常に小さいということができ、中国の EV の急速な成長を示しているとも言えるだろう。ただし、諸元表の数値に関しても航続距離の算定方式や充電規格については国や地域ごとに異なる点は留意しておかねばならない。そし

表2:各国代表メーカーのEV諸元表

		吉利（中国）	Tesla（米国）
代表モデル		帝豪（Emgrand）EV（300）	Model S（75D）
諸元	出力	95 KW, 240N-m	386 KW（518 PS）, 690 N-m（486 lb-ft）
	航続距離	300 km	259 miles（EPA）
	バッテリー	41 kmh（リチウムイオン）	75 kmh（リチウムイオン）
	サイズ	4631*1789*1495 mm	4979*1950*1440 mm
	重量	1598 kg	2090 kg
	駆動方式	FWD	AWD
	乗車定員	5名	5名（+2名）
	充電時間	7時間	－
	価格帯	19.58〜21.58万元	$62,700〜$123,200
主な生産国		中国	アメリカ・オランダ

		日産（日本）	VW（ドイツ）
代表モデル		リーフ	e-Golf
諸元	出力	110 KW（150 PS）, 320 N-m（32.6 kgm-f）	100 KW（136PS）, 290 N-m（29.5 kgm-f）
	航続距離	400 km	301 km
	バッテリー	40 kmh（リチウムイオン）	35.9 kmh（リチウムイオン）
	サイズ	4490*1790*1540 mm	4265*1800*1480 mm
	重量	1510 kg	1590 kg
	駆動方式	FWD	FWD
	乗車定員	5名	5名
	充電時間	16時間（3KW普通充電）	12時間（3KW普通充電）
	価格帯	¥3,150,360〜¥3,990,600	€ 35,900
主な生産国		日本・米国・英国	ドイツ

出典：各社ホームページより筆者作成。

　て、こうした基準の不統一が各国の BEV 普及の障害になっていることもあわせて指摘しておく必要がある。

　また、一般的に BEV ではバッテリーやモーター、インバーターなど核となる部品はサプライヤーに依存するため内燃機関のように各社の差が表れにくいと言われてはいるが、各市場やメーカーの特色を反映したクルマ作りが行われている点も留意せねばならない。また、BEV は後発メーカーの参入が容易であるとする見方も存在するが、内燃機関に比べて部品点数が減少するとは言え、生産面でのハードルは依然として高い。生産ラインの立ち上げや安定的な稼働、ラインの調整などは長年積み重ねられてきたノウハウが活かされるもの

であり、実際に Tesla が陥っているように、後発メーカーが大量生産へとシフトするのは容易ではない。

(3) 今後の展望

最後に、各国メーカーによる電動化の今後の展望についてみておこう。

i) 日系メーカー

トヨタは 2017 年に、2030 年に全世界販売台数の半分以上である 550 万台以上を電動車に、うち BEV と FCEV は合計で 100 万台以上を目指すとしている[13]。2025 年頃までに電動車の拡大を進め、ICEV のみのモデルは無くし、BEV は 2020 年代には 10 車種以上に拡大、FCEV と PHEV は同じく 2020 年代に車種を拡充するとし、当面は HEV が中心となる見込みである。そして 2050 年には CO_2 排出量を 2010 年比 90 ％減を目指すとしている。ホンダは 2030 年に全世界販売台数の 2/3 を電動車とする方針を発表し、その内訳は HV・PHEV が 50 ％以上、BEV や FCV が残りの 15 ％程度と見込んでいる。日産・Renault・三菱自動車の 3 社連合は、2017 年発表の「アライアンス 2022」で 2022 年までに 12 車種発売するとし、2018 年 10 月には 2022 年の全世界販売目標 1,400 万台のうち、10 ％にあたる 140 万台を BEV とする目標[14]を同社元会長のカルロス・ゴーンが明らかにしているが、同氏の辞任によりその先行きは不透明になっている。その他のメーカーは明確な電動化目標を示していないが、スズキはインドにおいてトヨタと電動車等に関する協業を進めるとしている。また、スバルやマツダは 2017 年 9 月に設立された BEV 開発新会社「EV C.A. Spirit」に参画することで自社単独というよりはトヨタや新会社との協業により電動化を進めていくとみられる。マツダは新型「Mazda 3」で 24 V マイルド HEV を展開する見込みであり、BEV は 2019 年に投入予定となっている。スバルは 2018 年末に PHEV を発表したが、BEV の展開は 2021 年を目指している。

ii）欧州メーカー

VW グループは 2016 年に、2025 年を目標に最大 300 万台の BEV を販売する計画を打ち出し、「I.D.」ブランドを中心に 50 車種以上の BEV を投入するとしている[15]。Daimler は 2016 年に EV ブランド「EQ」を立上げ、2022 年までに 10 車種以上の BEV を投入するとしており、「EQ」ブランドに 100 億ユーロを投資する予定である。これにより、2025 年までに販売台数の 10 ～ 20% を電動化するとしている。BMW は 2025 年までに電動車を 25 車種投入し、そのうち EV は 12 車種投入するとし、航続距離の目標を 600 km に置いている。このようにドイツ系メーカーでは 2020 年代から BEV 投入が本格化していくとみられる[16]。

ドイツ以外のメーカーでは、2017 年に英国 Jaguar/LandRover（以下、JLR）は 2020 年以降に発売される全ての車種を電動車にすると発表しており、BEV・PHEV・HEV のいずれかを各車種に展開する計画である[17]。また、仏 PSA は 2016 年発表の経営戦略「Push to Pass」で 2021 年までに新型の環境対応車を 11 車種投入するとしており、うち BEV が 4 車種、PHEV が 7 車種になるとしている。また、同社はハイブランドである DS で 2025 年以降に発売するすべての車種に電動車を設定するとしている。FCA は、2021 年までに欧州でのディーゼル乗用車の販売を終了し、2022 年までに電動化へ 90 億ユーロを投資すると発表している。これにより同社は BEV を 10 車種、PHEV を 25 車種投入し、Alfa-Romeo と Maserati ブランドでは全車種に BEV を設定するとしている[18]。最後に中国の吉利傘下である Volvo car は、2019 年以降に発売する新車は全て BEV か PHEV にするとしており、ICEV の開発を現行モデルで停止し、電動車に集中するとしている。これにより、2019 ～ 2021 年の間に BEV を 5 車種投入し、2025 年までに BEV と PHEV 合計の販売台数を 100 万台とするとしている[19]。

以上のように、欧州メーカーにおいても 2020 年代から BEV など xEV の投入が本格化する見込みである。

iii）米国メーカー

まず、GM は 2023 年までに電動車を 20 車種以上投入するとしている。同社

CEO は自動運転車は全て BEV になるとの持論を展開しており、GM では自動運転の 2019 年実用化を目指しており、これに合わせて BEV が投入される可能性もある。また、GM は既にホンダと FCEV（2013 年）や EV 電池（2018 年）分野で提携しており、ホンダとの協業により BEV が投入される可能性もある。Ford は、2018 年の北米国際モーターショーで 2022 年までに電動車 40 車種に最大 110 億ドルを投資する方針を打ち出している。更に 2019 年 1 月に VW との包括提携を発表し、小型商用車の相互供給を始めとして BEV や自動運転などの分野でも協業を目指すとしており、VW が 2019 年から生産を開始する EV プラットフォーム「MEB」を中国や欧州で Ford に供給することを検討している [20]。Tesla は、現在のラインナップの低価格化や拡充を行っていく方針でいるが、低価格化を図るために 2018 年 6 月に 9％、2019 年 1 月に 7％の従業員を削減する方針を示しており、廉価モデル「Model 3」の増産を含めて先行きに不透明な点も少なくない。他方で BEV の普及が進む中国では、2020 年の稼働を目指し上海に新工場建設を計画し、その具体化を進めている。

iv）その他メーカー

　最後に韓国とインドメーカーの動向についてみていこう。まずは韓国の現代・起亜である。現代グループでは、起亜が 2025 年までに先進パワートレーンを搭載する車種を 16 車種投入するとしており、内訳は HEV・PHEV・BEV がそれぞれ 5 車種、FCEV が 1 車種となっている。また、同グループは FCEV に注力する方針であり、FCEV 分野で提携を発表している Audi と新規の事業の検討も含め、協業により FCEV を推進していくと想定される [21]。

　インドメーカーでは、Mahindra が 2018 年に今後数年の間に EV 事業に約 90 億ルピー投資し、その資金を生産能力の増強や開発に充当する見込みとしている。また Mahindra は本格的な BEV 生産・普及に向けてフォードやルネサス、LG 化学、Uber などとの提携強化を目指している。Tata Motors では、現時点で具体的な数値目標を示していないが、電動車事業を担う部門の設立や自治体向けの BEV 供給締結 Nano ベースの EV 投入など本格的な始動に向けての準備を進めている。Maruti Suzuki は、2017 年にスズキとトヨタが提携に合意したことにより、2020 年以降にトヨタの技術支援のもと新開発 EV を投

入するとしている。また、HEVについてもトヨタから「Corolla」のOEM供給を受ける形で同社ブランドで2019年以降発売する見込みである[22]。

以上のように日欧米以外のメーカーも電動車の投入に前向きな姿勢を見せているが、具体的な道筋はそれらに比べて明確でないというのが現状である。

2　各国・地域の電動化関連政策

次に、各国・地域に電動化や環境対策に関する政策についてみていくこととしよう。前項と同様に中国は3に譲り、主要国・地域（日欧米）とアジア（マレーシア・タイ・インド・台湾・韓国・インドネシア）における政策をみていくこととしたい。

(1)　主要国・地域

まずは、日本・欧州・米国といった主要国の自動車の環境政策についてみていくとしよう（表3参照）。

各国共通するのは企業平均燃費（CAFE = Corporate Average Fuel Economy）方式の環境規制の実施である[23]。上記の3地域では2010年から同様の燃費規制が導入されているが、各国共に2020年頃からその基準が強化される見込みとなっている。まず、日本では2020年度から本格的な導入が検討されており、従来のトップランナー方式からCAFE方式へと変更される予定であり、それに先立ち2018年より欧州が導入している燃費・排ガス測定方式WLTP（Worldwide harmonized Light vehicle Test Procedure）の使用を開始している。欧州では、2008年よりCAFE方式が採用され2015年を第一段階の目標として設定されていたが、2021年により基準が130 g/kmから95 g/kmに強化される予定となっている。アメリカでも2012年のオバマ政権下で強化され、2017〜2025年が適用期間となっているが、トランプ政権の動向次第ではそれは、緩和や廃止の可能性もある。このCAFE方式の燃費規制は2020年にかけて、上記3地域と中国以外の約20ヵ国が新たに導入するとみられている。

xEVを優遇する政策としては、アメリカのカリフォルニア州などで実施さ

	日本		中国	
政策・規制名	CAFE(Corporate Average Fuel Economy) 規制		NEV(New Energy Vehicle) 規制	
対象地域	日本国内		中国国内	
開始時期	2020年度		2019年	
概要	ほとんどの国が採用しているCAFE方式を採用し、車重やサイズごとに基準となる燃費が設定されているが、車両別ではなく、企業ごとに1年間に販売した新車の燃費（表示値）の加重平均が規制値を上回ることを求めている。クレジット制は未導入。		3万台以上、生産・輸入を行うメーカーを対象にBEVやPHEV、FCEV等のNEVを一定割合、生産・輸入することを求める政策。クレジット制を採用しており、未達成メーカーは達成メーカー等からクレジットを購入する必要がある。また、同時に燃費規制(CAFC)も設けられておりダブルクレジットとなっている。	
具体値	20.3km/L（JC08モード）		2019年に10%→2020年に12%を目標	
備考	EV等の新エネ車に関する制度等は現状無し		NEV専用ナンバーや補助金あり。NEV導入促進のため、段階的に外資規制撤廃の動き	
	欧州		アメリカ	
政策・規制名	CAFE規制		ZEV(Zero Emission Vehicle) 規制	
対象地域	EU域内		カリフォルニア州他	
開始時期	段階的(2008→2015→2021年)		段階的(1990年開始→2018年強化)	
概要	EU域内で販売した全ての乗用車の車重の加重平均値に見合ったCO2排出量の目標を 与えられる。2015年から段階で販売台数が年間30万台を超えた企業が対象となり、30万台に満たない企業は、特例として個別の目標が与えられ、1台以下に満たない企業は規制を免除される。罰金有		対象地域で販売を行うメーカーに対し一定割合のZEV(BEV・FCEV・PHEV、HEVは18年から除外)の販売を義務付ける制度であり、18年度から年間2万台以上を販売するメーカーが対象となる。航続距離に応じてクレジットが発行され、未達成企業は罰金もしくはクレジットの購入。	
具体値	2015年130g/km→2021年95g/km （17.9km/L→24.4km/L）		2018年は4.5%→2025年には22%まで段階的引き上げ	
備考	イギリス・フランスは2040年に、ノルウェーは2025年にICEVの販売を禁止する方針		CAFE規制も導入。ただし、トランプ政権には見直しの動きも	

出典：FOURIN『中国自動車調査月報』No.262（2018.1）pp.12-15, No.5（2018.4）pp.2-17、国土交通省（2011）、三井物産戦略研究所（2017）、日本経済新聞各紙より筆者作成。

れている ZEV（Zero Emission Vehicle） 規制がある。ZEV 規制では 2025 年に販売台数の 22％を ZEV とする目標を掲げており、それを実現するために 2018 年（モデルイヤー）からクレジット制が導入された。併せて、ZEV から HEV が外されるなど電動化の動きが強まっている。しかしながら、2017 年に登場したトランプ政権は大排気量車に強い自国車種の優遇や GM などのメーカーからの不満を受け、ZEV 規制を廃止したりパリ協定離脱の動きを見せており、行く末は不鮮明な点も少なくない。

　また、欧州でも電動化を目指す動きは見られる。欧州はこれまで、ディーゼルエンジン主体で CO_2 排出削減を目指してきたが、VW による排ガス不正問題発生以降は電動化による削減方針へとシフトしてきている。2017 年にはイギリスやフランスでは 2040 年に内燃機関を完全に廃止する政府声明が発表された。しかしながら、政治的側面や雇用や地域経済に与える影響を考えると額面通り進行するとは考えにくい。一方で、同じく 2025 年までに個人が購入す

る自動車の全てをゼロエミッション車にするとしているノルウェー[24]など北欧電力王国やオランダなどでは電動化を加速させる可能性は高い。

　以上のように、日欧米の主要地域においては電動化に対するハードルは依然として高く、燃費・排ガス規制の強化に止まる場合がほとんどとなっている。しかし、それらの基準をクリアするためにはマイルドHEVを含めた電動化が必要となってくるため、前項で示したように各社は電動化を進めざるを得ないというのが実態であると言える。

(2) アジア

　アジアの全般的特徴を述べれば、自動車は普及途上の段階であり、電動化関連政策はごく一部の国で手掛けられ始めた段階にある。そんな中で、エコカーを奨励する動きはインドや台湾、タイ、インドネシア、マレーシア等で進み始めている。なかでもインド、タイでの動きは注視すべきだろう。インドはドイツを抜いて、中国・アメリカ・日本に次ぐ世界第4位の自動車生産国であり、タイはASEANを代表する自動車生産国だからである。それを踏まえて、4ヵ国を中心にEVやエコカー関連政策についてみていくこととしよう（詳細は表4参照）。

i) インド
　ニューデリーでの大気汚染が深刻化するなかで、電動化の動きも活発になりつつある。インド政府は2017年に"2030年に新車販売の全てをEVにする"との目標を打ち出した。しかし、2018年3月には電力相が"2030年までに国内で販売する車両の3割をEVにする"と発言し事実上の下方修正を行うなど不透明な点も少なくない。そもそも、インドでは数年前から電動化への動きが始まっていた。2013年には電動車に関する政策である「NEMMP2020」[25]が発効した。本政策の目的は、電動車の普及や現地生産の促進であり、その対象期間は2013年〜2020年となっている。この電動車にはHEVやマイルドHEVも含まれており、二輪車や三輪車、小型商用車、バスも対象となっている。そして、2020年の電動車保有台数の目標は600〜700万台／年（50〜70%は

二輪車）と想定されている。

さらに 2015 年にはその普及を加速させるために「FAME-India」（Scheme for Faster Adoption and Manufacturing of (hybrid &)Electric Vehicle in Indea) が導入された。これは「NEMMP2020」の達成に向けて導入され、購入時の補助金やインフラ投資などが盛り込まれている。補助金の対象は上記電動車であったが、2017 年に補助金対象からマイルド HEV が除外された。その他には、インドの電力省傘下団体による公用車向け BEV の 1 万台調達など BEV 促進策が展開されている。もっともインド政府内にも急速な電動化の流れを危惧する動きもあり、インド自動車工業会も「2030 年までに新車全体の 40% とし、インド独立 100 年にあたる 2047 年に新車販売の全量を EV とする」目標を提案するなど政財界で足並みはそろっていない [26]。また、販売価格など需要面やインフラ等の問題を考慮すると現実的ではないとの指摘も存在しており、当面は ICEV や HEV、マイルド HEV が中心になるものと想定される。ただし、そのような状況下でも排ガス規制の強化や燃費規制（CAFE）の導入などは進められており、メーカーはこれらの課題への対応も求められている。

ii）タイ

次に、ASEAN を代表する自動車市場であり、生産国でもあるタイでの動きについてみていこう。ASEAN のなかで、自動車を巡る環境が比較的整っているタイにおいては環境対策車へのシフトが始まりつつあり、それを後押しするのが同国での「Eco Car 政策」である。同政策はエコカーを優遇する側面はあるものの、その主たる目的は自動車産業への投資促進であり、ASEAN の自動車拠点を目指す動きの一つとみられる。排気量や燃費の基準をクリアした車種が対象となり、法人税減免や物品税の優遇などのインセンティブが得られる一方で，対象となる車種は生産開始 4-5 年以内に生産規模を年産 10 万台以上に引き上げる必要がある。2019 年末までに、本政策の第 2 弾に対応する車種の投入が必要となり、2017 年頃から各社はモデルの切り替えを進めている。

さらにタイでは電動車現地生産への投資奨励策も 2017 年 3 月に打ち出している。タイ政府投資委員会（BOI）は電動車（HEV、PHEV、EV）の現地生産を促し、産業をより高付加価値体制へとシフトさせことを目指し、新投資奨励策

を打ち出した。その中身については表 4 に詳しいが、現地生産の様々な条件を
クリアすることが出来れば法人税や輸入税、物品税などで税制面での優遇が受
けられる。この奨励策は上記の「Eco Car 政策」と同時に申請することが可能
となっている。これにより、日本やドイツのメーカーを中心に各社は HEV や
PHEV、その関連部品の生産をすでに開始しており、2017 年 7 月にはトヨタ
が「CH-R HV」で奨励策に沿ったプロジェクトの認可第 1 号を取得している。
2018 年 7 月にはホンダや日産も認可を取得しており、2016 年頃から PHEV に
力を入れていた BMW や MB も同様に認可を取得している。今後も、他社を
含め HEV や PHEV の生産・販売は増加していくと思われる。

　以上のように、タイでは小型車など安価な車種の生産から HEV・PHEV や
BEV などの高付加価値な車種へのシフトを目指し、様々な優遇策が打ち出さ
れている。BEV についても、タイ政府は 2016 年に「EV Action Plan」を打ち
出し、2036 年までに BEV と PHEV 合計で 120 万台の普及目標を掲げているが、
インフラや価格面を考慮すると BEV の普及はまだ先となることが予想される。

iii）マレーシア

　タイ同様に、ASEAN 域内でも自動車産業が発達しているマレーシアでも
高付加価値である環境対応車への移行が模索されている。2014 年 1 月に、マ
レーシア通産省とマレーシア自動車研究所（MAI）は国家政策である「NAP
2014」[27] を発表した。そもそも NAP は、国民車メーカーや部品企業の競争
力強化、ASEAN 域内でのハブ化、輸出の促進など従来の IMP の方針を引き
継ぐ形で 2006 年に初めて発表されたものであり、その後 2009 年 10 月には「NAP
Review」により、"People First" を謳い文句として従来の NAP より消費者を
意識した内容に見直されていた。「NAP 2014」はその改訂版に当たり、EEV
（Energy Efficient Vehicle）などが新たに言及された。エネルギー効率の高い車
両を EEV の対象とし、BEV や HEV だけでなく ICEV や CNG・LPG、バイオ
燃料、FCEV など様々なタイプの車両が含まれる。対象車は、車両セグメン
トごとに重量と燃費から定義される。EEV に対する直接投資には様々な優遇
措置が取られるのに加えて、現地生産を行う場合には凍結されていた 1,800 cc
以下の車両の生産ライセンス発給が認められ、外資 100％ での生産会社の設立

も認められる。更に、現地生産された HEV と BEV は物品税や部品等への輸入税が免除される[28]。「NAP 2014」の目標は、2020 年に自動車の国内生産を 135 万台とし、そのうち 115 万台を EEV とする事を目指すとしている。「NAP 2014」はタイやインドネシアの政策に比べて、優遇の条件が良好な形となっており、タイやインドネシアに後れを取っている現状を打破し、マレーシアをエコカーにおける ASEAN 域内のハブ拠点とする狙いがある[29]。

　以上のように、マレーシアにおいても自動車産業の高付加価値化を促す目的も孕む形で電動車を含むエコカーへの優遇政策が展開されている。次に出されるであろう NAP では、BEV や CASE といった次世代自動車に関する内容が盛り込まれるとみられている。

表4:アジア各国の電動車関連政策

	インド	台湾
政策・規制名	-	-
対象地域	インド国内	台湾国内
開始時期	2030年？	2040年
概要	インド政府は2030年に新車販売の全量をEVにする目標を示した。すでにインドではNEMMP2020やFAME-Indiaにおいて、電動車普及促進に向けての取り組みを行っているが、今回の目標でその流れを加速させる狙いがある。しかし、インド自動車工業会は2047年までに段階的に全量EV化する提案も行うなど、実現性は不透明。2018年3月には3割とする電力相の発言もあり、実現可能性は高くない。	2040年に内燃機関車の新車販売を禁止して、全てをEVに切り替える方針を17年2月に発表。段階的に準備を進める方針で、19年末には2スト二輪車と旧型DE四輪車の走行を禁止し、30年には政府公用車や公共バスのBEV切替、35年に二輪車のBEV全面移行、40年の四輪車の完全移行を目指している。
備考	排ガス規制：段階的(17年→20年→)に強化。燃費規制：CAFE方式で17年導入→22/23年度から強化	税の減免措置やインフラ整備計画あり。EVの定義は明らかにされていないため、HEVやPHEVの取り扱いは不明。
	タイ	マレーシア
政策・規制名	Eco Car 政策 / 次世代自動車投資奨励策	NAP (National Automotive Policy) 2014
対象地域	タイ国内	マレーシア国内
開始時期	2007年開始→〜2019年第二弾へ / 2017年発表	2014年1月発表
概要	Eco Car 政策ではボディサイズや燃費、排ガス等において一定の基準を満たす車種を5年以内に年産10万台以上かつ指定の部品を現調化することにより税制優遇等が受けられる。基準が厳格化される19年に向けて新車投入が見込まれる。加えて17年には新たな投資奨励策が導入され、BEVやPHEV・HEVの促進に向けて税の減免やインフラ整備等の優遇策を打ち出しており、基幹部品の現調化が必要。	NAP(国家自動車政策)は2006年に第一弾が発表されたマレーシア国内の自動車産業の方向性を示す政策であり、その最新版。新たに盛り込まれたのがEEV生産のASEAN域内ハブ拠点化であった。2020年までに乗用車135万台、商用車100万台の生産を目指し、その85%をEEVとする目標を掲げている。1,800 cc以下の車種の生産ライセンス発給や物品税、輸入税の免除など様々なインセンティブを設けた。
備考	Eco Car該当車種は、マーチ・ヤリス・ジャズ・スイフト・Mazda 2など。18年3月にC-HR(HEV)がEV投資奨励策の第1号に。	免税措置はHEVが15年末、BEVが17年末まで。EEVの定義は車重と燃費で決定し、原動機の種類は問わない。

出典：FOURIN『アジア自動車調査月報』No.122（2017.2）p.2, No.124（2017.4）No.130（2017.10）pp.27-33, No.133（2018.1）pp.2-15, No.135（2018.3）pp.2-5, 50-51, No.139（2018.7）pp.5-9, pp.16-19,「日本経済新聞」（2017 年 4 月 25 日）より筆者作成。

iv）台湾

　次に台湾についてみてみよう。台湾の 2017 年の自動車販売台数は約 44 万台、保有台数は四輪車が約 792 万台、二輪車が約 1,376 万台となっており、他国に比べるとその市場は小さいが、大気汚染や欧州などの流れを反映して電動化の方針を示している。2017 年 12 月に発表された政府の方針では「2040 年にICEV の新車販売を禁止し、EV に完全に移行する」（台湾行政院長会議発表、注30 に同じ）とされている。達成に向けては段階的に進める計画となっており、2019 年末までに 2 ストロークエンジンの二輪車と旧型のディーゼル車の走行を禁止するとしている。以降、2030 年には政府公用車とバスの全てを BEV に切り替え、2035 年には二輪車においてガソリン車の新車販売を禁止し BEV に完全移行し、2040 年には四輪車で同様に BEV に完全移行するとしている。ただし、HEV や PHEV 等の扱いを含めて詳細な点が明らかにされていないため、この点を留意しつつ今後の動向を注視する必要がある。2016 年の BEV の保有台数は、四輪車が 475 台（HEV は 81,765 台）、二輪車が 71,846 台となっており、BEV への完全移行には程遠い状況となっている[30]。

v）その他

　最後に、上記以外のアジア地域の動向についてみていこう。インドネシアでは、タイやマレーシアと同様に環境対策車優遇政策が展開されているが、それが 2013 年 9 月に導入された LCGC（Low Cost Green Car）政策である。LCGC政策の詳細については表 5 を参照願いたい。

　韓国は 2018 年 6 月に開催された「革新成長に向けた関連長官会議」において、

表5:タイ・マレーシア・インドネシアにおける政策比較表

		タイ	マレーシア	インドネシア
政策		Eco Car	NAP 2014	LCGC
要件	燃費	4.3 L/100 km 以上	各セグメント毎に総重量と燃費で定義 （例．C. Small Family Car⇒6.5 L/100 km）	20 km/L 以上
	排気量	GE⇒1,300 cc以下、DE⇒1,500 cc以下	なし	GE⇒980～1,200 cc、DE⇒1,500 cc以下
	その他	投資額は65億THB以上。生産開始4年目までに年産10万台達成。部品の現地化規制あり。	なし	部品の現地化規制。最低車両価格。最小回転半径などの技術要件。
インセンティブ		法人税減免や物品税の優遇。生産設備などの関税免除。など	1,800 cc以下の車両の生産ライセンス認可。税額控除。インフラ提供。外資100%の生産会社認可。など	奢侈品販売税免除。LCGCの要件より大排気量の環境対策車（HEVやCNG等）には減税。

出典：FOURIN『アジア自動車調査月報』No.87（2014.3）p.8 を基に筆者作成。

「2022 年に BEV を 35 万台、FCEV を 1.6 万台普及させる」との方針を示した。韓国では HEV を中心に電動車の販売台数が増加してきたが、EV や FCEV の普及は進んでおらず、特に FCEV に注力し電動化を進めていく方針が打ち出されている（『アジア自動車調査月報』No139. 2018.7 pp10-15）。その実現に向けて、急速充電器や水素ステーションなどインフラの整備が進められるとともに、BEV への補助金や FCEV バスへの補助金、減税などでの普及の加速が目指されている。

　その他の自動車が普及段階にあるアジアの国々では、フィリピンが Euro 4 レベルの排ガス規制を 2018 年から設けるなどしているが、これは、電動車の普及というよりは低価格な ICEV の普及を進めながら、排ガス規制を先進国並みに近付けていくという方針であると考えてよいだろう。

⑶　小括

　以上、日・欧・米・中の自動車産業の主要国とアジア地域の自動車新興国における電動化やエコカーなどを巡る政策についてみてきた。

　主要国では、日欧米が CAFE 規制など従来の ICEV や HEV を中心とした政策を展開するのに対して、中国がそれらを排除した NEV 規制を導入し、抜本的な取り組みを進めているのが現状である。

　他方で、タイやマレーシアといったアジア地域の中でも自動車産業や市場が成熟しつつある地域においては、低価格で買い求めやすい自動車から環境性能や嗜好性が高く付加価値のある自動車へのシフトを進め、自国の自動車産業自体の高付加価値化を図りたいという思惑も EV 化やエコカー優遇政策には含まれている。もちろん、台湾や中国、インドのように大気汚染の深刻化という要因もこれらの動きの重要なファクターではあるが、最重要課題は成熟しつつある自動車産業で如何に他国を抜いてハブ拠点となるかにあると考えてよいだろう。他方で、現在もベトナムやフィリピンなどの国々では一人当たり GDP が 2,000 ドル台という事もあり自動車産業・市場の育成が中心となっており、環境対策への動きは排ガス基準を欧米の水準に近付ける程度となっており、電動化を始めとする本格的な環境対応はまだ先となる見込みである。

主要国、新興国と合わせてみた場合に、やはり目立つのは中国と新興国の動きである。すでに産業が確立している日欧米にとって、抜本的な改革への抵抗は少なくない。一方で、中国やアジアの新興国では EV 化やエコカーへのシフトを、自国の自動車産業を成長させる好機ととらえ、政府主導でそのシフトを後押しする形となっている。目標達成の現実性が不透明な政策も少なくはないが、中国のようにこの流れに乗って日欧米を追い越すまでに勢いづく可能性もゼロではないであろう。

3　世界最大の EV 市場としての中国

　2000 年代以降の世界自動車市場の変化を象徴するものが、リーマン・ショック以降アメリカを抜いて世界第一位の自動車生産・販売大国に成長した中国自動車産業の躍進であろう。以下では、これまで割愛してきた中国の EV 産業の成長と現状に関して言及することとしたい。

(1)　全体的動向

　まずは、中国における BEV を含む NEV の全体的動向を見ておくこととしよう。図 1 では、中国における NEV（BEV・PHEV・FCEV、乗用車のみ）の生産台数の推移を図示した。この表からわかるように 2014 年頃から BEV を中心に NEV の生産台数が増加している。次項で詳述するが、中国政府は国家戦略として NEV の推進を打ち出しており、様々な優遇策が展開されるとともに、NEV 開発やインフラ整備に多額の投資を行ってきた。特に、BEV は日欧米のメーカーへの巻き返しを図る狙いもあり、強力な後押しを受けて成長してきた。BEV の生産台数は 2013 年以降、倍増に近い成長を毎年のように続けており、2017 年の BEV 生産台数は 43 万台に達している。
　さらに、販売状況に目を向けてみると 2013 年時点では BEV と PHEV の販売台数[31] は 3 万台程度（グローバルシェア 7％）であったが、2014 年には 11 万台（15％）、2015 年 31 万台（25％）、2016 年 65 万台（32％）と急速に成長し、2017 年には 123 万台（40％）と、ついに 100 万台を突破する形となった。

これを BEV に限ると、グローバルの BEV 販売台数約 46 万台の内、中国は 55.1％を占める形となっており、米国の 18.6％や欧州の xEV 先進国ノルウェーの 6.3％を大きく凌いで、世界最大の BEV 市場となっている[32]。ただし、中国国内市場に限ると、2017 年の乗用車生産台数 2,480 万台のうち NEV 生産台数は 52.7 万台（うち、BEV は 44 万台）となり、そのシェアは約 2.1％（BEV は約 1.7％）である。また、販売台数をみてみても 2017 年の BEV と PHEV の販売台数は 123 万台であるが、中国国内での乗用車総販売台数は 2,496 万台であり、そのシェアは約 5％（BEV に限定すると 2.2％）となる[33]。以上からもわかる通り、中国国内での NEV のシェアは高くないのが実態であり、逆に言えば伸びしろが非常に大きいということでもあり、一大成長市場であるという事が出来る。

　つまり、中国における xEV の生産・販売はともに急成長しており既に世界最大の xEV 市場となったという事が出来る。人口や国土面積なども考慮に入れる必要はあるが、その規模はアメリカや日本、欧州などを遥かに凌ぐ規模であり、xEV については先進国と言っても過言ではない。ただし、中国国内に

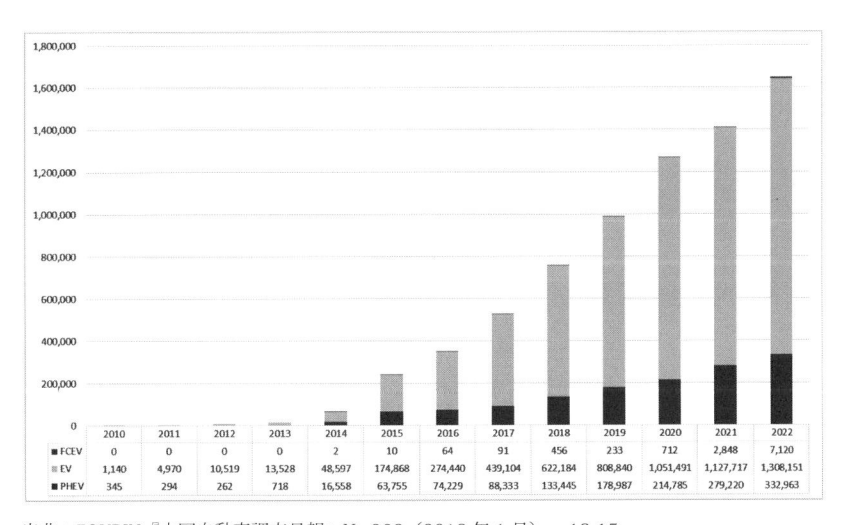

出典：FOURIN『中国自動車調査月報』No.262（2018 年 1 月）pp.12-15。

図1:中国NEV生産台数推移と予測

視点を移すとその様相は変わる。xEV の生産・販売の規模は世界トップである一方で、国内でのシェアは依然として高くない。つまり、中国の xEV は、今後さらに成長を遂げる伸びしろが大きく残されているということであり、中国の現地メーカーはもちろんの事、日欧米の各メーカーにとってもここは決して軽視する事が出来ない市場であるという事が出来る。そして、今後は xEV に特化した新興メーカーなども交えた激しいシェア争奪戦が繰り広げられることが予想される。

(2) 中国における電動車関連政策の変遷と現状

では、いかにして中国は世界最大の xEV 市場に成長したのだろうか？　豊富な人口に支えられた低賃金や市場規模などの背景もあるだろうが、中国政府の打ち出してきた電動車関連政策が最大の後押しとなったといえるのではないだろうか。

中国政府の電動車関連政策 [34] は、3 期に分けることが可能である。詳細な政策内容は、**Appendix 1** を参照願いたいが、第一期はリーマン・ショック前の 2007 年 10 月の「新エネルギー車両生産許可管理規則」制定までである。この時期の特徴は、1986 年から開始された応用技術開発プロジェクトである、通称「863 計画」の一環として、省エネ・新エネ車開発プロジェクトがスタートしたことである。しかし、この段階は、電動車部門に参入する中国企業に対する管理基準の設定などに重点が置かれていた。

ところがリーマン・ショック以降中国の自動車産業が中国市場の拡大と合わせて成長軌道に乗りはじめると次の段階へと移行する。第二期はリーマン・ショック以降の 2008 年から「中国製造 2025」が打ち出される 2014 年 10 月までである。この時期は、中国が目指す次世代自動車が BEV、PHEV、FCEV に絞られていくと同時にこれらを新エネルギー車と規定して、この分野に対する中国政府の補助金政策が強化されていく時期である。この方針は 2009 年の「自動車産業調整と振興企画」でその方向は示されていたが、その方向性は 2012 年 7 月の「省エネ・新エネ車産業発展計画 2012 ～ 2020」のなかに集約されて表現された。同計画に依れば、新エネ車は PHEV、BEV、FCEV の 3 種

類に絞り込まれ、HEV は新エネ車の規定から外された。また新エネ車は、15年までに累計製販台数目標を 50 万台とし、20 年には生産能力を年間 200 万台、累計販売台数を 500 万台超と設定された。さらに当該企業に対しては政府は財政・税制面の積極的支援を謳っていた。この政策は、さらに 2016 年 10 月には新エネ車を含む重点 10 分野 23 品目を含む産業分野の技術を向上させ中国を「技術強国」へと脱皮させる「中国製造 2025」へと収斂され、その一環として自動車産業でも 2030 年の NEV 販売台数を 1,500 万台以上にするなど大幅な拡充計画が打ち出された。

第三期は 2016 年 10 月の「中国製造 2025」から 2018 年春の米中貿易摩擦に端を発した米中対立の激化の時期までである。中国政府は 2017 年 4 月に「自動車産業中長期発展計画」を発表し、中国自動車産業の国際競争力強化を目指して EV 化を重要な柱の一つに設定し、モーターや制御システムなどの研究・開発を積極化させバリューチェーンなど産業構造の強化を盛り込んだ。こうして EV への産業奨励とともに生産目標達成を義務付けてクレジット管理システムを打ち出して規制の強化を推し進めた。しかし、2017 年に誕生したアメリカのトランプ政権は 2018 年春以降中米貿易赤字の解消と同時に「製造 2025」の変更を求める要求を中国政府に対して行った。そうしたことと関連して、中国の NEV 政策が今後如何に展開するかは予断を許さぬ状況にある。

(3)　中国メーカーの電動車関連動向

次に、中国政府による各種政策を受けて具体的に完成車メーカーがどのような取り組みを行っているのかという電動車関連動向についてみていく事としよう。まずは中国現地メーカーの動向からみていくが、その数は中堅メーカーや新興メーカーも含めると 20 社以上に上るため、本章では紙幅の都合上、販売台数の多いメーカーや xEV に積極的なメーカーに絞る形で検討することとしたい。なお、それ以外の企業に関しては **Appendix 2** を参照願いたい [35]。

i)　国営メーカー
まず、中国国営メーカーの動向からみていく事としよう。今回、国営メーカー

の動向をみていくにあたっては、各メーカーの独自ブランドにおける xEV 関連動向をみていく事とする。外資との合弁会社については、外資メーカーの項で言及する。

　まずは、中国で最大の自動車メーカーである上海汽車の動向についてみていこう。上海汽車は 1950 年代末よりトラックや乗用車を試作しており、1960 年に上海汽車廠と社名を変え、本格的な自動車メーカーとして活動を開始した。1981 年に VW との合弁事業を開始して以来、GM などとの合弁会社も設立しており、現在は上汽 VW（上海大衆）、上汽 GM（上海通用）、上汽五菱 GM の 3 ブランドの合弁会社を有しているが、本章では上海汽車自主ブランドを取り上げる。2018 年の全社販売台数（商用車を含む）は 705 万台で、自主ブランドである栄威（Roewe）と MG は 70 万台、NEV は 14 万台以上（うち、上記 2 ブランドは 9.6 万台以上）販売したと発表している[36]。現在のラインナップは栄威「eRX5」や「ei6」、MG「MG-6 PHEV」などの PHEV が中心であるが、栄威「Ei5」や MG「MG-ZS EV」など BEV も増加しつつある。更なる NEV 拡大に向けて、2017 年 4 月に「新四化」戦略（CASE と同義）を発表しており、電動化分野では 2016 ～ 2020 年の間で NEV の開発に 200 億元を投資するとしている。この間に 30 モデル以上の NEV（BEV を 13 モデル、PHEV を 17 モデル）を投入する（合弁を含む）としており、これにより 2020 年の NEV 販売台数 60 万台を目指すとしている。同社は、電動化関連部品に関して、ドイツの半導体メーカー Infineon や中国の電池メーカー CATL との共同開発も発表している。また同社は、「新四化」の他分野においても、コネクテッドでは Alibaba、自動運転では Mobileye や華為技術、中国移動などと提携し共同開発を進めていくとしている[37]。

　次に、2011 ～ 2017 年の NEV 累計生産台数が中国メーカー 3 位であり、総売上高で第 2 位の北京汽車を見ておこう。北京汽車は 1953 年に軍の自動車工場として設立され、1957 年より北京汽車工業公司と改名し自動車メーカーとして本格的な活動を開始した。1984 年に Chrysler と、2002 年に現代自動車と、2005 年に Daimler（Mercedes Benz）と合弁会社を設立しているが、上海汽車の際と同様自主ブランドの動向を中心にみていく事する。現在、北京汽車は 2009 年に設立された NEV ブランド北汽新能源を中心に、各ブランドにお

いて BEV を展開しており、BEV の累計生産台数では吉利に次ぐ 2 位にある。2017 年のグループ販売台数 146.5 万台のうち、自主ブランドは 23.6 万台となり、NEV は 11.3 万台（北京新能源は 8 万台）となっている。同社の今後の目標としては、2020 年までに NEV 販売台数を 65 万台としており、そのうち NEV ブランドである北汽新能源は 50 万台（売上高は 600 億元）としている。さらに、自主ブランドにおいて、2020 年までに北京市内で、2025 年までに中国国内での ICEV の販売を停止するとしている [38]。その実現に向けて、北汽新能源や昌河ブランドの生産体制の強化や NEV 開発センターの稼働など開発体制の強化も進めている。また、2017 年には Daimler、2018 年には Magna Steyr と EV 分野における提携を発表しており、他社と同様に外資を取り入れつつ NEV 対応を進めていくとみられる [39]。

ii）民族系メーカー

　まずは、2011 ～ 2017 年の NEV 累計生産台数が国内トップ（約 25 万台）である BYD（比亜迪）について検討することとする。もともと BYD は深圳発の電池メーカーであったが、携帯電話やスマートフォン向けリチウムイオン電池生産で急成長を果たし、2003 年より自動車産業に参入し 2008 年には世界で初めて PHEV（「F3DM」）を市販するなど、僅か 10 年余りで中国における NEV 生産のトップにまで上り詰めた。現在はセダンから SUV まで 10 モデル以上の NEV（PHEV、BEV）を展開し、同社の売上高の 30％以上を NEV 事業が占める形となっている。そのようななかで、同社には以下に掲げる野心的な目標を以て更なる成長を目指している。2016 年 1 月に発表された目標によると、今後 2019 年までの 3 年間で NEV を中心に販売台数を毎年倍増させるとしており、2020 年には 100 万台の販売を目指すとしている。また、2030 年にはすべての乗用車を xEV とする事を目指すとしており、同社は、それに向けて BEV 用プラットフォームを開発している。そのため、駆動用モーターや減速機などの電動化技術やコネクテッド技術を利用するインパネなど内装部品や、同社の強みである電池などから構成される「e-platform」なるプラットフォームが製品開発の効率化を図るために導入されている。また販売増に向けて、生産体制の強化も進めており、湖南省長沙市にある乗用車工場をおよそ 30 億元かけて

拡張するなどの増強工事をしており、またxEVの要となる駆動用電池の生産工場についても、2018年6月に青海省西寧市で稼働を開始し、重慶市にも100億元を投じ工場を設立するとしている。他にも長安汽車と駆動用電池分野における合弁会社を設立するなど、同社の得意とする電池分野の増強に力を入れている。本章では扱わない商用車においても、同社は、EVバスの開発・製造に力を入れており、EVバスを国内だけでなくxEV先進国であるノルウェーや南米などへも輸出している[40]。

　BYDに次いで、NEV累計販売台数が多いのが吉利汽車である。同社の2011～2017年のNEV累計販売台数は19.4万台となっており、特にBEVでは国内トップの生産台数（18.9万台）となっている。吉利汽車の設立は1997年に遡るが、2010年にFordからVolvo Carsを買収、2017年にはマレーシア国民車メーカーのProtonと英国Lotusにそれぞれ49.9％、51％を出資し、2018年にはDaimlerに約10％を出資し筆頭株主となるなど、先行する海外メーカーを取り込みながら急成長を遂げている。さらに同社は、小型EV「知豆」やEVセダン「帝豪」など10種類以上のNEVを生産・販売しており、2017年の自主ブランドの販売台数は中国トップとなっている。このように同社は、NEVの台頭により販売台数を大きく伸ばしているが、その勢いを更に強める目標を掲げ、2015年に発表された「藍色吉利行動」においては、2020年の販売目標を200万台とし、そのうち90％をNEVを含む省エネ車にするとしている。また2018年には、省エネ車を向こう3年で30モデル以上投入するとしており、その性能もBEVは航続距離500 km、その他は5.0 L/100 kmの燃費を目指すとしている。FCEVも2025年の投入を目指しており、台数だけではなく性能も含めた成長を目指している[41]。

iii）新興メーカー

　中国政府による助成措置もあり、BEVを中心にNEVを製造するメーカーが続々と勃興している。BYDのようにサプライヤーがNEV事業を立ち上げる例以外にIT企業によるNEV事業への参入、ITなどの経営者や既存のメーカー出身者が企業を立ち上げる例なども見られ、200社を超える新興メーカーが存在するとも言われている[42]。これらの膨大な数に上る新興メーカーの動

向を網羅することは我々の力量を超える問題であるため、本章ではグローバルに活躍する2社のみ取り上げることとしたい。

まずは蔚来汽車（以下、NIO）である。NIOは2015年に中国大手自動車メディアである易車網（Bit Auto）の創業者である李斌などによって設立された上海発のベンチャー企業で、NextEVの名称も用いられていた。同社は上海（グローバル本社、約3,000名）を中心に、アメリカSun Jose（北米本社・ソフトウェア開発、約520名）、ドイツMünchen（デザイン本部、約100名）、イギリスLondon（パフォーマンス開発、Formula E本部）に拠点を構えており、グループ全体で約7,000名のスタッフが在籍している[43]。2018年9月にはNew York証券取引所に上場を果たし、約10億ドルを調達している。ただし、それ以前にも百度（Baidu）や騰訊（Tencent）等のネット関連企業56社や個人投資家などから約2,500億円の資金を調達しており、新興メーカーの中で最大級の資金力を誇るとみられている[44]。現在のラインナップは、2017年4月に発表されたBEVの7シーターSUV「ES8」のみであるが、5シーターとなる「ES6」の発売を控えているほか、超高性能スポーツEVである「EP9」を発表している。既に「ES8」を発売している同社であるが、中国での生産資格を取得していないため、2016年に提携関係を結んだ江淮汽車での委託生産によって供給を行っている。同社はBEVだけでなく、コネクテッド技術や自動運転にも力を入れており、それらに関するライセンス等は取得済みである。しかし、同社は今後の更なる成長に向けて自社工場の建設も検討しており、2018年1月に約16億元を投資して上海に生産工場を建設する計画を明らかにしている。また、Boschや長安汽車、広州汽車等とも提携関係を結んでおり、その動向は投資家だけでなく同業者からも注目されている。Audi等の欧州メーカーも参戦するBEVレースFormula Eにも参加しており、モータースポーツを通じて技術力やブランドイメージの向上も図っている。

次に奇点汽車を取り上げる。奇点汽車は2014年12月に北京市で設立されたBEVブランドであり、企業名は智車優行科技(北京)有限公司(従業員数約670名)であり、ブランドの英語名はSingulatoとなっている[45]。北京市を中心に中国各地に拠点を構えるほか、アメリカSilicon Valleyなどにも拠点を有している。現在公表されているラインナップは、2017年4月に発表された初の量産BEV（大

型 SUV）となる「iS6」と、コンセプトカーとして宣伝されている BEV（MPV）「iM8」の乗用車 2 モデルと、同じくコンセプトカーとして発表されている商用車シリーズ「iT500」、「iT800」、「iT1500」である。これらのうち販売開始が明らかになっているのは「iS6」のみであり、それも当初は 2018 年中の発売とされていたが、2019 年に延期となっている模様である。「iS6」は自動運転技術も採用されており、百度の自動運転プロジェクト「Apollo Project」に携わっていた技術者が開発を担うとともに、NVIDIA のシステムを採用するとされており、Level 3 相当の自動運転が可能になるとみられる。同社はその「iS6」の発売に向けて動いているのだが、NIO と同様中国での生産資格をまだ取得していない。そのため同社は、現在は提携パートナーである北京汽車傘下の昌河汽車での委託生産を行っているが、安徽省や江蘇省、湖南省の三つの省に生産工場を建設すると発表している。それらの工場建設や BEV や自動運転の開発基金となるのが各方面から調達した資金であり、その額は約 720 億円にも上るとみられており [44]、その資金調達先のなかには日本の伊藤忠商事も含まれている。伊藤忠商事は 2018 年 8 月に第三者割当増資を引き受けて出資参画したと発表しており、同社は、これまで培ってきた自動車販売ビジネスのノウハウを生かして奇点汽車を支援するともに、奇点汽車のデータ活用サービスや EV アフターサービスのノウハウを取り入れ、既存のディストリビューター・ディーラー事業をプラットフォームとした次世代モビリティビジネスの構築を推進していくとしている [45]。以上、同社は、前掲 NIO に比べるとその規模は大きくはないが、生産工場の建設に本格的に取り組んでおり量産化が実現すれば大きく成長を遂げる可能性もある。

　以上、国営メーカーから新興メーカーまでの電動車関連の動向を抜粋という形で概観してきた。Appendix 2 にまとめたメーカーも含めた全体的な動向をみてみると、NEV への対応は民間企業の方が進んでいるという事が出来る。もちろん、上で示した上海汽車や北京汽車のように豊富なリソースを活かし NEV への対応を進めている国営メーカーもある一方で、民間に後れを取る国営メーカーも存在し、その差が激しいのが現状である。現状の国営メーカーはともすれば外資との合弁会社に技術的に依存しがちであるが、彼等もこれからは民間企業のように自社で積極的に NEV への対応を進めていく事が求められ

てくるだろう。他方民間企業に関しては、既存のメーカーに加えて、NEV に特化した新興メーカーが乱立している状況にあり、現時点では後者のシェアは高くないが、今後は中国国内のみならずグローバルで中国発の新興メーカーの台頭がみられるかもしれない。中国メーカーの NEV は性能やコスト面においてもはや外資メーカーと遜色がなく、生産体制の構築が今後進んでいくと大きな影響力を持つ存在になる事が予想される。

(4) 中国における外資系メーカーの電動車関連動向

中国市場に電動車を展開するのは、中国メーカーだけではない。今や世界最大の自動車市場になった中国は、外資系メーカーにとっても軽視出来ない存在であり、NEV 規制に対応すべく電動車戦略を展開している。外資系メーカーの近年の動向については Appendix 3 でその動向についてまとめているが、初めに結論から述べると中国メーカーの動きとは対照的に外資系メーカーのNEV 規制への対応は遅れているというのが実態である。以下では日系・欧州系・米国系・その他に分けて、各メーカーの動向についてみていくこととしたい。

i) 日系メーカー

まずは日系メーカーの動向であるが、NEV の対象から HEV が外されたことは、HEV が環境対策の中心であった日系メーカーにとっては大きな打撃となった。すでに述べているように、トヨタが世界に先駆けて HEV を量産化して以来、日系メーカーは日本国内を中心に積極的に HEV 戦略を展開してきた。しかし、日系企業は中国での NEV 規制導入によって、HEV が NEV から除外されたことにより中国での NEV 戦略は変更を余儀なくされた。

トヨタは、CAFE や環境規制への対応として 2015 年に「Corolla」・「Levin」の HEV を発売した。HEV システムの現地生産の開始などにより、1800 cc のガソリンモデル以下という戦略的な価格設定を行ったことにより、1 万台にも満たない状況であった HEV 販売台数が 2017 年には 10 万台規模まで大幅に拡大した。トヨタは今後も需要の高い SUV を中心に HEV モデルを拡大し、2020 年には販売の 30％を HEV とする方針でいる。他方で、トヨタは NEV 規

制への対応も急ピッチで進められており、2018 年 8 月には広州汽車の自主ブランド「傳祺 GS4」をベースとする EV「iX4」を広汽トヨタより発表した。さらに 2019 年には「Corolla」・「Levin」に PHEV を追加し、2020 年にはトヨタブランドの BEV 生産を開始する予定であり、レクサスブランドにおいても日本からの輸出という形で BEV を展開する計画である[46]。

ホンダも NEV への対応を加速させている。ホンダは 2030 年に全世界販売台数の 2/3 を電動車にする方針を発表し、グローバルではすでに HEV を中心に PHEV や FCEV を展開している。一方、中国では 2 モーター HEV である「i-MMD」搭載車種の展開に止まっており、対応を加速すべく 2017 年の上海モーターショーでは、中国市場に 2 年前倒しの 2018 年に電動車を投入すると発表した。この発表通り、2018 年 11 月の広州モーターショーでは「理念VE-1」を発表した[47]。同モデルは、小型 SUV「ヴェゼル」をベースに本田技研科技（中国）有限公司と広汽ホンダとの共同開発による中国専用に投入する初の量産 EV となっている。同社は、今後も中国における電動車の投入を加速させていく方針であり、2025 年までに 20 モデル以上を投入していく予定である[48]。

日系メーカーの中でも BEV に積極的なのが、Renault・日産・三菱自動車アライアンスである[49]。ただしアライアンスと言えでも、販売状況等の実態を考慮すると中国での中心は日産であるという事が出来る。既に述べたように、日産は BEV モデル「リーフ」を 2010 年に量産、発売するなど他社に先駆けて BEV の展開を進めているが、NEV 規制への対応もこの BEV を中心に進めていく戦略である。HEV のラインナップが少ない日産の電動車展開は、上記の 2 社に大きく後れを取る形となっていたが、NEV 規制の流れに乗り、巻き返しを図る狙いもあるものと思われる。そのため、日産・Renault は 2017 年に東風汽車と BEV の開発から販売までを行う合弁会社設立に合意し、2018 年8 月には日産ブランドとして初の現地生産 BEV「Sylphy zero emission」を発売し、2022 年までに 20 車種以上の電動車投入目標に向けて、今後も動きを加速させていく方針である。上記の目標には Renault ブランドも含まれており、日産が中心とはなるが Renault ブランドからも数車種展開される見込みとなっている[50]。

2016 年より日産・Renault アライアンスに加わった三菱自動車であるが、同社も 2009 年から軽自動車の BEV「i-MiEV」を量産・発売し、2013 年には PHEV モデルである「アウトランダー PHEV」も発売するなど、電動化に積極的な姿勢を見せている。国別にみると同社にとって最大市場である中国では、BEV や PHEV は上記車種が年間数台販売される程度であったが、2018 年 3 月に同社初の現地生産 PHEV「祺智」、10 月には BEV「祺智 EV」の生産・販売を広汽三菱において開始し、本格的な電動車の展開を進める動きを鮮明にした。同社は 2019 年度までに、販売台数と販売拠点数を 2016 年度比で倍増させる計画を発表しているが、電動車がその柱となると想定される [51]。そして、この 3 社連合の最終的な目標は、2022 年の全世界販売目標 1,400 万台のうち、10%にあたる 140 万台を BEV とすることとなっている [52]。しかしながら、2018 年 11 月にはその陣頭指揮を執っていたカルロス・ゴーンによる経営不正問題が明らかとなり、この目標はおろか、アライアンス自体の先行きも不透明になりつつある。

　その他の日系メーカーの電動車を巡る動きはあまり活発ではない。スズキは 2018 年に 2 つの合弁先との合弁解消に合意しており [53]、インドなど他市場へ注力する姿勢を示している。スバルは「フォレスター」と「XV」においてマイルド HEV を展開し、2018 年 11 月には米国で同社初の PHEV である「Crosstrek Hybrid」を発表しているが、現時点では同モデルは米国以外への展開は未定となっており、中国市場への NEV 対象モデルの投入もはっきりしないのが現状である。また、マツダは第 5 章で示されている Well to Wheel の考え方に基づき、SKYACTIV 技術を用いたガソリンエンジンやディーゼルエンジンなど ICEV によって環境対策を進める姿勢を示しており、中国でもその方針に大きな変化はないが、「SKYACTIV X」などの内燃機関に 24V マイルド HEV を組み合せたモデルを全世界的に展開するとみられており、中国への投入の可能性もある。スバル、マツダともに HEV や BEV においては提携先であるトヨタの技術で補完する形で開発が進められていくとみられている。

ii）欧州メーカー

　欧州メーカーも日系メーカー同様に、NEV への対応が遅れている。HEV が

中心であった日系メーカーに対して、欧州メーカーはディーゼルエンジンや過給機付きダウンサイジングエンジンが環境対策の中心であり、BEV を始めとする NEV への対応は後手に回っていた。しかし、VW による排ガス不正問題や NEV 規制、ZEV 規制の開始によりその流れは大きく変わり、徐々に EV にシフトしつつあるのは既に述べた通りである。以下、メーカー毎の動向をみていきたいと思うが、中国市場における欧州メーカーの電動化の中心を担うのは、2011 年 6 月に中国政府と声明を発表して以降、2017 年には中国の李克強首相が訪問し契約締結を成し遂げたドイツ企業になるのではないだろうか [54]。

VW は、2025 年にグローバルで最大 300 万台の BEV を販売する目標を掲げた事は既に述べたが、世界最大の EV 市場である中国がその主要販売市場となる見込みである。VW は、直近の 2020 年までに NEV を 15 モデル、2025 年までに 40 モデル投入するとしており、その販売台数は 2020 年までに 40 万台、2025 年までに 150 万台を目指すとしている。その実現に向け、同社は、デジタル化や自動化、モビリティ事業を含めて約 150 億ユーロを投資するとしており、2021 年までに 6 つの現地工場で NEV の現地生産を開始するとしている。VW グループの一員である Audi も 2022 年までに中国市場に NEV を 10 モデル投入するとしている。また、VW は 2017 年 6 月に江淮汽車と NEV の開発から販売までを行う合弁会社の設立に合意しており、他社と同様に現地企業との協業も進め、NEV の展開を加速させていくとみられる [55]。

BMW も中国における NEV 対応に積極的な姿勢を示している。BMW はグローバルで 2025 年までに電動車を 25 車種投入し、そのうち EV は 12 車種投入するとしているが、現時点では中国市場における数値目標は示されていない。しかし、現地企業との提携は加速しており、2018 年 7 月に長城汽車と現地合弁会社設立契約を締結し、同社初の BEV 合弁会社となる見込みであり、2021 年を目途に小型 SUV の BEV モデルを投入し、その後 MINI ブランドの EV 化を計画している。同社は、グローバル販売を行う新ブランド BEV も共同開発する見込みであるという。また、2018 年 10 月には華晨汽車との合弁である華晨 BMW への出資比率を 75％に引き上げると発表したが、これは中国政府による外資企業による過半出資容認の第一号となるもので、華晨 BMW へ

30 億ユーロ以上投資することによって生産能力の増強を行うとともに、NEV の開発などにも注力するとみられている。2020 年には同社初の BEV である「iX3」の現地生産を開始し、グローバル市場への輸出も行うとみられている[56]。

Daimler（Mercedes Benz）も同様に具体的な数値目標を示していないが、中国での NEV 対応に手を拱いているわけではない。2017 年 7 月には現地合弁パートナーである北汽集団と EV 事業提携に関する枠組み協定を締結し、2020 年までに北京 Benz 傘下に EV や EV 向け駆動用電池生産工場を立ち上げるとしている。それに先立ち、2019 年には北京にある工場を高級 NEV 向けに改良し、生産を開始するとしている。また、日本でも発売している 48V マイルド HEV を中国にも投入しているが、NEV の対象とはならないため本格的な xEV の投入が今後加速すると思われる[57]。

フランス系メーカーとしては PSA の動きを見てみよう。中国事業の不振が続く PSA であるが、NEV 対応を進めブランドの立て直しを目指している。神龍汽車では 2020 年までに完成車生産規模の 30％以上を NEV とする計画を 2015 年に発表し、2019 ～ 2021 年の間に NEV を 7 モデル投入するとしている。また、長安汽車との合弁である長安 PSA では、全てのモデルに NEV 仕様を設定するとしている。ハイエンドブランドである DS においても PHEV 等の NEV を設定していくとみられている[58]。

吉利汽車の傘下である Volvo Cars の動向も見ておかなければならない。同社はグローバルでの「電動化戦略」を発表しており、2019 年以降に発売する新型車は BEV か PHEV にするとしている。それにより 2025 年までに BEV と PHEV のグローバル販売台数 100 万台を目指し、2019 年～ 2021 年の間に BEV を 5 モデル投入するとしているが、まずは中国から生産を開始し他拠点での生産も検討していくとしている。同社は、吉利との共同開発ブランドである「LYNK&CO」の活用を含めて、NEV 分野などでの吉利との共同開発や調達、生産を推進していくとみられる。

その他、イギリスの JLR は電動化に積極的な姿勢を示しているが、現時点で中国における具体的な動きは見られない。イタリアの FCA についても、傘下の Chrysler などを含めて中国での NEV 関連の動向は見られない。しかし、

中国での NEV 優遇政策が無くなるわけではなく、現時点で動きが見られない
メーカーにおいても今後その姿勢を明らかにしていくことが想定される。

iii）米国メーカー

　米中の貿易摩擦に揺れる米国メーカーも、世界最大市場である中国での
NEV 対応を着実に進めている。

　GM は、2025 年までに約 265 億元を NEV を含む省エネ車に投資するとして
おり、2020 年までに 10 モデル以上の NEV を投入するとしている。これによ
り、2020 年までに年間 15 万台、2025 年までに 50 万台の省エネ車（NEV を含む）
を販売する計画を発表しており、現地での生産も年産 50 万台規模とする計画
である。特に、Buick ブランドでは「Bolt」をベースとした中国専用の BEV
を展開するとみられている。GM ではコネクテッド技術を推進していく方針を
示しており、親和性の高い xEV と合わせてラインナップを拡充していくと思
われる[59]。

　次に Ford であるが、同社も 2025 年までに投入予定の 60 モデルのうち、
15 モデルを NEV にすると 2017 年 12 月の「中国 2025 計画」内で発表してお
り、NEV への注力により中国事業の売上高の 50％引き上げを目指している。
同社はグローバルでは VW との提携を発表したばかりであるが、中国では衆
泰汽車などと提携関係を締結している。2017 年 8 月に衆泰汽車と Ford の現地
子会社である福特汽車 EV 乗用車およびその関連部品の開発・生産・販売を手
掛ける合弁会社設立に関する覚書に調印しており、合弁となる衆泰 Ford の工
場は 2019 年 9 月に稼働開始予定とされている。Ford は IT や自動運転などの
分野において Alibaba や百度との提携も行っており、中国事業の強化を図って
いくとみられている。同社のブランドをみてみると、中国事業の核となる長
安 Ford ではすでに「Mondeo」に PHEV を設定しているが、トレンドとなっ
ている SUV にも BEV を展開するとしている。また、江鈴汽車では 2017 年 12
月に NEV 生産工場を着工しており、販売台数の拡大を進めていくとみられる。
Lincoln ブランドでは、人気の SUV を中心に BEV を投入するなどラインナッ
プや販売網の拡充を進め、ハイブランドとなる同ブランドの浸透を図っていく
方針である[60]。

最後に、BEV 専売メーカーである Tesla の動向についてみていこう。生産体制の不安定さや従業員のリストラなど、その成長に不透明さも露わとなっている同社であるが、世界最大の BEV 市場である中国を重要市場として位置づけ、積極的に投資を行っていく姿勢を示している。同社は 2012 年に中国へ進出し、2013 年より直営店を開業し BEV の販売を行ってきた。2014 年の登録台数は 2,499 台であったが、2016 年には前年に「Model X」の販売が開始されたこともあり 10,399 台まで増加している。現在のショールームは 31 ヶ所、サービス拠点は 16 ヶ所となっており、独自の充電インフラとなる「Super Charger」は 170 以上の都市に 1,100 基以上整備している。2017 年 10 月には北京市に現地 R&D 会社を設立していたが、2018 年 5 月には特斯拉（上海）有限公司を設立し BEV やバッテリーや駆動用モーターなどコア部品の R&D や製造を行うと発表した。そして、2018 年 7 月にはかねてより報道されていた中国現地工場建設に関して、上海市と正式に提携協定に調印したと発表し、同年 10 月には計画の詳細が明らかとなった。Tesla の上海工場は、完成車組立工場とパナソニックとの合弁のバッテリー工場、テストセンターから構成されるとされており、同社の次世代モデル「Model 3」（中型セダン）と「Model Y」（中型 SUV）の生産を行うとしている。2020 年の稼働を予定しており、生産能力は 25 万台／年となる見込みである。米国に次ぐ市場である中国での現地生産を開始し、納期短縮や価格の引き下げを行うことにより更なる拡販を目指していると思われる。更に、中国事業を柱とする事で、同社の経営の安定化を図る狙いもあると思われる。ただし、それには課題も少なくない。同社は米国工場において生産の遅滞を発生させていることは既報の通りであるが、上海工場においても同様の事態が起こらないとは言えない。また、同社 BEV の充電規格は独自の「Super Charger」という方式を採用しており、中国での拡販に向けては中国国家規格の充電ポートの搭載や、それに対応した充電インフラの整備が必要であり、広大な国土を考慮するとそのハードルは低くないと思われる[61]。

　その他、FCA 傘下の Chrysler や Jeep などは現時点では xEV に関する具体的な動きは見られないが、NEV 規制に対応するため他社と同様に PHEV 等の投入が行われると思われる。

iv）その他メーカー

最後に、その他メーカーとして韓国の現代・起亜についてみていこう。同グループが掲げる xEV 関連の目標についてはすでに示しているが、中国においても現地合弁である北京現代と東風悦達起亜が目標を示している。まず、北京現代では「Blue Melody」戦略を 2016 年に発表しており、その中の「Blue Drive」において 2020 年までに xEV を 9 モデル投入すると発表している。ただし、パワートレーンの内訳は明らかにされていないが、2019 年に中国専売SUV「Encino EV」を発売予定であるが、このような BEV や PHEV といった NEV 規制対応モデルが中心となり、対象外の 48V マイルド HEV などは少ないと思われる。それらの投入により、2020 年には販売台数の 10% を xEV とするとしている。他方で東風悦達起亜は、2020 年に NEV を含む省エネ車の販売台数を 10 万台とするとしており、それに向けて HEV を 1 モデル、BEV を3 モデル、PHEV を 2 モデルの合計 6 モデル投入するとしている。同グループの中国事業は後退気味であり、xEV やコネクテッドの投入により立て直しを図る狙いもある。また、FCEV の開発や市場投入に積極的な姿勢を示しており、現時点では中国国内で FCEV の普及は進んでいないが、インフラの整備など市場環境が整っていけば、中国にも FCEV が投入される可能性がある。

以上、各地域に分けて外資系メーカーの xEV 関連の動向についてみてきた。現時点では PHEV や 48V マイルド HEV の投入が多く、BEV の投入はあまり進んでおらず、外資系メーカーの NEV 規制への対応は大きく遅れを取っていると言わざるを得ないだろう。しかし、各メーカーにとって世界最大市場である中国は決して無視できない存在であり、中国メーカーへの遅れを挽回すべくR&D や生産体制の構築など多額の投資を行っている。また、現地完成車メーカーや現地の有力サプライヤーと提携を締結し、現地向け xEV の開発や現地生産を進めていく実態が各メーカーに共通してみられる。この傾向は自国の自動車産業を育成したい中国政府の思惑通りの動きであると言え、中国政府が昨今打ち出した外資規制緩和の方針は自国の産業が世界を制するレベルまで達したという中国による勝利宣言のようなものであるとの見方までも存在している。

(5)　まとめと今後の展望

　以上、各国の EV 政策とカーメーカーの対応に関して検討を試みた。中国が突出する形で EV 政策と企業の対応が先行し、中国以外の各国がそれに追随するという形で EV 政策は米中貿易摩擦問題までも内包しながら国際問題にまで発展してきたことを素描した。しかし、米中貿易摩擦問題がいみじくも示しているように、中国が先陣を切る形で展開された EV 化は、必ずしも順調に進行しているわけではない。また、地球環境問題から考えても電力発生源の CO_2 問題を考慮に入れれば、必ずしも環境問題に易しい車であると断定することもできない。こうした点を含む検討課題は依然として残されているといわざるを得ない。

4　EV 化と自動車部品企業

　完成車メーカーの EV 化 [62] 動向についてみてきたが、EV 化の影響を受けるのは彼らだけではない。2016 年に三菱 UFJ モルガン・スタンレー証券が公表したリポートが波紋を広げている。そのリポートで示されたのが、EV 化によるサプライヤーへの影響度であった [63]。EV 化によって、内燃機関やトランスミッションといった部品は消え、それらは、モーターやインバーターなどに取って代わられることはここで言うまでもない [64]。同リポートでは、それらの部品を生産するメーカーの売上依存度を明らかにしていた。それによると、エンジン関連部品メーカーを中心に最大で売り上げの 80% 以上を EV 化で不要となるであろう部品に依存している状況にある。もちろん、電気・電子部品やシートベルトなどの安全装備など影響を受けないサプライヤーも存在しており全てのサプライヤーが影響を受けるわけではなく、また一朝一夕で EV 化が進むわけでもない。しかし、先の述べたように世界最大市場である中国を中心に EV へのシフトは着実に進行し、すでに電池メーカーなど急成長を遂げる新興サプライヤーも少なくない。業界の再編が進む可能性もゼロではなく、サプライヤーにとって EV 化の影響は小さいものではない事は明らかである。

そこで、本章では EV 化への対応を進めるサプライヤーの具体的な取り組みを概観し、サプライヤーのとる対応策を簡単に分類したいと思う。

(1) 具体事例

i) 日本ピストンリング株式会社

まずは日本ピストンリング株式会社（以下、日本ピストンリング）である。同社は自動車用ピストンリング、バルブシート、カムシャフトなどエンジン部品を中心に製造しており、2017 年度の売上高 559 億円のうち約 87%をそれらが占める形となっている 。先の述べたように EV 化によりエンジン関連部品はモーターへと置き換えられる。同社にとってもその影響は大きく、当然その対策が不可欠である。その一つが小型モーターの開発である。ピストンエンジンとは無縁の部品であるが、同社ではカムシャフトの生産で蓄積した焼結技術を活用して特殊な鉄粉を固めたモーターコアを持つ小型モーター（マイクロモビリティやカートなど小型車両向け）を開発している。同社は全く新しい技術を用いて新製品を開発するのではなく、既存の強みであるコア・コンピタンスを最大限活用し EV 化に向けて取り組んでいると言えるであろう[65]。

ii) NOK 株式会社

日本ピストンリングと同様に自社のコア・コンピタンスを活用し、EV 化への取り組みを進めるのが NOK 株式会社（以下、NOK）である。同社はオイルシールや O リング等のゴム製品を中心に生産を展開し、同社の売上高 7,293 億円のうち約 46%をシール事業が占める形となっている。一括りにゴム製品と言っても、エンジン部品に限らず駆動系や足回り等様々な箇所に用いられており、EV 化の大きな影響を受けるわけではないが、レポートでは約 20%の売上が EV 化により消滅するといわれている。そのため、同社は次世代自動車向けの製品開発を進めており、その一例が FCV 向けシール部品である。FCV の中核である燃料電池に用いるシールを市場に投入し、FCV の普及に備えている。また、電動化と共に次世代自動車の核となる ADAS 向け技術も開発を進めており、運転手のモニタリングの指標となる生体信号を測定するゴム電極の開発

を行っている。更に、同社のグループ会社である日本メクトロンでは軽薄で曲げる事も可能な基盤であるフレキシブルサーキット（以下、FPC）を展開し、すでに自動車でもランプなど電気・電子機器などで用いられているが、更にシール技術を組み合せた FPC 一体シール部品を開発している。同社の取り組みは密封技術というコア・コンピタンスの活用を中心に、グループ会社との技術融合も推進し EV 化への取り組みを進めている[66]。

iii）日本特殊陶業株式会社

　自動車関連事業の売上依存度が 80％を超えると算出されたサプライヤーの一つが、日本特殊陶業株式会社（以下、日本特殊陶業）である。同社はスパークプラグを中心とする O2 センサーなどの自動車関連事業、半導体や医療機器、産業用のテクニカルセラミックス事業の 2 本柱で約 4,099 億円の売上高を計上している。そのうち、前者の自動車関連事業は同社の売上高の 85％を占める形となっており、スパークプラグにおいては世界トップシェア、O_2 センサーでも世界トップクラスシェアを誇る形となっている。

　一方で、EV 化により上記部品が不要になる見込みであるのに加え、上記部品の長寿命化も進んでおり同社はそれらへの対応を迫られている。そこで同社では、コア・コンピタンスであるセラミックス技術を核に新規事業の創出を図っている。その一つが、燃料電池事業である。本事業は FCEV 向けではなく産業用・業務用・家庭用の据置型の燃料電池であるが、同社の持つ機能性セラミックスの材料技術やプロセス技術を活用し、国立研究開発法人新エネルギー・産業技術総合開発機構（NEDO）のプロジェクトへの参画など公的機関や民間企業と連携もしながら全固体電池や固体酸化物形燃料電池（SOFC）の開発を進め、燃料電池事業の確立を目指している。本章の主題である次世代自動車向けの新事業としては、FCEV 向けの水素漏れセンサーの開発を行い、生産・販売も開始している。同社では事業開発事業部も設立しコア・コンピタンスと市場ニーズの両側面を意識し新規事業の創出を目指すなど、中長期的な視点で対応を進めている[67]。

iv）カルソニックカンセイ株式会社

　EV 化による影響は大手サプライヤーも例外ではなく、元日産系サプライヤーであるカルソニックカンセイ株式会社（以下、カルソニックカンセイ）も売上高の約 30％に影響が出るといわれている。同社は 6 つの事業セグメント（CPM・内装製品、電子製品、熱交換器製品、空調製品、コンプレッサー、排気製品）を柱に事業を展開し、2017 年度の売上高は 9,986 億円となっている。また、近年では 2017 年に日産から離れ米投資ファンド KKR 傘下となり、2018 年には FCA より傘下のサプライヤーであるマニエッティ・マレリを買収し両社の経営統合を行うなど新たな動きも見せている[68]。そのような同社は、EV 化によってエンジン用ラジエーターやファン、エキゾーストシステムなどが不要となるため、熱交換器製品や排気製品において悪影響を受ける。一方で、影響を受けないセグメントや好影響を受けるセグメントも存在し、CPM では多機能・高機能化が進んでいるし、電子製品では日産「リーフ」への供給で培ったインバーターやリチウムイオンバッテリーコントロールなど電気エネルギーのマネージメント技術で強みを持っている。同社ではこのような強みである事業ドメインに注力することにより、付加価値を高めて EV 化に対応していく方針を示している。加えて、EV 化や自動運転などによりその重要性が増している自動車向けサイバーセキュリティ事業への取り組みも行っており、2017 年に仏 IT ベンチャー企業との合弁会社ホワイトモーションを設立し、既に完成車メーカーからの受注も獲得している。以上のように、事業の幅が広く経営資源も豊富な大手のサプライヤーは、EV 化により一部事業への悪影響が見込まれたとしても、他事業への注力や新規事業の立ち上げなどの施策により、EV 化を含めた時代の変化への対応を進めている[69]。

v）しげる工業株式会社

　EV 化の影響を受けるのは、エンジン関連部品サプライヤーだけではない。その一例がしげる工業株式会社（以下、しげる工業）である。同社はインストルメントパネルやトリム類など内装部品を中心に、アンダーカバーなどの外装部品、産機用シートなどを製造するスバル系のサプライヤーである。同社の製造する部品はエンジンの有無を問わずに必要な部品であり、エンジン関連部品

サプライヤー等のように EV 化の影響は受けないように思われるが、実際は間接的に影響を受けるのである。それが、自動車部品の軽薄短小化の流れである。EV 化によりモーターやインバーター、バッテリーなどが搭載されるようになると、従来の自動車に比べて車重やコストが増加する。一方で、航続距離を伸ばすために重量増は許容することは出来ないし、車両価格を引き上げることも容易ではない。よって、部品のなかで EV 化で必要となるものを除いた部品においてその増加分を埋める為に軽薄短小化を図らなければならないのである。具体例を挙げると、同社の主要取引先であるスバルが発売する「フォレスター」は SK 型よりマイルド HEV が設定されたが、通常の 2,500 cc グレードが 1,530 kg であるのに対して、マイルド HEV は 1,640 kg とその差はプラス 110 kg と重量差は小さくない。この増加分を打ち消すために、同社では肉厚を薄くしたり、軽量な部材に変更するなどを行い電動化に伴う重量増へ対応している。このように、EV に関わらない部品を製造しているサプライヤーであっても、間接的に EV 化の影響を受けるのである。ただし、軽量化やコストダウンは常に行われるものであり、必ずしも EV 化に起因するものではない点は留意しなければならない。

(2) 小括

　以上、サプライヤーによる EV 化への対応例として5社のケースを見てきた。製造する部品や経営規模に違いはあるが、その対応には大きな差異はないことが上記の例からわかるであろう。まず、重要となってくるのがコア・コンピタンスである。専業サプライヤーは特に顕著であるが、サプライヤーはそれぞれの企業の中核となる技術やノウハウといったコア・コンピタンスを有している。それらは必ずしも可視化できる物であるとは限らないが、企業の経済活動の源泉となる存在といえるものである。他業種では、富士フイルムが銀塩カメラがデジタルカメラに取って代わられた際にカラーフイルムで培った技術やノウハウ（＝コア・コンピタンス）を活用して「アスタリフト」ブランド等のヘルスケア用品へのシフトを図り危機を乗り切った実例があるが、サプライヤー（特に EV 化により需要が減少するエンジン関連部品などを製造する企業）は同様の転換

が求められてくるであろう。今回、例に挙げた日本ピストンリングや日本特殊陶業はガソリン自動車用部品で培ったコンピタンスを活かして、新たな製品を模索する一例であるとみる事が出来る。NOK もグループ総力での新製品開発ではあるが、本質的には同様であろう。カルソニックカンセイも根底にはそれらと同様にコア・コンピタンスが存在しているが、いわゆるメガサプライヤーと言われる多種多様な部品を製造するサプライヤーは、EV 化で需要が減少する部品や事業を縮小する一方で、EV 化でも大きな影響を受けない事業の強化や新規事業の模索など、その経営規模を活かした対応を進める事が出来る。

　そして、もう一つ重要なのが EV 化の影響を受けるのはエンジン関連部品など不要になる部品のサプライヤーだけではないという点である。今回取り上げた内装部品を中心に製造するしげる工業のように、電気・ガソリン問わず必要となる部品を製造するサプライヤーであっても間接的に EV 化の影響を受けるのである。その影響が、部品の軽薄短小化である。EV 化に限らず快適装備や安全装備の充実化により車両の重量やコストは増す一方であるが、EV 化により高価で重量のあるモーターやバッテリー、インバーターの搭載により、大幅にそれらは増加する [70]。その増加分の相殺を図るために、内装部品や外装部品といった比較的サイズの大きな部品を中心に各部品の軽量化や低コスト化が求められてくるのである。その要求に応えるためには、部材の変更や肉厚など寸法の縮小などによって、部品の軽薄短小化を進めなければならないのである。もちろん、これは常に存在する要求ではあるが、EV 化により求められる水準は一層厳しくなることは避けられない。

　以上がサプライヤーの EV 化への対応を簡単にまとめたものであるが、まだ EV 化の流れは始まったばかりであり一朝一夕にガソリン車が淘汰されるわけではないし、新興国での需要も今後も継続的に伸びてゆく。そのような状況下で、サプライヤーはガソリン車による需要に応えるための R&D や生産・販売体制の強化を進めながら、中長期的な視点での EV 化への対応も進めなければならず、100 年に一度の変革期と言われるようにその舵取りは容易なものではないと言えるのではないだろうか。

おわりに

電動化の現状と各国状況、とりわけ先頭を走る中国の実情を中心にその紹介を試みた。

2018年春から始まる米中貿易戦争のなかで、中国が押し進める「中国製造業2025」の中核の一つを成すBEVを中心とする電動化が今後どう進展するかは予想の限りではないが、しかし今後の地球環境問題を考えるとその進展速度はともかく、その方向性に大きな変化はないものと考えられる。したがって、この動きが自動車部品産業に与える影響はことのほか大きいといわざるを得ない。

注

(1) 諸元等は各社ホームページによる。

(2) その後、ホンダは2012年から2016年まで「フィットEV」のリース販売を行った。(https://www.honda.co.jp/auto-archive/fit/fitev2016/)

(3) トヨタと日産のEVの歴史については以下に詳しい。
(https://www.nissan-global.com/JP/ZEROEMISSION/HISTORY/)
(https://www.toyota.co.jp/jpn/company/history/75years/data/automotive_business/products_technology/technology_development/hv-fc/index.html)

(4) PeugeotやCitroënブランドでも外装に小変更を施しOEM販売されている。また、現在は2018年の改良により軽自動車から普通車へと変更されている。

(5) 両車種ともにJC08モードに基づく社内測定値となっている。

(6) ホンダのFCEVの詳細については、https://www.honda.co.jp/tech/auto/CLARITY/ を参照のこと。

(7) 2018年12月現在、水素ステーションは日本国内でも95拠点とその数は非常に少なく、普及までのハードルは高くない。(https://toyota.jp/mirai/station/index.html)

(8) 48VマイルドHEVは、ICEVで一般的な12Vの電圧を48Vまで引き上げ、200V以上のストロングHEVよりも簡易的なモーターやバッテリーを搭載し、低コスト・軽量で燃費を改善することが可能なシステムとなっている。

(9) 両車種ともに走行可能距離は、EPA基準による。

(10) 現代・起亜のEV戦略については第4章もあわせ参照。

⑾　FOURIN『アジア自動車調査月報』No.143（2018.11）pp.2-13。

⑿　FOURIN によると「Tigor EV」は一般販売はされていない模様。

⒀　詳細は https://newsroom.toyota.co.jp/jp/corporate/20352116.html を参照のこと。

⒁　「日本経済新聞」（2018.10.2）。

⒂　日経 BP 社（2018）pp.86-88。

⒃　東洋経済新報社（2017）『週刊東洋経済（2017 年 10 月 21 日号）』p.41。

⒄　（株）ネコ・パブリッシング（2018）pp.18-23。

⒅　「日本経済新聞」（2018.6.2）。

⒆　日経 BP 社（2018）pp.96-98。

⒇　Volkswagen release（15 January 2019）。

㉑　FOURIN『アジア自動車調査月報』No.143（2018.11）pp.2-13。

㉒　FOURIN『アジア自動車調査月報』No.139（2018.7）pp.49。

㉓　CAFE 方式とは車重や車両サイズ毎に基準となる燃費や CO_2 排出量が設定され、車両ごとにそれらをクリアするのではなく、メーカーが 1 年間に販売した新車の燃費の加重平均が規準となる数値をクリアすればよい。

㉔　ノルウェーでは、2018 年 9 月に新車販売（いわゆる新古車も含む）に占める BEV の割合が 52％に達したとされている（株式会社ネコ・パブリッシング（2018））。

㉕　正式名称は「National Electric Mobility Mission Plan 2020」。

㉖　正式名称は「Scheme for Faster Adoption and Manufacturing of（hybrid &）Electric Vehicle in India」。

㉗　正式名称は「National Automotive Policy 2014」。

㉘　ただし、HEV は 2015 年末、BEV は 2017 年末までの期限付きとなっている

㉙　詳細は MAA（Malaysian Automotive Association）"NAP 2014 Policy" を参照のこと。

㉚　FOURIN『アジア自動車調査月報』No.133（2018.1）pp.10-15, pp.32-33。

㉛　IEA（https://www.iea.org/gevo2018/）による。販売台数、シェアともに概数となっている。

㉜　東洋経済新報社『週刊東洋経済』2017 年 10 月 21 日号 pp.34-35。

㉝　BEV の 2017 年販売シェアは、IEA（https://www.iea.org/gevo2018/）による。

㉞　中国における電動車関連政策については Appendix 1 に一覧表を示しており、そちらも参照願いたい。また、これらについては周（2011）も合わせて参照さ

れたい。

(35) 中国メーカーの電動車関連動向については、FOURIN『中国自動車調査月報』各号も合わせて参照のこと。xEV の写真等を含め、本章で扱っていないメーカーまで網羅されている。

(36) 上海汽車プレスリリース（2019 年 1 月 4 日）による。
（http://www.saicmotor.com/english/latest_news/saic_motor/51345.shtml）

(37) FOURIN『中国自動車調査月報』No.268（2018.7）p.16-19。

(38) FOURIN『中国自動車調査月報』No.271（2018.10）p.3。

(39) FOURIN『中国自動車調査月報』No.265（2018.4）p.15, No.267（2018.6）No.5。

(40) FOURIN『中国自動車調査月報』No.272（2018.11）pp.16-19。

(41) FOURIN『中国自動車調査月報』No.268（2018.7）pp.20-23。

(42) 2018 年 6 月時点。FOURIN『中国自動車調査月報』No.268（2018.7）pp.32-33 による。

(43) NIO ホームページ（https://www.nio.io/）、株式会社ネコ・パブリッシング（2018）pp.6-15 による。

(44) 「日本経済新聞」（2018 年 6 月 13 日）による。

(45) 伊藤忠商事プレスリリース（2018 年 8 月 29 日）による。

(46) FOURIN『中国自動車調査月報』No.271（2018.10）pp.24-27、「日本経済新聞」（2018.9.8）、（2018.9.28）。

(47) 詳細は https://www.honda.co.jp/news/2018/4181116.html 参照のこと。

(48) FOURIN『中国自動車調査月報』No.267（2018.6）pp.2-3。

(49) 便宜上、各社ではなくアライアンスとして日系メーカーとして扱う。

(50) 「日本経済新聞」（2018.5.17）、（2018.8.28）、日経産業新聞（2018.10.11）

(51) FOURIN『中国自動車調査月報』No.261（2017.12）pp.22-23、三菱自動車プレスリリース（2018.2.28）、（2018.10.16）。

(52) 「日本経済新聞」（2018.10.02）。

(53) 「日本経済新聞」（2018.9.5）。

(54) 「中国・ドイツの電動車戦略提携パートナーシップの樹立についての共同声明」＠ベルリン。中国・ドイツ両政府による提携等の詳細については、FOURIN『中国自動車調査月報』No.256（2017 年 7 月）, pp.14-17 を参照のこと。

(55) FOURIN『中国自動車調査月報』No.267（2018.6）pp.2-3、No.259（2017.10）pp.2-7。「日経産業新聞」（2018.8.31）

(56) FOURIN『中国自動車調査月報』No.270（2018.9）pp.32-33、「日本経済新聞」（2018

年 10 月 12 日）。

(57) FOURIN『中国自動車調査月報』No.274（2019.1）pp.20-21。

(58) FOURIN『中国自動車調査月報』No.268（2018.7）pp.28-29。

(59) FOURIN『中国自動車調査月報』No.260（2017.11）p.5。

(60) FOURIN『中国自動車調査月報』No.269（2018.8）pp.26-27。

(61) FOURIN『中国自動車調査月報』No.274（2019.1）pp.30-31。

(62) 本項では BEV への転換を「EV 化」とする。その他の項では、xEV（電動車）への転換という意味で電動化という表記を用いる。

(63) 東洋経済新報社(2017)pp.46-49 によるが、原典は三菱 UFJ モルガン・スタンレー証券（2016）だと思われる。

(64) モーターやインバーターなど次世代の駆動系部品については第 6 章に詳しい。

(65) 同社ホームページ（https://www.npr.co.jp/index.html）、「日経産業新聞」（2017年 12 月 18 日）による。

(66) 同社ホームページ（http://www.nok.co.jp/）、「有価証券報告書（2018 年 3 月期）」による。

(67) 同社ホームページ（https://www.ngkntk.co.jp/）、「第 118 期 有価証券報告書」による。

(68) CPM = Cockpit Module。KKR = Kohlberg Kravis Roberts & Co. L.P.。

(69) 同社ホームページ（https://www.calsonickansei.co.jp/）、中期経営計画『Compass 2021』、「日経産業新聞」（2018.1.19）による。

(70) 参考までに、VW「Golf」では EV モデルが＋ 350 kg、三菱「アウトランダー」で PHEV モデルが＋ 290 kg、トヨタ「カローラスポーツ」で HV モデルが＋ 60 kg となっている。各社 HP に基づく。

参考文献

〈文献〉

FOURIN『アジア自動車調査月報』各号。

FOURIN『中国自動車調査月報』各号。

MAA「NAP 2014 policy」（出典：http://www.maa.org.my/）。

NOK 株式会社（2018）「有価証券報告書（2018 年 3 月期）」。

伊藤忠商事プレスリリース（2018 年 8 月 29 日）「中国における次世代モビリティビジネスへの参入」。（出典：https://www.itochu.co.jp/ja/news/press/2018/180829.html）

株式会社ネコ・パブリッシング（2018）『E Magazine』Vol.1。

カルソニックカンセイ株式会社（2017）「中期経営計画 Compass 2021」。

国土交通省（2011）「乗用車の 2020 年度燃費基準に関する最終とりまとめ」。
（出典：http://www.mlit.go.jp/jidosha/jidosha_fr10_000005.html）

周磊(2011)『中国次世代自動車市場への参入戦略-現地発イノベーションの最前線-』
　　日経 BP 社。

東洋経済新報社（2017）『週刊東洋経済（2017 年 10 月 21 日号）』。

日経 BP 社（2018）『まるわかり EV』日経 BP。

日本特殊陶業株式会社（2018）「第 118 期 有価証券報告書（2018 年 3 月期）」。

沼上幹（2016）『ゼロからの経営戦略（シリーズ・ケースで読み解く経営学 1）』ミ
　　ネルヴァ書房。

三井物産戦略研究所（2017）「世界の燃費規制の進展と自動車産業の対応」。
（出典：https://www.mitsui.com/mgssi/ja/report/detail/1222937_10674.html）

三菱 UFJ モルガン・スタンレー証券（2016）「非連続イノベーションが自動車産業
　　に迫る 100 年ぶりの大変革【部品編】- 深掘りレポート：新技術潮流と部品各
　　社の生き残り戦略を特許情報から探る - 」
（ 出典：http://www.meti.go.jp/committee /kenkyukai /sansei /jizokuteki_esg /
　　pdf/ 005_s05_00.pdf）

〈新聞記事〉
「日経産業新聞」(2017 年 12 月 15 日)「世界で強まる環境規制（7）EY Japan マネー
　　ジャー高田裕基氏—車づくり変える評価方式（戦略フォーサイト）」

「日経産業新聞」(2017 年 12 月 18 日)「もう系列で縛れない――CASE の衝撃、車各社、
　　EV など協業探る、変化早く、自前に限界（Next Car に挑む）終」。

「日経産業新聞」（2018 年 1 月 19 日）「ホワイトモーション社長蔵本雄一氏 - つな
　　がる車のセキュリティー対策、基本性能の防衛重要（Next CAR に挑む）」。

「日経産業新聞」(2018 年 6 月 21 日)「現代自動車、EV、ノルウェーで好調――米欧印、
　　現場に権限委譲、来月「地域統括本部」、生産・販売柔軟に」。

「日経産業新聞」（2018 年 8 月 31 日）「中国新エネ車規制（下）欧州勢、世界戦略
　　車を投入（日経 BP 専門誌から）」

「日経産業新聞」（2018 年 10 月 11 日）「ルノー、中国で EV 参入、22 年までに 3 モ
　　デル、国内勢がシェア 9 割以上、日産連合、140 万台へ登竜門。」

「日本経済新聞」（2017 年 4 月 25 日）「タイ、エコカー集積へ始動、ダイムラーと
　　BMW、PHV 生産、マツダ、EV 市場を調査」。

「日本経済新聞」（2018 年 1 月 17 日）「車新規制、EV シフト迫る、米 10 州「HV は非対応車」、日産の高級車、「インフィニティ」、全て電動に」。

「日本経済新聞」（2018 年 5 月 17 日）「日産自、中国で EV に活路、業績低迷、成長市場にかける、手ごわい現地勢、どう勝負。」

「日本経済新聞」（2018 年 5 月 26 日）「燃費規制緩和、世界に逆行、米政権、州独自の強化策認めず、環境技術、地盤沈下も」。

「日本経済新聞」（2018 年 6 月 2 日）「FCA、ディーゼル車、欧州終了、電動化投資 1.1 兆円」。

「日本経済新聞」（2018 年 6 月 13 日）「スマート EV、中国から、上海蔚来汽車、テンセントなどから 2,500 億円調達、ネット企業の知恵結集」。

「日本経済新聞」（2018 年 8 月 23 日）「日中、充電規格を統一、『EV 大国』開拓へ好機、技術の中国集中リスクに」。

「日本経済新聞」（2018 年 8 月 28 日）「日産、中国で EV 生産開始」。

「日本経済新聞」（2018 年 9 月 5 日）「スズキ、中国生産撤退、小型車苦戦、米市場に続き見切り、インド・アフリカに重点」。

「日本経済新聞」（2018 年 9 月 8 日）「トヨタ、中国勢に HV 技術、吉利に供与へ協議、EV 普及に時間、燃費規制で需要（ビジネス TODAY）」。

「日本経済新聞」（2018 年 9 月 28 日）「レクサス EV、20 年から生産、中国・欧州に輸出」。

「日本経済新聞」（2018 年 10 月 2 日）「ゴーン氏「販売 1 割 EV に」、日産など 3 社、22 年までに」。

「日本経済新聞」（2018 年 10 月 4 日）「テスラ EV、量産軌道に、「モデル 3」7 〜 9 月計画を達成、資金面など懸念なお。」

「日本経済新聞」（2018 年 10 月 12 日）「BMW 中国合弁、出資比率 75％に、外資の過半容認第 1 号、4,700 億円追加、主導権確保、日本勢は慎重、協力重視」。

〈オンライン〉

IEA（International Energy Agency）https://www.iea.org/。

OICA（Organisation Internationale des Constructeurs d'Automobiles）http://www.oica.net/。

※ 各社ホームページについては割愛する。

〈プレスリリース〉

Volkswagen release（15 January 2019）"Volkswagen AG and Ford Motor Company Launch Global Alliance ", https://www.volkswagenag.com/en/news/2019/01/VW_Group_Ford_alliance.html.

三菱自動車（2018.2.28）「広汽三菱、中国で新型プラグインハイブリッド SUV『祺智』
　の販売を開始 - 外資合弁会社による初の PHEV 現地生産・販売 - 」
（https://www.mitsubishi-motors.com/jp/newsrelease/2018/detail5180.html）
三菱自動車（2018.10.16）「広汽三菱、中国で新型電気自動車『祺智 EV』の生産を開始」
（https://www.mitsubishi-motors.com/jp/newsrelease/2018/detail5249.html）

Appendix 1 中国における電動車関連政策

政　　策	時　期	概　　要
”十・五”国家”863”計画電動車両重要専項プロジェクト	2001 年	1986 年 3 月に実施が決定された応用技術開発プロジェクトである通称 863 計画の一つであり、省エネ・新エネ車研究に特化したプロジェクト。
自動車産業発展政策（2004 年版）	2004 年	2010 年までの中国自動車産業の発展目標や育成・管理方針を示した政策であり、特に新エネ関連ではその発展を奨励し、EV や駆動バッテリーなどの研究と産業化の進展、そして HEV の促進を示した。2009 年には改訂版が発表された。
”十一・五”863 計画省エネ・新エネルギー車重大プロジェクト	2006 年	”十一五”期間に実施された、省エネ・新エネルギー車に関する基礎・応用研究を推進するプロジェクト。
新エネルギー車輌生産許可管理規則	2007 年 10 月	中国自動車メーカーの競争力を向上させるために、政府がメーカーを管理するための規定。この管理規則は新エネ車を製造するメーカーを対象とし、システムやコア技術のレベルや量産体制を評価し、管理体制を決定する。2009 年には修正版となる「新エネルギー車産業における生産企業及び製品の参入に関する管理規則」を施行。新エネ車生産に参入を目指す企業は少なくとも 1 つコア技術を持つよう規定。
自動車産業調整と振興規画	2009 年 1 月	2009 年〜 11 年の自動車産業構造転換に向けた方向性を提示した。税制優遇等による小排気量車優遇・促進や、NEV の生産能力向上（50 万台 / 年）、シェア 5%の実現、NEV 用部品技術の確立（国際先端水準へ）を目指す事などを示した。
省エネ・新エネルギー車の試行推進に関する通知（十城千輌プロジェクト）	〃　2 月	特定の都市において省エネ・新エネ車を普及させ、実証実験を行う事を示した。対象地域では公共サービスに用いられる車両に省エネ・新エネ車を購入すると補助金が支給される。後に改定がなされ、対象都市や車種が追加された。

政　策	時　期	概　要
自動車産業技術進歩と技術改造投資方向	2009 年 5 月	自動車技術開発における重点強化項目やその目標水準を明確化。NEV コア技術や量産能力構築なども含まれ、翌 2010 年版においてより詳細な情報が追加され、EV や PHEV の技術規格の緩和などが盛り込まれた。
5 都市における新エネ車個人購入者への補助金支給の通知	2010 年 05 月	上海・長春・深圳・杭州・合肥など 5 都市における PHEV・EV の個人購入に対する購入補助を行うことを明記。ただし、対象車種は指定のカタログに記載してある基準を満たしている車種である。
省エネ製品一般普及工程：省エネルギー車（1.6L 以下の乗用車）普及推進実施細則	〃　6 月	燃費基準を 20%改善する 1.6L 以下の乗用車に対して 3,000 元の補助金を支給し、省エネ車の消費を喚起し自動車市場の活性化を目指す。11 年 9 月には新案が公布され、燃費基準が絞られた。
省エネ・新エネ車産業発展計画 2012 〜 2020 年（意見徴収案）	〃　8 月	世界最大の新エネ車市場を目指し、1000 億元を投じ新エネ車に関する技術を獲得し、"15 年には EV・PHEV の保有台数を 50 万台以上（基本産業）、20 年には 500 万台（本格産業）とする"ことが明記されている。
省エネ・新エネ車産業発展計画 2012 〜 2020 年	2012 年 07 月	正式な新エネ車産業発展の基盤となる計画。国家戦略産業の新エネ車として PHEV・EV・FCV が指定され財政・税制面での支援が明記された一方で、HV への支援は重点支援から推奨とされた。数値目標は、"15 年に累計製販台数を 50 万台を目指す、20 年に生産能力を 200 万台 / 年、累計製販台数を 500 万台を越える"と設定された。意見徴収案に追加して、販売だけではなく生産面での強化を行うことも盛り込まれた。
新エネルギー自動車の普及・応用に引き続き推進することに関する通知	2013 年 09 月	2012 年末に期限が切れたインセンティブ政策（公共 09 年 2 月、個人 10 年 5 月〜）を引き継ぐ形で発表され、個人・公共部門を一つにし支給対象や方法・金額などを具体的に規定した。また、補助金の引き下げについても記載され、ＮＥＶの種類により年ごとに 10%、20%引き下げられる。
省エネ製品一般普及工程：省エネルギー車（1.6L 以下の乗用車）普及推進実施細則　（改訂版）	〃　10 月	2010 年導入、11 年 10 月調整の同細則を厳格化し、再開。省エネ・新エネ車の普及をより一層促すことを目的としている。
「中国電気自動車百人会」の発足	2014 年 05 月	様々な枠組みを超えて EV・EV 産業の発展を目指し組織された非営利・非政府の組織であり、各分野から第三者として提言等を行うシンクタンク的立場を担う。政策への影響力も持ち、中国 EV 業界における中心的な存在とも言える。
新エネ車車輌購置税免税政策についての公告	〃　8 月	各条件を満たした NEV（EV・PHEV・FCV）の車輌購置税（＝購入税）の免除する政策。この時点の対象車種はバスが多かったが、当政策により対象車種の生産台数は大きく伸びた。

政　　策	時　　期	概　　要
2016 ～ 2020 年新エネ車の普及・応用に関する財政支援策の通知（意見徴収案）	2014 年 12 月	2013 年 9 月に出された「新エネ車の普及・応用を引き続き推進することに関する通知」の期間が過ぎる事を受け、新たに発表された。内容は 16 ～ 20 年の新エネ車への補助金に関してであり、その対象や金額などを示している。補助金は徐々に減額され、20 年には終了の見込み。
〃（正式な政策）	2015 年 04 月	～ 15 年の補助金政策の改訂を行い、支給額の減額や支給方法、対象車種へ求める技術レベルなどを調整。支給額は毎年引き下げられ、20 年には 16 年比 40%引下げとなる。FCV は変更なし。また、15 年までは対象地域が限定されていたが、全国へ拡大された。
中国製造 2025	〃　　5 月	燃費規制の強化（2030 年に 3.2L/100km=31.25km/L）や、NEV の更なる普及を目指しそのコアとなる技術の獲得や国産化を加速させることを明記。NEV の普及目標は、20 年に 100 万台、25 年に 300 万台・国内シェア 80%となっている。
EV 乗用車企業新設管理規定	〃　　7 月	04 年発表の「自動車産業発展政策」で規定されている自動車メーカー設立の要件（投資額・生産規模）の制限をなくし、研究開発への規定が細分化された。また、アフターサービスや内燃機関車への切り替え禁止の規定など、EV の普及をより促進することを狙いとしている。
第 13 次五ヵ年計画における新エネ車充電施設への奨励政策及び新エネ車の普及・応用を強化する通知	2016 年 01 月	充電インフラが整っており、新エネ車の保有が多い省に奨励金を支給し、更なる市場・環境の発展、新エネ車の普及を目指す。
中国製造 2025（改訂版）（省エネ・新エネ車技術ロードマップ）	〃　　10 月	パリ協定発効を受け、CO_2 削減についての事項が盛り込まれた。また、販売目標が引上げられ、30 年のＮＥＶ販売台数を 40%超（＝ 1500 万台以上）とされた。保有台数に関しても新たに盛り込まれ、20 年に 500 万台以上、30 年に 8000 万台以上とされた。他方で、ＦＣＶ累計保有台数を 100 万台、ＨＥＶの販売比率を 30 年に 25%（20 年比燃費 20%向上）の目標も明記された。
新エネ車普及財政補助金政策を調整する通知	〃　　12 月	NEV 補助金の不正受給問題を受けて、15 年 4 月に発効された補助金政策の見直しを通知。申請要件の厳格化や補助金の減額などを行うことが明示され、補助金受領の際の審査や販売後の検査などの追加もなされ、不正防止を図る。

政　　　策	時　　期	概　　　要
自動車産業中長期発展計画	2017 年 04 月	2020 年・2025 年を目標年度として作成された自動車産業を広く総合的に網羅する育成計画であり、中国自動車産業の国際的競争力の確立を目指している。NEV はコネクテッド技術と並びその柱とされ、モータや制御システムなどコア技術の研究・開発の促進やバリューチェーンなど産業構造の強化を盛り込んでいる。NEV の普及目標は 20 年までに 200 万台、25 年までにシェア 20% 以上とし、バッテリー技術の発展も合わせて実現を目指す。また、外資の出資規制にも言及がなされ、25 年までに段階的に出資制限を緩和することが明記されている。
自動車投資プロジェクトの管理に関する意見	〃　6 月	NEV 普及を後押しすべく EV メーカーの生産を支援する一方、従来の ICE 車の新規プロジェクトの制限や生産停止状態にあるメーカーの淘汰などを行い過剰生産能力の削減や稼働率を向上させる。これにより、NEV 普及を促進するだけでなく自動車産業全体の競争力向上を目指す。
CAFE/NEV クレジット管理政策（NEV 規制）	〃　9 月	16 年 7 月、17 年 6 月の 2 回にわたって草案が発表されたものの正式な政策であり、既報の通り NEV 生産を義務付けるとともに、ICE 車へのクレジットが課される。これにより、各メーカーは NEV 対応車の生産・販売を拡大し、その性能の向上も行っていく必要がある。また、クレジットの確保も企業にとって大きな負担となり得る。
新エネルギー車普及財政補助政策の改善に関する通知	2018 年 02 月	従来の補助金政策を修正し、補助金支給対象となる車種の性能面での要件引き上げや補助金の減額などが盛り込まれた。なお、FCEV の補助金は従来から据え置きとされている。2020 年に予定されている補助金政策の撤廃を視野に入れて、より NEV の絞り込みを図る狙いがあると考えられる。
日中業界団体、次世代電気自動車充電技術や標準における業務提携に合意し，覚書に調印	〃　8 月	北京市において中国電力企業連合会と CHAdeMO 協議会は次世代電気自動車充電技術や標準における業務提携に合意し，覚書に調印し、両国間において統一された EV 充電規格の作成を 2020 年までに目指す。中国側が規格作りを主導し、日本側は充電器のノウハウや技術を提供する。

出典：FOURIN『中国自動車月報』、「日本経済新聞」、「日経産業新聞」、周（2011）、各社ホームページを基に筆者作成。

企業名	近年の動向
	今後の計画
	主要 NEV 車種
BYD	10 年には Daimler と合弁会社を設立し、騰勢（Denza）ブランドを展開。14 年に新エネ車向けの「542」戦略と「8+4」計画を発表し、新エネ事業の発展を明記。16 年には 110 億元を投入し、新エネ車・電池の開発を拡大することを公表。また、17 年には「プラットフォーム化」戦略を掲げ EV・PHEV・ICE 車それぞれの投入を行う。2011 〜 17 年の NEV 累計生産台数は約 25 万台で、国内トップ。
	新エネ車の販売台数を毎年倍増させると発表（16 年 1 月）。20 年には販売台数 100 万台を目指し、30 年には乗用車の全面電動化を目指す。また、商用車 EV の拡大も目指し乗用車・商用車ともに生産能力の拡大を目指す。
	【BEV】e5, e6, 秦 EV300【PHEV】宋 , 唐 ,
吉利汽車	15 年に「藍色吉利行動」を発表し、20 年までに省エネ・新エネ車の販売を 9 割以上（35％が EV で、65％が PHEV）に引き上げる事を明記。16 年には Volvo と共同開発を行う「LYNK&CO」ブランドを発表し、コネクテッド技術や新エネ車、そしてユーザー層の拡大を目指す。17 年 4 月には湖南省に NEV 工場が竣工、7 月には西安市とNEV 工場建設に合意。8 月には、Volvo Cars と技術開発会社の設立で合意し、両社間で次世代 EV プラットフォームの共同開発や部品の共同調達、パワートレイン技術の共有等を行う方針。11 〜 17 年の NEV 累計生産台数は約 19 万台で、国内 3 位(中国メーカーでは 2 位)
	18 年 5 月に省エネ・新エネ車の戦略を新たに発表。先に発表した 20 年の目標達成に向け、今後 3 年間で 30 モデルの省エネ・新エネ車を投入する計画。また、EV・HEV/PHEV・代替燃料車・FCV の 4 つのパワートレイン戦略「智撃」を発表。
	【BEV】知豆 D2, 全球鷹 K12, 帝豪 EV【PHEV】帝豪 PHEV
北京汽車	16 年に発表された目標達成に向け、R ＆ D センターを海外に 5 拠点開設し、開発体制の強化を進める。また、更なる開発促進のため北京に約 111 億元投資し「藍谷」新エネ車科学技術イノベーションセンターの設立計画を、17 年に発表。同年には北汽集団は Daimler と新エネ車事業提携の強化にも合意。18 年には Magna Steyr と戦略協力協定に調印。11 〜 17 年の NEV 累計販売台数は約 17 万台。
	20 年までに新エネ車の年間販売台数を 65 万台、うち北汽新能源は 50 万台（売上高 600 億元）を目指すと、16 年 1 月に発表された第 13 次 5 ヶ年計画「衛藍事業計画 3.0」にて明記。20 年までに北京市での ICE 乗用車販売（自主ブランド）を停止し、25 年には中国国内での ICE 乗用車の生産・販売を停止する計画。
	【BEV】EC180, EC200, EU400, EX5, EU5
衆泰汽車	17 年に深圳証券取引所に上場。同年、Ford の中国現地子会社福特汽車と EV 事業の提携に合意し合弁会社を設立。18 年にはタクシー配車サービス等を手掛ける 2 社目の合弁会社を設立。11 〜 17 年の NEV 累計販売台数は約 11 万台。
	18 年 7 月に「五新」会社戦略と「412」ブランドを発表し、前者の中で 25 年までに省エネ・新エネ車（PHEV・EV・FCV に特化）を 100 万台販売する目標を提示。また、Ford との合弁で EV とその部品の開発〜アフターサービスまでを担う合弁会社を設立し、10 万台 / 年の生産能力を構築するとともに、既存の NEV 完成車事業をそちらに統合する予定。
	【BEV】衆泰 E200, 衆泰 雲 100S, 芝麻 E30

上海汽車	14 年に Alibaba と合弁会社を設立し、コネクテッド技術を新エネ車への搭載を進める。17 年には 150 億元の資金を募集し、うち新エネ車の開発に 72 億元を投資。17 年には CATL と 18 年にはドイツ半導体 Infineon と提携し、各部品の共同開発を進める。
	16 〜 20 年に新エネ車の R & D に 200 億元を投資し、20 年には 60 万台規模（自社＋合弁）達成を目標としている。自主ブランドでは 20 年に 20 万台／年の販売を目指す。この間、30 モデル以上の NEV を投入する計画。また、17 年には「新四化」戦略を発表し、CASE に注力していく。
	【BEV】栄威 eRX5 EV, 栄威 Ei5 【PHEV】栄威 eRX5, 栄威 e6i, MG-6 PHEV
奇瑞汽車	産学研による電動車の共同開発を行い電動車の推進を行うとともに、16 年には日本の安川電機との合弁会社を設立し、新エネ車用の駆動モーター等の開発＆生産を始めた。子会社も活用し、NEV の開発＆生産能力の拡大を進めている。18 年には百度と、IoV や自動運転において提携することに合意。
	20 年に新エネ車販売 20 万台／年を目標とし、全ての車種に NEV を導入する計画を発表している。また、輸出事業の強化も目指しており、今後 5 年以内にブラジルでのシェア 5% を目指し、欧州への参入も計画している。
	【BEV】小螞蟻（eQ1), 奇瑞 eQ, QQ3 EV 【PHEV】艾瑞沢 7e
江淮汽車	15 年に「i.EV 戦略」を発表し、下記の目標を発表。その達成へのロードマップには EV だけでなく、PHEV も追加された。同年、45 億元の資金調達し発表されその大半を新エネ車分野に投入。16 年 4 月には蔚來汽車（Next EV）と戦略的協力枠組み協定に調印。同年 9 月には、VW と新エネ車製造の合弁会社設立に合意し、新規 EV ブランドの立ち上げを目指す。
	20 年末に新エネ車販売台数 20 万台、25 年には全体の販売台数の 30% を新エネ車にする目標（15 年発表「i.EV＋戦略」）
	【BEV】iEV6E, iEV4E, iEV7
江鈴汽車	15 年に新エネ車事業を統括する江鈴汽車集団新能源汽車を設立し、16 年には国家発展改革委員会から生産許可を取得。江鈴汽車集団傘下企業を通じて、商用車・乗用車ともに電動車の開発・投入、生産能力の増強を進める。
	新エネ車事業に注力し、新エネ車生産能力の増強や新製品の開発・投入を加速させていく。江鈴汽車集団新能源は、20 年までに国内 EV 市場においてシェア 10%、年間販売台数 10 万台を目指す。
	【EV】江鈴 E100, 江鈴 E200, 江鈴 E180
長安汽車	15 年に「518 新エネ車性能戦略」を発表。16 年に百度と、17 年に科大訊飛、蔚來汽車との戦略的提携協定を締結し、新エネ車・コネクテッド・自動運転等の次世代技術の開発・投入を加速させる。
	20 年に 3 つの新エネ車専用プラットフォームを完成させ、25 年には全面的に ICE 車の販売を停止する。これにより、全製品の電動化を実現する（17 年発表「香格里拉」）。また、16 年発表の「6321 計画」では、25 年までに 180 億元を投入し新エネ車累計販売台数 200 万台突破を目指す。17 〜 25 年の投資額は 1000 億元に達する見込み。さらに、蔚來汽車・Bosch・CATL・Didi・百度・華為・騰飛・阿里巴巴とパートナシップを結び、新エネ車のバリューチェーンを構築し、新エネ車産業の拡大や技術向上などを目指していく。
	【BEV】奔奔 EV, 奔奔 mini, 逸動 EV 【PHEV】逸動 PHEV
東風汽車	14 年に PSA の株式の 14% を取得し、PSA との協業を強化。EV 分野においては、16 年に PSA と専用プラットフォーム「eCMP」を共同開発することで合意。5.5 億元を投資し、19 年投入を目指す。カーシェアリングやライドシェアリング事業も各社と提携し開始。
	「五化」戦略を発表し、新エネ車分野においては EV と PHEV に重点を置く技術ロードマップを制定した。上海モーターショー 2017 において、20 年の NEV 販売目標を 30 万台と明言。
	【BEV】俊風 ER30, 風神 E70

広州汽車	16年にR&D能力増強プロジェクトを発表し、「新エネ車と先端技術研究開発プロジェクト」においては約50億元を投資して17年末までに4モデル、20年までに8～10モデルの新エネ車の開発を完了させる計画である。17年には新エネ車事業を担当する広汽新能源汽車を設立。自主ブランド新エネ車の能力増強プロジェクトも発表し、約47億元を投資し20万台/年の生産能力を構築する。同年、蔚來汽車と合弁会社を設立。
	20年までに完成車販売100万台、うち新エネ車20%を目指す。NEV子会社である広汽新能源は18年末に工場稼働、19年以降は毎年2モデルをベースに市場へ投入していく。
	【BEV】傳祺 GE3【PEHV】傳祺 GA5 REV, 傳祺 GS4 PHEV
力帆汽車	15年にAlibabaと戦略提携協定に合意。また、新エネ車関連では行政との提携や子会社設立により、生産能力の増強や部品開発の強化を進めている。しかし、16年9月には中国財政部より補助金不正受給に関する情報が告示された。17年1月には工進部より行政処罰が下された。
	20年までに20モデルのEV・PHEVの新モデルを投入し、販売目標を50万台としている。(15年発表、「i. Blue1.0」)
	【BEV】力帆 330EV, 力帆 650EV
第一汽車	16年9月にCATLと戦略的提携協定に調印し、駆動電池分野で協業。
	16年に「第13次5ヶ年計画」を発表し、20年にグループ全体で450～500万台/年の販売目標、自主ブランドは200万台/年を目標としている。そのうち、新エネ車においては16～20年に19モデルを新規投入する計画。20年には全モデルの量産体制を完成させ、中国自主ブランド新エネ車市場のシェア10%を目指す。18年より奔騰ブランドはNEVを毎年1モデル以上投入。19年にはFCEVの試験走行を開始、25年にはEV累計15モデル発売する予定。
	【BEV】奔騰 B30 EV, 紅旗 H5 EV【PHEV】紅旗 H7 PHEV, 奔騰 B50 PHEV
海馬汽車	16～20年に海馬汽車は4モデルの新エネ車を投入する計画。19年にPHEVと航続距離450kmのEVを導入し、22年にはLevel3の自動運転EVを投入予定。また、研究開発費として45億元を投資する計画を発表している。HEV・EVの開発を加速させ、新エネ車の販売比率を10%とする目標。なお、一汽海馬は20年に販売比率20%を目標としている。
	【BEV】愛尚 EV, 海馬 M3 EV
長城汽車	16年の北京モーターショーにおいて新エネ車計画を発表し、EV・PHEV・HEVの3つの技術プラットフォームを明確化し、「第13次5ヶ年計画」期間の合計で170億元を投資して、新エネ車・コネクテッド車分野の発展を目指す。17年にはRenesas Electronicsと戦略的提携協定を締結した。また同年、河北御捷車業と合弁枠組協定を締結し、これにより同社の株式取得が実現し、同社のCAFCのプラスクレジットを譲り受ける。更に、NEVのプラスクレジットを同等の条件で優先購入でき、新エネ車分野での遅れを補填することが可能となる。25年までに電動車の販売規模を100万台にする計画。18年2月にBMWと合弁会社を設立。同年4月にはNEV自社ブランドの「欧拉(ORA)」を設立。
	【BEV】長城 C30 EV
華晨汽車	17年に華晨中国はRenaultと枠組提携協定を締結し、合弁会社を設立し新エネ車を開発する方針。18年を目途に新エネ車製販売台数1万台以上を目指す。
	【BEV】中華 H230 EV【PHEV】之諾 60H
福建汽車	15年に雲度新能源汽車を合弁で設立。傘下の東南汽車はEVメーカーである電咖汽車と戦略的提携に合意。福建汽車は雲度・東南汽車(電咖汽車 OEM)、江南藍海新能電動車の各ブランドにおいて、新エネ車事業を展開していく予定でいる。雲度新能源汽車では、Level3相当の自動運転技術を新型EVに搭載する予定。
	【BEV】電咖 EV10(東南), 雲度 π1(雲度), DX3 EV(東南)

万向集団	中国の部品大手である同社は 16 年に新エネ商用・乗用車の投資許可を獲得し、新エネ完成車の生産へ踏み出す可能性がある。商用車分野はバスで 18 年に生産許可を取得している。25 年までに 2025 億元を投じ、杭州市におけるスマートシティを建設する新エネ車技術も活用した大型プロジェクトを進めている。
蔚來汽車	同社は NIO ブランドを展開する 14 年に設立の EV ベンチャー企業。百度や騰飛、レノボから出資を受ける。16 年には江淮汽車と戦略的提携協定に調印。17 年には長安汽車との合弁会社設立を発表。同年 12 月には広汽集団とコネクテッド機能を持つ新エネ車の開発・販売を手掛ける合弁会社設立に合意。主な車種として、ES8 SUV EV やスポーツカーである EP9 などがある。自動運転においても先行し、ES8 は Level2 の自動運転機能を有する。また、17 年に Mobileye・NVIDIA・NXP との技術提携を発表し、18 年 2 月にはカリフォルニア州で自動運転の走行テストを開始した。同年 8 月、18 億円の資金調達を目指しニューヨーク証券取引所への IPO 計画を公表し、9 月には上場を果たした。同社はすでに騰訊（Tencent）など 56 社と個人から約 2,500 億円の資金を調達している。中国国内では生産資格を取得していないため江淮汽車に生産を委託しているが、上海に工場を建設予定。
奇点汽車	14 年に IT ベンチャーを複数立ち上げた沈海寅氏によって北京市で設立された。北京市に本社を構える他、シリコンバレー等にも拠点を有している。現在のラインナップは 2019 年に発売予定の BEV「iS6」やコンセプトカー「iM8」や商用コンセプトカー「iT」シリーズであり、本格的な量産・販売には至っていない。現在は生産資格を有していないが、安徽省や江蘇省、湖南省に工場を建設中である。18 年 4 月、蘇州市にグローバル R&D センターの設立も発表している。同年 8 月には、伊藤忠商事が同社へ出資することを発表しているが、各方面からの出資を受けておりその額は約 720 億円とみられている。
BYTON	Byton は、日産や BMW 出身者らが 2016 年に設立した Future Mobility の BEV ブランドであり、南京市にグローバル本社を構える。その他にも北京市や上海市、香港、Santa Clara、Los Angeles、Munchen などにも拠点を有しており、各拠点に IR やマーケティングなど機能が割り振られている。「K-Byte」と「M-Byte」、2 モデルのコンセプトカーが現在発表されているラインナップであるが、最新のコネクテッド技術や Level 4 相当の自動運転技術を搭載するとしている。出身者の背景を活かし、ドイツの技術を以て中国で効率的に生産するとしている同社であるが、既に中国第一汽車や Tencent などから出資を受けており、その額は約 840 億円に上るとみられている。その資金力と開発力により、「K-Byte」は 2020 年、「M-Byte」は 2019 年の発売を目指している。
楽視汽車	インターネット動画サイトを運営する会社で、14 年に EV 製造プロジェクトを開始。数百人の開発チームを抱え、EV 生産に向けて取り組んでいたが、CEO が辞任するなど経営の混乱もあり、動向が不透明に。親会社である楽視網の創業者が出資する EV ベンチャーに Faraday&Future があるが、同社も資金繰りの悪化により不透明に。
正道汽車	08 年に華晨汽車の元総裁により設立され、米カリフォルニア州に本社を持つ。17 年のモーターショーで H600 や K550 を発表。デザインを手掛けるのは、17 年 2 月に提携を発表した Pininfarina（伊）。同年 3 月には、北京威卡威・北京致雲と合弁会社を設立すると発表し、電池やセル・電解液、制御システム等の開発・生産・販売を行う。
華泰汽車	華泰 EV160R, 華泰 XEV260 などを展開し、11 ～ 17 年の間に BEV を約 1 万台販売。

出典：FOURIN『中国自動車月報』、「日本経済新聞」、「日経産業新聞」、ネコパブリッシング（2018）より筆者作成。

Appendix 3　外資系メーカーのNEV戦略

企業名	近年の動向
	今後の動向
	主要 NEV 車種
トヨタ	15 年に Corolla と Levin に HEV を設定し、17 年には約 10 万台を販売。17 年 10 月から FCV である Mirai の実証実験を開始。18 年 2 月には 3,000 億円を投じ、日本国内に環境車向け開発拠点整備を発表。同年 9 月、吉利への HV 技術供与へ協議を開始したと報道。同月、合弁先の広州汽車の「傳祺 GS4」をベースとする EV を広汽トヨタより発売。
	グローバルでの電動車販売目標を 2030 年に 550 万台以上と発表している。中国では 20 年までに NEV 車種を 10 モデル投入する計画で、19 年春には Corolla PHEV を発売予定。電動車向け部品の現地生産・開発の強化も進めていく（21 年には中国生産170 万台へ）。20 年にはトヨタブランドの EV の現地生産を開始、レクサスブランドにおいても日本で EV の生産を開始し、輸出する計画。
	【HEV】Corolla, Levin, Camry【BEV】iX4（広汽 傳祺 GS4 がベース）
Renault・日産・三菱	Renault・日産アライアンスは、17 年 8 月に東風汽車と EV の開発・製造・販売に従事する合弁会社を設立し、19 年に小型 SUV の EV を発売する計画。東風日産は 16 年の広州モーターショーにおいて「YOUNG NISSAN 0.3 計画」や「i3」、「衝突ゼロ・排出ゼロ・距離ゼロ」の 3 つの技術発展計画を発表。環境対策や新技術の導入を進めていく。18 年 8 月より Sylphy zero emission の生産を開始。Renault は自社 EV の「ZOE」を利用し、16 年から自動運転の実証実験を開始。18 年には風諾 E300 の発売予定。三菱は 18 年 3 月に「祺智 PHEV」、10 月より「祺智 EV」の生産・販売を開始。また、長沙市に 20 万基 / 年の生産能力を持つエンジン工場を設立し、上記 EV の生産も行う。20 年には研究開発センターを移転・拡張し、環境車対応を進める。
	22 年までに 3 社合計販売台数の 10% を EV にしたいとゴーン氏は語り、22 年の販売目標は 1400 万台であるため 140 万台が EV になる計算。20 年までに日産ブランド（合弁含む）では 20 モデルの NEV 車種を展開する予定。19 年には東風汽車との合弁会社において、Renault ブランド「K-ZE」を発売する予定。残り 2 車種を 22 年までにRenault ブランドから発売する計画。21 年には Infinity ブランドから高級 EV を発売する計画。三菱ブランドは SUV の PHEV を中心にラインナップを拡大していく方針。
	【HEV】Murano（日産）【PHEV】Outlander PHEV, 祺智 PHEV（三菱）【BEV】Leaf, Sylphy zero emission（日産）,祺智 EV（三菱）
ホンダ	1.0L ターボ等の小排気量ターボ + 多段 AT の展開を進めていたが、NEV 規制対策として電動車の現地生産を加速させる方針を出した。17 年 1 月に CATARC と PHEV の共同実証実験プロジェクトを開始。同年 2 月には日立 AMS と電動車用モーター製造の合弁企業を設立すると発表。同じく 4 月の上海モーターショーで 2 年前倒しの 18 年に電動車を投入すると発表。その発表通り、18 年 11 月の広州モーターショーで中国専用 EV を発表した。
	グローバルでの電動車販売比率を、30 年に全体の 2/3 とする方針を出している。25 年までに NEV 車種を 20 モデル以上中国に投入する計画。19 年には東風ホンダ第 3 工場で EV 乗用車の生産を開始する予定。
	【HEV】Accord, CR-V　【BEV】理念 VE-1
その他の日系メーカー	スズキは合弁を解消し、中国の生産から撤退。スバルは Forester と XV にマイルドHV を展開しているが、ストロングタイプは未定。18 年内に米市場には「XV（現地名:Cross Trek）」に PHEV を設定すると発表しているが、現時点で北米以外への展開予定はない。マツダは自社の理念に基づき SKYACTIV 技術を用いて内燃機関の効率を上げることで CO_2 削減を目指すが、20 年には NEV も投入予定（ディーゼル HV の投入か）。電動化技術は、マツダ・スバルともにトヨタとの提携で補完する見込み。

VW	16 年 6 月に「Strategy2025」を発表し、25 年までに EV の販売台数を 200 〜 300 万台／年にする事を発表。17 年 6 月に江淮汽車と EV の開発・製造・販売を行う合弁会社設立で合意。18 年末までに 10 万台の生産能力を整備し、18 年内に合弁先のブランドである「SOL」から SUV 型の EV を発売する予定。各合弁先と VW・Audi ともに新エネ車の開発・生産を加速させる提携などに合意している。	
	20 年までに NEV を 15 モデル、25 年までに 40 モデル投入する計画。これにより、20 年までに 40 万台、25 年までに 150 万台の NEV を販売する計画。21 年までに 6 ヶ所の現地工場で NEV 生産を開始する計画。20 年から VW の新 EV 専用ブランドとして「I.D.」と展開する。Audi ブランドは 22 年までに 10 モデルの NEV を投入する計画。	
	【PHEV】A6L 40 e-tron, Q7 45 e-tron（Audi）【BEV】e-Golf（VW）	
BMW	14 年に i シリーズを輸入販売開始。15 年 4 月に BMW i シリーズ向けの充電サービスを導入。17 年 10 月に華晨 BMW の駆動電池センター開業。18 年 5 月に北京市に R&D センターを開設。7 月には長城汽車と折半出資で現地合弁会社を設立する契約を締結し、BMW グループ初の EV 合弁企業となる。MINI ブランドと新ブランドの EV を開発する計画。10 月には華晨汽車との合弁企業である華晨 BMW への出資比率を 50 ⇒ 75％に引き上げると発表。30 億ユーロ以上を投資し、生産能力を 65 万台／年に増強し、NEV への対応等を進める方針。	
	BMW グループグローバルでの電動車販売・納車目標を、18 年に 14 万台に引き上げ 19 年末までに累計 50 万台としている。20 年に華晨 BMW の工場で新型 EV「iX3」の量産を開始予定。21 年には長城汽車との新 EV を投入予定。	
	【PHEV】X1 PHEV, 530Le, i3, i8	
Daimler (Mercedes Benz)	17 年 7 月に北汽集団と EV 事業提携に関する枠組み協定に調印。20 年までに北京 Benz 傘下に EV・EV 向け駆動用電池生産工場を立ち上げる。投資額は 50 億元を予定している。18 年 5 月には北京市の工場を MB の高級新エネ車向けに改良すると発表。19 年末に稼働予定。	
	16 年に立ち上げた EQ ブランドにおいて、22 年までに 10 車種以上の EV モデルを投入する計画。EV 事業の核となる EQ ブランドに 100 億ユーロを投資していく予定。	
	【PHEV】C350eL	
Volvo Cars	15 年に 10 月に「電動化戦略」を発表し、EV・PHEV の開発を明言。17 年 6 月に傘下のハイエンドモデルを手掛けるポールスターを EV 開発を行う会社に変えると発表。ポールスターで開発した EV 技術を Volvo Cars 全体に展開する。7 月には 19 年以降に発売する新車は EV か PHEV にすると宣言している。吉利との共同ブランドである「Lynk&co」を 16 年から展開し、ユーザー層の拡大を目指している。	
	25 年までに EV 製品のグローバル販売比率を 50％にする（18 年北京モーターショーで発表）。EV 新モデルの投入は 19 年を予定し、まずは中国で生産を行い需要により他拠点での生産も検討する。以後、21 年までに合わせて 5 モデルを発売する計画。	
	【PHEV】S60 T8 PHEV, XC60 T8 PHEV, XC90 T8 PHEV	
PSA	15 年 10 月、20 年までに完成車生産規模の 30％以上を新エネ車にする計画を発表。19 年までに PHEV 技術を普及させ、20 年までに新エネ車の産業化を目指す（神龍汽車）。16 年 5 月、東風汽車と EV 向けプラットフォーム「eCMP」を共同開発することで合意した。PSA・東風汽車・神龍汽車の 3 社で取り組む。17 年 4 月には長安汽車との戦略協力関係強化に合意し、DS ブランドの EV・PHEV を 19 年に投入予定。	
	23 年までに 27 モデルの NEV をグローバル市場に投入すると上海モーターショー 2017 で発表（PSA）。20 年に中国市場シェア 3％以上、販売台数 70 万台以上を目指し、19 〜 21 年には新エネ車を 7 モデル投入する計画（神龍汽車）。将来全てのモデルに新エネ仕様を発売する計画（長安 PSA）。19 年には Citoën より EV モデル「Elysée EV」を投入予定。	

GM	16 年 8 月、上汽 GM は先進パワートレインと新エネ技術の開発に 265 億元を 5 年間で投入すると発表。20 年までに 15 万台、25 年までに 50 万台の新エネ車通年販売を行う計画。各ブランドに新エネ車（PHEV・EV・HEV・EREV）の投入を進めていく。
	16 〜 20 年に 10 モデル以上の NEV を中国市場に投入予定。Bolt をベースとした Buick ブランド・中国専用の各 EV を展開予定。25 年までに中国での NEV 年間生産台数を 50 万台とする計画。
	【HEV】LaCrosse HEV (Buick), XT5 HEV (Cadillac)【PHEV】CT6 PHEV (Cadillac)【EREV】Velite 5 (Buick)
Ford	17 年 4 月に電動車戦略を発表し、18 年に初の現地生産 PHEV、向こう 5 年で SUV 型 EV を投入する予定。20 年には電動車用のパワートレインの生産を開始。同年 8 月、衆泰汽車と EV 乗用車及びその関連部品の開発・製造・販売を手掛ける合弁会社設立に関する覚書に合意。50％ずつ出資し、合弁会社独自のブランドから販売する。19 年 9 月に合弁の工場が稼働する予定。同年 11 月には南京市にあるテストセンターが 6.8 億元の投資を受けて開業。12 月には Alibaba と、18 年 5 月には百度との提携を発表。Lincoin ブランドの拡充も進めている。
	25 年までに投入予定の 50 モデルの内、15 モデル (Ford・Lincoin) は NEV。25 年までに年間売上高を 50％上げる（17 年 12 月発表「中国 2025 計画」）。17 年 4 月発表の電動車戦略によると、25 年までに中国で販売するモデルの 70％に電動仕様を投入する計画。
	【HEV】Mondeo HEV【PHEV】Mondeo Energi (Ford)
Tesla	12 年に中国へ初進出。13 年から直営店を開業し、14 年には約 2500 台が登録された。17 年 1 月には北京市に現地 R&D 会社を設立。同年 10 月、中国国家標準の充電ポート搭載車の販売を開始。それまではスーパーチャージャー等の自社独自の充電設備は中国標準に適合していなかった。16 年の登録台数は約 1 万台。
	中国現地工場の設立を検討していると正式に発表し、2017 年 6 月に上海市と EV 工場の建設で合意したとみられていたが、18 年 7 月に上海市と提携協定に調印したと正式に発表された。これにより、上海市に現地生産工場が建設されることとなり、2020 年に年産 25 万台規模で稼働が開始される予定（生産車種は「Model 3」と「Model Y」とされている。)
	【BEV】Roadster, Model S, Model X, Model 3
現代・起亜	15 年に、中国初の R&D 拠点である煙台技術研究所を稼働開始。電動車開発を加速させるべく、20 年までに追加投資が続けられる計画。16 年 6 月に「NEW 計画」を発表し、10 月にには北京現代は「Blue Melody」戦略を発表。ここに掲げる 6 つの事業戦略（Members, Ecommerce, Link, Outlet, Drive）で、減速した中国での事業の立て直しを図る。また、18 年には高級車ブランド Genesis を投入する予定。
	20 年までに現代ブランドのみで 9 モデルの電動車を販売し、20 年には販売の 10％を電動車とする目標を掲げている（16 年発表「Blue Drive」）。起亜は、20 年に省エネ・新エネ車の販売台数を 10 万台／年を目指す。HEV1 モデル、PHEV2 モデル、EV が 3 モデル、計 6 モデル投入予定。
	【BEV】Elantra EV, Encino EV【HEV】Sonata HEV【PHEV】Sonata Plug-in, K5 PHEV
その他の欧米メーカー	JLR は 20 年までに Jaguar・Land Rover ともに、ラインナップの半数を HEV と NEV にする計画。FCA は 18 年以降、Jeep ブランドの現地製 NEV を増やしていく方針。

出典：FOURIN『中国自動車月報』、「日本経済新聞」、「日経産業新聞」、東洋経済新報社（2017）、各社ホームページを基に筆者作成。

第4章　現代自動車のEV戦略

堤　一直

はじめに

　2017年における自動車販売台数グローバルトップ5を見ていくならば、VW（1,074万台：前年比43万台増）、Renault・日産・三菱（1,060万台：前年比64万台増）、トヨタ（1,038万台：前年比21万台増）、GM（960万台：前年比36万台減）、ヒュンダイ自動車（725万台：前年比63万台減）の順である。

　ヒュンダイは、前年の2016年より販売台数を減らし、6位のフォード（660万台：前年比5万台減）との差は65万台であるが、日系以外のアジア系完成車メーカーとしての存在感は看過できない。本補論では、このヒュンダイ自動車のEV戦略を、FCEVのそれにも言及しながら、概観する。

　なお、ヒュンダイ自動車は、正式にはヒュンダイ自動車グループといい、完成車メーカーとしてはヒュンダイ自動車、キア自動車の2つの企業を擁しているが、本稿においては、以降前者はヒュンダイ、後者はキアと呼ぶことにする。

1　ヒュンダイ自動車のエコカーの現状と課題

⑴　ヒュンダイ自動車のEV

　まず、ヒュンダイに関し、同社のホームページから主なEVを見ていくならば、「アイオニック（Ioniq）」、「コナ（Kona）」の2種類である。「アイオニック」のスペックを見ていくならば、1回の充電による走行距離は200 kmである。走行の際には、88 kWの駆動モーターと、28 kWhのバッテリーを使用する。最高出力は、119.7 ps/88 kWである。価格は自動車税制による特典を受けられるならば、3,915万ウォン[1]となる。

一方、後者の「コナ」について、ヒュンダイ自動車は、1回充電による走行距離 406 km を強調している。この距離は、韓国の首都ソウルから第2の都市である南部の釜山までの距離に該当する。「コナ」は成人男性2名を乗せ、エアコン稼働かつコンバーターモードで、ソウル駅から釜山駅までノンストップで走行したのである。なお、スペックについて見ていくならば、150kW の駆動モーターと、64 kWh のバッテリーを備えている。最高出力は204 ps/150kW であり、価格は自動車税制による特典を受けられるならば、4,850万ウォンである。

　ここでキアの EV について、同社のホームページから見ていくならば、「ニロ（Niro）」をあげることができる。「ニロ」は、小型 SUV タイプの EV であり、1回充電で最大 385 km 走行可能である。スペックについて見ていくならば、1回充電でほぼ同じ距離を走行可能なコナと類似している。150kW の駆動モーターと、64 kWh のバッテリーを備え、最高出力は 40.3kgf/395Nm である。価格もコナと同様に、自動車税制の特典により 4,780 万ウォンまで引き下げられるのである。

　ここで、キア全体の傾向について見ていくならば、ヒュンダイ自動車の「3

図表:韓国国内におけるエコカー販売台数の推移（2016〜2018年）[6]

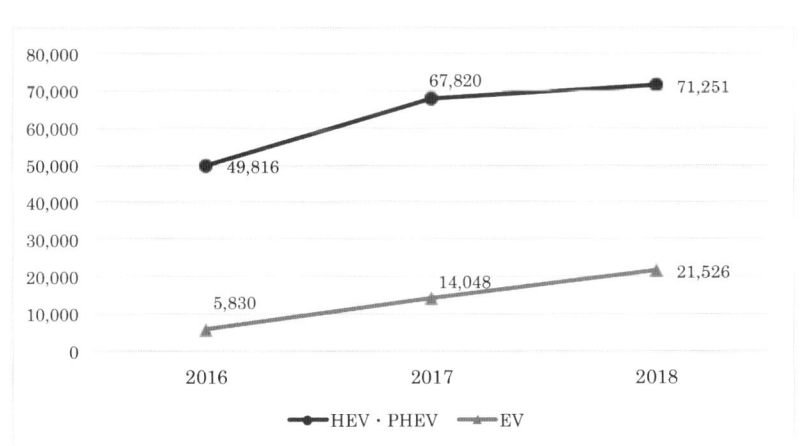

出典：FOURIN『アジア自動車調査月報』No.146（2019.2）pp.42-44。

代目」であり、2018 年にグループ統括首席副会長となった鄭義宣が 2019 年 2 月にキアの取締役に「復帰」している。鄭義宣は、2005 年から 2008 年にかけてキアの代表取締役社長を務めた後、2009 年から 2018 年にかけてはヒュンダイの副会長を務めた。だが、この 9 年間においてキアでは非常勤の取締役に過ぎなかったのである[2]。

鄭義宣が復帰したキアの今後であるが、デザインセンター長の交替などから、鄭義宣がデザイン部門に注力するという推測もある[3]。この推測は、かつて鄭義宣が、2006 年にフォルクスワーゲンからキアに移ったペーター・シュライヤーの力を得て、デザイン刷新に取り組んだこと[4]を想起するならば、正鵠を射ていると考えられる。

ここで、ヒュンダイ自動車の EV に関連したインフラ整備の試みについても見ていきたい。すなわち、同社は 800 V 専用の急速充電システムを「開発している」。同システムは、3 分間充電すれば、100 km 走行可能である。ただし、続けて同システムに関しては「バッテリーエネルギー密度向上及び高電圧システム技術改善など関連研究開発を鋭意推進」と紹介されている。また、「EV 充電に対する不便を革新的な技術で開発する」とも述べられている。

この文言を逆に受け取るならば、現在の韓国は EV が普及するには不便であり、またそれを解消するための技術開発も試験、完成いずれの段階にも達していないことがうかがえる。ここで、FOURIN が KAMA（韓国自動車産業協会）、KAIDA（韓国輸入自動車協会）の資料を基に作成した資料より、2016 年から 2018 年までの韓国国内における HEV・PHEV 及び EV の販売台数の推移を見ていくならば、以下図表の通りである。HEV・PHEV の合計販売台数は、49,816 台、67,820 台、71,251 台、一方で、EV の販売台数は、5,830 台、14,048 台、21,526 台と推移しているのである。2018 年の韓国国内の自動車年間販売台数は 1,817,445 台であるので[5]、HEV・PHEV 及び EV の合計販売台数が占める割合は、5％ほどとなる。

(2) ヒュンダイ自動車の FCEV

FCEV に関しては、ヒュンダイが 2018 年に「ネクソ（Nexo）」の販売を開

始した。「ネクソ」で看過できないのは、1回充電による走行距離である。5分間の充電で最大 609 km 走行可能なのである。ただし、後述するように、水素ステーションの普及は未だ緒についたばかりである。なお、最高出力は 154 ps/113 kW であり、価格は、自動車税制の特典により 3,720 万ウォンまで引き下げられる。

　ヒュンダイは、水素自動車の開発に 1990 年代から注力してきた [7]。国内では産学連携、海外ではアメリカ企業との共同開発を通じて技術を蓄積してきたのである [8]。

　しかしながら、国内における水素自動車関連インフラの整備は進んでいない。2018 年 12 月時点において、一般車が使用可能な水素ステーションは、全国で 9 ヵ所、うちソウルでは 2 ヵ所しか存在しないのである。韓国国内において FCEV が普及するために必要な水素ステーションの数を 300 ヵ所と指摘する報道も存在する [9]。韓国国内における FCEV の普及は未だ途上にあると言える。

(3) EV を用いた場合の移動コスト

　ここで、現時点での韓国における充電設備の状況を確認することとする。まず急速充電器であるが、完全放電状態から 80% 充電するまで 30 分かかる [10]。ヒュンダイ自動車が開発中の、3 分間充電して 100 km 走行可能な充電器とは、時間において 10 倍の差が存在するのである。

　なお、急速充電器のその他のスペックを見ていくならば、急速充電器であるために、高容量の電力を供給する必要があり、50 kW 級が主である。そして、使用料金は 100 km 走行するためには、2,700 ウォン程度かかるのである。先ほど述べたように、ソウルから釜山までは 406 km であり、高速道路を使い走行するならば、充電価格は距離に比例して、2,700 ウォンの 4 倍、10,800 ウォンかかるということになる。

　ここで、揮発油、軽油との燃費を比較するならば、走行距離 100 km 当たりで、揮発油は 11,448 ウォン、軽油は 7,302 ウォンであるが、EV の場合は緩速充電器で 1,132 ウォン、急速充電器で 2,759 ウォンである。ガソリン車に比べ

てのEVの優位性がうかがえる。

　また、他の交通手段によるソウル、釜山間の価格を概算で見ていくならば、飛行機が7万ウォン、日本で言えば新幹線に該当するKTXが6万ウォン、そして高速バスが3万ウォンである。ただし、これらは全て1人当たりの運賃である。自動車であれば、たとえガソリンを使用する車であっても、3名以上で乗車した場合、最も安価と言える。そして、EVを利用するならば、充電料金は10,800ウォンであるため、3人で乗れば1人当たり3,600ウォンとなる。

　筆者が2018年にソウルを訪れた際、同地の物価は年々上昇していたが、昼食の価格は7〜8千ウォンであった。ソウルから釜山まで、家族3人を乗せて往復するならば、1人当たり昼食程度の料金しかかからないと言えるのである。

(4)　充電スピードが課題

　このように移動コストのみを取り上げるならば、韓国においてEVは非常に有利であると言える。しかしながら、ヒュンダイ自動車の充電器開発に関するコメントからもうかがえる通り、充電時間の長さが弱みになっているのである。ヒュンダイ自動車が3分で100km走行可能な充電器を開発していることならびに、現存する急速充電器の完全放電状態から80％充電までの時間が30分であることはすでに述べたが、家庭用の緩速充電器はさらに時間がかかる。

　例えば、設置場所は主に住宅、アパートであるが、そのスペックを見ていくならば、約6〜7キロワット級のものが設置されており、完全放電状態から完全に充電するまで4〜5時間かかる[11]。充電料金は、急速充電器に比べて1,100ウォンと安価であるが、4〜5時間かかるとするならば、EVを利用しない時間、主に夜間に充電するという使い方が一般的であると考えられる。

　ここで充電スタンドの基数を、充電スタンドが地図上に表示されるアプリ「EVWHERE」を引用した「電子新聞」の報道を基に見ていくならば、2018年1月末の充電スタンド数は3,404ヵ所である。1,514ヵ所存在するガソリンスタンドを上回る数である。国内に普及しているEVの数が約2万5千台であるので、EV7台当たり1ヵ所の充電スタンドがある計算となる。

　なお、3,404ヵ所の充電スタンドにおける緩速充電器と急速充電器の内訳を

見ていくならば、前者は 2,369 基、後者は 2,495 基となっている。EV の合計台数を、2 種類の充電器数で割るならば、4 台当たりに 1 ヵ所の充電器がある計算となる。

しかしながら、数は多くとも、運用コストが問題になっていることが、EVWHERE 代表イ・ヨンゴンの「急速充電器 1 台で 100 台の EV を充電できればコストに見合う」という言葉からうかがえる[12]。

なお、充電スタンドは全国に均一に分布しているわけではない。例えば、日本の都道府県に該当する「道」と、政令指定都市に該当する「市」における充電器数の順位を見ていくならば、京畿道 (1,013)、ソウル特別市 (1,003)、慶尚南・北道 (615)、済州特別自治道 (595)、忠清南・北道 (405)、全羅南・北道 (344)、江原道 (306)、大邱広域市 (487)、釜山広域市 (225)、仁川広域市 (299)、大田広域市 (219)、光州広域市 (129)、世宗特別自治市 (91)、蔚山広域市 (42) の順となっている。

正確に比較するためには、各自治体の面積や道路についても考慮しなければならないが、済州における充電器数の多さは注目に値する。韓国における「道」毎の経済水準から考えれば、済州は全羅南・北 (344)、江原 (306) と同程度の充電器数でもおかしくない。それにもかかわらず、済州における充電器数の数が多いのは、済州が EV の普及を促進しているからである。すなわち、2018 年における韓国の EV 登録台数は約 2 万 5 千台と前述したが、済州は 2017 年において 9,206 台に達しており[13]、相当の割合を占めていることがうかがえるのである。

ここまで充電施設の状況から韓国における EV 普及の課題を見てきたが、充電時間の短縮により採算を成り立たせることが主要課題と言えるであろう。また、EV の普及台数が少ないことに関しては、期限を提示し EV 普及の目標を提示した欧州諸国や、同じく期限を定めて EV の割合を定めた中国と比べ、韓国では政府が明確な目標を定めていないことを原因として指摘する報道もある。例えば、ドイツとオランダでは 2030 年において、販売される新車は全て EV とするというロードマップが提示された。一方、韓国では、2017 年において、2030 年を目途にガソリン車、ディーゼル車の販売を終了するという法案が発議されたが、通過しなかったのである[14]。

2 ヒュンダイ自動車の新本社建設計画

　ヒュンダイ自動車が EV 開発において世界の大手完成車企業に対抗するためには、トップ・リーダーシップの有りようも鍵となってくるであろう。すなわち、ヒュンダイは、3 代目への承継を迎えているのである。3 代とは、鄭周永、鄭夢九、鄭義宣という流れである。なお、ヒュンダイとならび韓国経済を牽引しているサムスン電子は 2 代目の李健熙が病床にあり、実質的には 3 代目の李在鎔が経営に当たっている。

　一方、ヒュンダイ自動車においては 2 代目の鄭夢九が健在である。この 2 代目・夢九について注目されるのは、1 代目から 2 代目への継承が円滑に進まなかったということである。2000 年に、夢九はヒュンダイグループの承継において、弟の夢憲と確執を繰り広げ、結局のところグループを承継できなかったのである。ヒュンダイ自動車は、グループから下野した鄭夢九がグループの一部に過ぎない自動車部門を独立させ、設立したものであった。

　しかしながら、その後、夢憲と夢九の明暗は分かれた。グループ総帥となった夢憲は 2003 年、北朝鮮への不正送金疑惑の最中に自ら命を絶った。一方、夢九のヒュンダイ自動車は、世界市場において位置づけを高め、自動車販売台数においてグローバルトップ 5 にランクインした。夢九は、言うならば下野した後に、復権を果たしたのである。ただし、夢九も今年で 80 歳であり、息子の義宣への承継が課題になっていると言える。

　そして、この一度は「下野」を余儀なくされた鄭夢九の「復権」を象徴するかのような出来事が、2014 年におけるヒュンダイ自動車による韓国電力跡地の落札である。競争相手はサムスン電子であった。ヒュンダイ自動車は、5 兆ウォン強の落札額を提示すると予想されていたサムスン電子に対して、その約 2 倍の 10 兆 5,500 ウォン [15] を提示して競り落としたのである。

　跡地に建てられる新本社であるが、計画によれば、高さは 569 メートルである。これは韓国で最も高い第 2 ロッテワールドの 555 メートルを凌ぐ高さであり、階数は地下 7 階から地上 105 階まで、延べ面積は 91 万 2 千㎡に達する [16]。第 2 ロッテワールドは世界でも第 6 位の高さを誇る高層ビルである。ちなみ

に、日本の高層建築と比較するならば東京タワーが 333 メートル、東京スカイ
ツリーが 634 メートルである。

　筆者は、2018 年の夏にソウルのヒュンダイ自動車新本社建設予定地を訪れ
たが、敷地の広大さが印象に残っている。同地はソウルの一等地江南（カンナム）
に位置し、かつソウルを貫く河川である漢江に面している。周囲を一周したが、
速足でも 20 分ほどかかった。予定地の眼前の大通りを挟んで向かいに「COEX
国際展示場」のタワーが立っている。このタワーについては、そびえ立つとい
う言葉で表現するのが適切かもしれない。夜間はライトアップされるが、江南
の大通りに林立する高層ビルの中でも一際目立って見えたのである。

　しかしながら、同計画は容易に着工まで至らなかった。落札当時は 2016 年
に着工する予定であったが、2017 年に 1 度、2018 年に 2 度、首都圏整備実務
委員会により着工が保留された。同委員会は、着工を許可するためには、人口
集中に対する対策を緻密に行うこと、ならびに働き口創出の効果を検証するこ
とが必要であると判断したのである。

　結果として、同委員会が条件付きで着工を許可したのは、2018 年 12 月半ば
のことであった。条件は、人口集中への対策を提示することであった。それま
で、着工を認めていなかった同委員会が、条件付きとはいえ着工を許可したの
である。この大規模プロジェクトは、早ければ 2019 年上半期に着工が可能と
報道されている [17]。

　このような、東京スカイツリーと遜色ない高さの本社ビルを建築しようとし
ているヒュンダイ自動車の動きから、サムスン電子を抑えて、韓国ナンバーワ
ン企業たらんとする意気込みがうかがえる。それと同時に、新本社に移ってか
らのヒュンダイ自動車が、かつて鄭夢九が後継者争いに敗れ、抱いたであろう
「負けじ精神」を持ち続けられるかどうかも、注目される。日本で言えば、日
産しかり、トヨタしかり、社風が本社の場所を通じて垣間見えると言っても過
言ではない。新本社に移転してからのヒュンダイ自動車が、一層注目されるの
である。

おわりに

ヒュンダイ自動車は、EV だけでなく FCEV にも注力しているが、自国における普及に関して課題を抱えている。まず、EV に関して充電設備は多く存在するが、国内における EV の台数が少ないため、充電設備はコスト高になってしまう。一方で充電設備も、比較的充電速度の速い急速充電器であっても、30分ほどかかる。車と充電設備双方に課題が存在すると言える。

また、FCEV に関しては、1 回充電による走行距離は 609km と長いが、水素ステーションが 11 ヵ所しか存在しないため、極めて初歩の段階にあると考えられる。

このような、EV 普及におけるインフラ整備が途上にある原因としては、EV 普及に向けてのロードマップが、立法の不備もあり、提示されていないことがあげられる。

また、FCEV 普及に関しては、水素ステーションの不足に加えて、自動車価格の高さ、EV に比しての加速力の弱さが指摘されている。FCEV の普及には、メーカーであるヒュンダイ自動車の投資も重要であるという指摘も興味深い。ヒュンダイ自動車は、新本社建設プロジェクトに巨額の資金を振り向けたが、今後はエコカー開発向け投資により傾注する必要があるとも言える。

2 代目の鄭夢九から、3 代目鄭義宣への継承期を迎えているヒュンダイ自動車が、EV を始めとしたエコカー戦略に対しいかなる戦略を採っていくか、注目されるのである。

注

(1) 概算で 10 ウォン＝ 1 円となる。

(2) 「IT Chosun」（2019 年 2 月 22 日）。

(3) 「E-Today」（2019 年 2 月 11 日）。

(4) イ（2007）pp.177-179。

(5) FOURIN『アジア自動車調査月報』No.146（2019.2）pp.42-44。

(6) ヒュンダイ、キア、ルノーサムスン、トヨタ、ホンダのエコカー販売台数の合計。また、FCEV の販売台数は、ヒュンダイの「ネクソ（Nexo）」が 725 台（2018）、同じくヒュンダイの「トゥーソン（Tucson）」FCEV の販売台数が不明なため、

記載せず。

⑺　「LUXMEN」（2014 年 4 月 8 日）。

⑻　デジタルネイル（2004）pp.121-122。

⑼　『Chosun Biz』（2018 年 12 月 10 日）。

⑽　韓国環境部資料。

⑾　同上。

⑿　『電子新聞』（2018 年 2 月 20 日）。

⒀　『ハンギョレ新聞』（2018 年 3 月 13 日）。

⒁　『Chosun Biz』（2018 年 9 月 29 日）。

⒂　『Business watch』（2018 年 7 月 20 日）。

⒃　同上。

⒄　『BUSINESS POST』（2019 年 1 月 7 日）。

参考文献

디지털내일（デジタルネイル）編（2004）『현대자동차 글로벌 리더십（現代自動車グローバル・リーダーシップ）』Human & Books, pp.121-122。

「친환경차 공략 나선 현대기아차그룹 전기차와 수소차 투 트랙으로 간다（エコカー攻略に打って出た現代・起亜車グループ−電気自動車と水素自動車の二本立てで）」*LUXMEN*, 2014 年 4 月 8 日。（http://luxmen.mk.co.kr/view.php?sc=51100002&year=2014&no=549010）

이임광（イ・イムガン）（2007）『정몽구와 현대・기아차, 변화를 향한 질주（鄭夢九とヒュンダイ・キア、変化に向けた疾走）』생각의지도（思考の地図社）, pp.177-179。

「'스포티' 앞세운 차별화 전략 방점 … 완성차 스타급 디자이너 물망（スポーティヴを前面にした差別化戦略の方針−完成車のスター級デリバリーを渇望）」*E-Today*, 2019 年 2 月 11 日。

（http://www.etoday.co.kr/news/section/newsview.php?idxno=1720664）

「정의선 현대차그룹 수석부회장, 기아차 사내이사에 선임（鄭義宣、ヒュンダイ自動車グルー首席副会長、キアの取締役に就任）」*IT Chosun*, 2019 年 2 月 22 日。

「국내 전기차 충전소 3400 개 돌파 … 전기차 7 대당 충전소 1 곳 쓴다（国内 EV 充電施設 3,400 ヵ所突破 … EV 7 台当たり充電所 1 ヵ所使用）」『전자신문（電子新聞）』, 2018 年 2 月 20 日。

（http://www.etnews.com/20180220000239#）

「世界 첫 수소차 상용화 한국, 충전소는 서울 2 곳 포함 전국 9 곳뿐 (世界初、
水素自動車を商用化した韓国、水素ステーションはソウル 2 ヵ所を含め全国 9 ヵ
所)」*Chosun Biz,* 2018 年 12 月 10 日。

(http://biz.chosun.com/site/data/html_dir/2018/12/10/2018121000194.html)

韓国環境部「전기차 충전정보 (電気車充電情報)」

(https://www.ev.or.kr/portal/chargerkind?pMENUMST_ID=21629)

「'전기차의 섬' 제주도, 5 년 만에 1 만대 넘어 (「EV の島」済州島、5 年で 1 万
台突破)」『한겨레신문 (ハンギョレ新聞)』、2018 年 3 月 13 日。

(http://www.hani.co.kr/arti/society/area/835867.html)

「[다가온 전기차 시대] ③ " 급속충전소 부족 "…전기차 보급 위한 과제는 ?
([近づく EV 時代] ③『急速充電所 不足』…EV 普及のための課題は ?)」、『조선비
즈 (朝鮮ビズ)』、2018 年 9 月 29 日。

(http://biz.chosun.com/site/data/html_dir/2018/09/28/2018092802680.html)

「274%, 193%… 수소차 테마주 급등 (FCEV 関連株急騰)」、『조선비즈 (朝鮮ビズ)』、
2019 年 1 月 22 日。

(http://biz.chosun.com/site/data/html_dir/2019/01/21/2019012103512.html)

「현대・기아차 작년 글로벌 판매 ' 아슬아슬 5 위 '(ヒュンダイ自動車、昨年グロー
バル販売台数「辛うじて」5 位)」、『한국경제신문 (韓国経済新聞)』、2018 年
2 月 11 日。

(http://news.hankyung.com/article/2018021116441)

「현대차그룹 '105 층 GBC' 또 보류 .. 착공 해 넘길듯 (ヒュンダイ自動車、「105 階
GBC」再び着工保留…着工は年明けの模様)」『Business Watch』、2018 年 7 月
20 日。

(http://news.bizwatch.co.kr/article/industry/2018/07/20/0016)

「현대차, 삼성동 글로벌비즈니스센터 이르면 상반기 착공 가능 (ヒュンダイ
自動車、三成洞グローバルビジネスセンター、早ければ上半期着工可能)」
『BUSINESS POST』、2019 年 1 月 7 日。

(http://www.businesspost.co.kr/BP?command=article_view&num=109300)

現代自動車ホームページ (韓国語版)　https://www.hyundai.com/kr/ko。

KIA ホームページ (韓国語版) https://www.kia.com/kr/main.html。

FOURIN『アジア自動車調査月報』No.146 (2019.2)。

第5章　EV化の部品メーカーへの影響

松島正秀

はじめに

　自動車のEV化が大きく注目してされてきている。しかしながら本格的な量産EV「リーフ」が2010年に発売されて9年が経ったが、環境自動車の主流にはなっていない。2017年の全世界販売台数は約110万台で、その半数は中国市場での中国車の販売で占められている。深刻な大気汚染対策として中国製エコカーの育成と推奨を行い、「New Energy Vehicle（NEV）規制」で過去3年間の年間平均販売台数が3万台を超えるメーカーに対して販売台数比率を設定した。2018年までの購入補助金支給額は引き下げられたが、2020年まで延

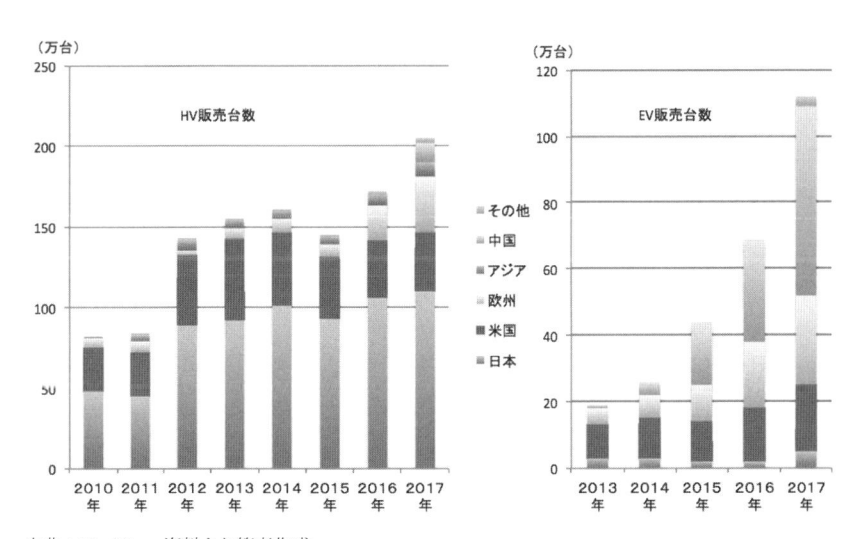

出典：Marklines 資料より筆者作成

図1:電動車世界販売台数

長して国策として強力に推進している。

　EV 化については、新興の完成車メーカーや部品メーカーにとっては技術難易度が低く取り組みやすい。しかし 100 年以上続いた既存の自動車産業にとっては、基幹部品である内燃機関エンジンからの大転換に対応する為、企業体質全体の変換が必要となり、大きな経営戦略の見直しを行わなければならない。約 100 年前にも EV は多く製造された経緯がある。エジソンも EV を試作して発表したが、当時のバッテリー性能が実用レベルになかったことと、1930 年代に中東で安価なガソリンが発掘されたことで市場から姿を消した。1990 年代にも北米カリフォルニア州での大気汚染対策として EV が導入されたが、充電インフラの不足などもあり普及しなかった経緯がある。したがって、EV の普及にはバッテリーの性能向上と充電インフラの充足は欠かせない課題であり、未だもって解決されているとは言い難いのが現状である。

1　EV 化への完成車メーカーの動向

　EV への移行は完成車メーカーにとって新たな成長戦略を立案するターニングポイントになっている。開発では内燃機関エンジンに加えてモーターの開発に取り組むが、先進国での環境規制と新興国市場での拡大に対応するには、当面 EV 開発に並行して HV や内燃機関の開発も続行しなければならない。近未来には FCV のニーズも控えていることから、開発への負荷は大きいし、合わせて内製技術や調達戦略の見直しも必要になってきている。このことから開発車種の削減や技術提携などを含めた開発の効率化が進められている。

　生産部門では主要製造部品のエンジンから、モーターへの転換が大きな課題となってくる。電動化への移行には、HV、PHV、EV と各種の駆動系パワープラントが並行生産となり、設備投資も市場動向を睨みながらの段階的な対応が必要になってくる。
　販売サービス部門ではバッテリーの寿命が課題である。バッテリーの寿命は8 〜 10 年で、交換とリサイクルのシステムを確立しなければならない。バッ

テリーの交換はメーカーとユーザーの費用負担が大きく、販売促進と経営にも影響を与え EV 普及の大きな課題となっている。従って、国を挙げてのバッテリーのリサイクルやリユースについても社会システムを作り上げていかなければならない。

(1) 日系メーカーの動向

トヨタグループは販売台数が 1,000 万台を超え、既存のビジネスを発展させながら変革に対応する為に、限られたリソースをグループ全体で有効活用する事業再編に取り組んだ。2016 年からディーゼルエンジン生産をトヨタ自動織機に移管、マニュアルトランスミッション生産をアイシン AI に移管した。EV 開発促進へマツダ、デンソーと「EV C.A. Spirit」を設立し、EV 技術の標準化と開発効率の向上を行い、技術のグローバルスタンダード化を目指している。EV の要求仕様とバッテリー性能を標準化し、その他コネクター形状、データ、電圧、電流の定格化など確立した技術をオープンにして業界標準として普及させる狙いがある。スズキとも EV 開発を提携し 2020 年インドで発売予定のスズキ EV にトヨタのコネクテッド技術を提供する。

2020 年以降グローバルに EV を 10 車種投入するとともに、FCV も商用車などにラインアップし充実を測る計画である。2025 年までには全車種に HV、PHV、EV のバリエーションを設定するか専用車化して、2030 年 EV、FCV を 100 万台、HV、PHV を 450 万台販売し約 50% を電動化する計画である。

先行する日産は Renault、三菱を含めたグループの開発を日産に集約、二代目「リーフ」のモーター、インバーター、バッテリーなどのプラットフォームを活用しコスト低減を含めた効率化を計る。2020 年に EV 専用プラットフォームを開発し、グループで 2022 年までに 12 車種の発売を計画している。

日産では 2022 年までに新型 EV を 3 車種、e-POWER を 5 車種投入し、国内販売台数の 40% を電動化して 2000 年比排出 CO_2 を 40% 低減、さらに 2025 年には販売比率を 50% まで高める計画を展開する。また、インフィニティを EV ブランド化し 2021 年以降全ての新型車は EV または e-POWER 化する。

ホンダは 2016 年設立した EV 開発室で専用プラットフォームを開発して、2030 年には 2/3 を電動化する計画である。現在は北米に FCV「クラリティ」ベースの EV、日本には PHV を、中国には専用 EV「理念」を投入し、2019 年には欧州に小型 EV を投入するとしている。

(2)　欧米メーカーの動向

　欧州企業は 2017 年フランクフルトモーターショーで EV 化の方針を鮮明に打ち出した。

　Mercedes Benz は EV 専用ブランド「EQ」のコンセプトモデル「EQA」を公開し、量産モデル「EQC」を 2019 年に販売した。前後 2 モーター仕様でバッテリー容量 80 kWh、急速充電は 40 分で 80％充電し欧米中の充電器に対応している。航続距離は欧州計測モードで 450 km、サイズは「A class」より一回り大きくなっている。米国アラバマ州に「EQ」専用の工場を建設する計画である。商用車も EV 化する戦略「e Drive@VANs」を立案し、小型商用車や大型 VAN の発売が計画されている。

　VW は「e-Mobility」戦略で既存車の EV 化「e-UP」「e-GOLF」を発売してきたが、全世界総投資 60 億ユーロをかけて EV 専用「ID」シリーズを開発する。B から D セグメント用プラットフォーム「MEB」を開発し、2020 年から量産モデルを発売する計画である。専用プラットフォームは前後 2 モーターで 83 kWh のバッテリーを搭載し、航続距離は 250~500 km を目指している。ザクセン州ツビッカウ工場を EV 専用工場にし「ID」シリーズを生産、ブラウンシュバイク工場ではバッテリーパック、ザルツギュッター工場ではモーターローターとステーター、カッセル工場でモーターを生産し、全世界 16 工場で EV を生産する。グループ全体では 2023 年までに 30 モデルを、2025 年までには 50 モデルを発売するとしている。同社は、課題としてバッテリーなどの関連部品の安定持続調達をあげ、サプライヤーとの 500 億ユーロ相当の長期契約を目指したが、長期的コストの見通しが立たない事から成立していない。現時点では中国の寧徳時代新能源科技（CATL）、韓国の LG 化学と SAMSUNG

SDI、SK イノベーションから約 200 億ユーロ調達することが決定した。

　BMW は EV「i3」で先行したが、販売台数の伸び悩みと CFRP ボディやバッテリーのコスト負荷が大きく苦戦している。この課題に一定の目処を立てる為にモーター、トランスミッション、パワー半導体を一体化した第 5 世代パワートレインを開発し、2021 年モデルから再度 EV への本格的な展開を行い、2023 年までに 13 モデルを販売する計画で、次世代環境車ブランド「BMW i」を設定した。中国では長城汽車と MINI ブランドの EV 製造合弁会社を設立した。バッテリーは CATL、SAMSUNG SDI からの調達で、次世代に向けて全固体電池の開発をソリッド・パワー（米）と行なう。

　北米では Tesla が先行しているが、ビッグ 2 メーカーも EV 化への戦略を進めている。

　GM は EV「BOLT」ベースの 3 モデルを 2020 年までに投入し、EV 専用プラットフォームを開発し 2021 年から発売、2026 年 100 万台の販売を目指している。EV 量販を目指す為には現在のバッテリーコストを約 1/3 に引き下げて、バッテリーの積載量を増やし航続距離を延長するかの検討をしている。

　Ford は EV 開発部門「Team Edison」を新設、2022 年までに次世代環境車開発に 110 億ドルを投資する。中国では衆泰汽車と折半で EV 製造合弁会社を設立するなど、2025 年までに環境車比率を 70％に拡大する計画である。

2　EV 化への部品メーカーの動向

　完成車メーカーの動きに合わせて、部品メーカーでも電動化に向けた活動が活発化してきている。

(1)　パワートレイン・駆動系部品

　アイシングループは EV 化で約 2 兆円の影響がでると予測し電動化の開発を強化、2017 年からパワートレイン、走行安全などの製品領域別にバーチャルカンパニーを設立し、東京台場にグループ研究開発拠点を新設した。パワート

レイン・バーチャルカンパニーにはアイシン精機、アイシン AW、アイシン AI などが参画し、HV や EV に向けた技術開発を行っている 。

　アイシングループは 1965 年に愛知工業と新川工業が合弁しアイシン精機を誕生させ、その後製品別専業化で化成品のアイシン化工、鋳造のアイシン高岡、AT のアイシン AW、MT のアイシン AI、ブレーキのアドビックスと分社化した。しかしながら、今日のグローバル化で世界のメガサプライヤーとの競合や、電動化に向けた対応としてグループ総合力を発揮する体制作りが必要になっている。自動車部品が 1990 年までの製品別の技術追求時代から、最近のエレクトロニクス化、システム化による技術連携が求められている潮流である。さらにデンソーと折半出資で、世界の完成車メーカーに提供する電動化の駆動モジュール開発の合弁会社を設立した。

　BOSCH は次世代パワートレイン開発強化に開発要員を増強。電動化研究開発に年 4 億ユーロの投資を行い、48V-HV 用システムの開発や小型 EV ベンチャー企業と共同でプロトタイプ EV「e GO」を製造し、モーター、リチウムイオン電池、コントロールユニット、走行モードディスプレイなど主要コンポーネンツを BOSCH が開発した。小型車向けパワートレイン「e Axle」ではモーター、パワーエレクトロニクス、トランスミッションを一つのユニットに統合した。このシステムを新興国完成車メーカーが採用すれば開発期間が大幅に短縮できて量産コストも低減できるとしている。

　GS ユアサ、三菱商事と合弁会社「リチウムエナジー＆パワー」を設立し、バッテリー開発とセルの内製化を目指している一方では、スターター、オルタネーターモーター事業を ZMJ（中）に売却、商用車トランスミッションやターボチャージャ事業も売却するなど、内燃機関の事業負担低減と整理をする戦略を取っている。

　シャーシ系部品も電動化の影響で油圧システムから電動化への開発が加速している。

　エンジンの負荷を軽減する EPS 化は、小型車からコラム駆動式で普及し中型車にはラック駆動式が採用され、ECU を組み込んだ一体式の開発も急速に

進んでいる。ジェイテクトが「プリウス」に搭載したシステムは信頼性を向上させる為に、トルクセンサー、モーター回転角センサー、駆動系を2系統化し、故障時も半分のアシスト力を確保するようにしている。2019年にはEPS用の制御マイコンや高耐熱リチウムイオン電池も2系統化した冗長性システムの量産を計画、さらにバックアップ用の機械連結を無くしたリンクレスSBW（ステアリング・バイ・ワイヤー）の実用化を目指している。

　Continentalは2016年からブレーキペダルの入力を電気化し、入力情報に応じてモーターで油圧を発生させる次世代電子制御ブレーキシステムを量産、ブレーキマスターシリンダーとABS、ECS（横滑り防止機構）などの制御ユニットを一体化し、ブレーキブースターやバキュームポンプを不要としている。
　ZF-TRWはECSやブレーキブースターを一体化し、ブレーキペダルからの入力を電気信号化しモーターで制御する次世代総合ブレーキコントロールシステムを量産するとしている。
　NTNもパーキング機能付き電動ディスクブレーキシステムを開発、遊星ローラーネジ機構で小型、高押圧を発生させている。
　ブレーキの電動化はブレーキ操作から制動力発生までの応答時間を半減するメリットがある。

　電動化では日本の完成車メーカーはモーター内製が多かったが、欧米では外部調達が多い。ボルグワーナーはモーター製造のRemy（米）、モーターコントロールのSevcon（英）を買収し、48V系のシステムを開発し欧州車に供給している。
　三菱電機も48V専用トランスファーモールド型パワー半導体モジュールを採用し、アイドリングストップ＆スタート、エネルギー回生、トルクアシストなどの機能を持つエンジン出力軸直結型IGS（スターター兼ジェネレーター）を開発しMercedes Benzに供給している。48V系ではスターター兼ジェネレーターが一般的になってきている。
　SchaefflerはHV用モーターモジュールとして、エンジンとモーターの遮断・結合用クラッチと発進・変速用ダブルクラッチをモーターローターに組み入

れ、ディスコネクトクラッチと合わせてトリプルクラッチ付き HV モジュールを開発、トランスミッションにダブル CSC（クラッチ・スリーブ・シリンダー）も搭載した。また、遊星式減速機構及びディファレンシャル機構によるコンパクトなモーター一体電動アクスル用1速トランスミッションも開発し、AUDIの EV「e-tron」に採用された。

　日本電産は従来の小型精密モーター事業から車載モーターのシステムモジュールを手始めに、将来は EV 用大型モーターサプライヤーへの事業拡大を展開している。モーター関係では Valeo（仏）からアクチュエーター部門、Emerson Electric（米）からモーターコントロール部門、三菱マテリアルからモーター電子部門を買収し、ECU 関係ではホンダエレシスや driveXpert（独）を買収した。パワー半導体を使ったモーター駆動制御システムを開発し、2020年を目標にモーターと一体化して EV 搭載を目指している。既に低速 EV 用のモーター、ギアボックス、コントローラー、バッテリーチャージャーなどの駆動システム主要部品を中国メーカーから受注しているし、PSA と EV、PHV用トラクションモーターの合弁会社を設立した。

　部品メーカーではコミューター向けインホイールモーターシステムの開発も盛んに行われている。
　NTN は並行軸歯車式減速機とハブベアリングを組み合わせた空冷式インホイールモーターを開発、中国小型 EV メーカーと技術契約し 2023 年に量産を計画している。
　NSK では2モーターで高速走行と大駆動力の性能を持ち、2段変速トランスミッションを内蔵したインホイールモーターを開発した。

⑵　リチウムイオン電池

　リチウムイオン電池事業では、部品技術のセパレーター、正負極材、電解液の合従連衡や投資が拡大している。
　リチウムイオン電池の生産も急拡大しており、Tesla とパナソニックが総

表1　バッテリー部品産業の最近の動向（各社新聞記事より作成）

部　材	企　業	概　要
セパレーター	旭化成	EV 向け強化にポリポア（米）を 2600 億円で買収
	東レ	電池メーカーエリーパワーに出資、LG 化学セパレーター設備買収 韓国子会社ではセパレーター設備投資し生産増強
	宇部興産	LG 化学のショートや異常発熱防止特許を取得
正極材	戸田工業	BASF と合弁会社設立し米国生産拠点統合
	ポスコ、SAMSUNG SDI	チリに EV 用リチウムイオン電池工場建設（投資約 7 億円） 韓国内に電池工場建設、合わせてリチウムとニッケル工場も近くに建設
	格林美（CATL へ供給）	グレンコアと 3 年間 5 万トンのコバルト供給契約
	長城汽車	豪州のリチウム鉱山会社ビルバラ・ミネラルズ株 3.5 ％取得
	比亜迪	リチウム開発で中国資源会社に 5 億元出資
負極材	クレハ	クラレと共同で工場建設
	日立化成	炭素製品大手ドイツの SGL と提携
	東芝、双日	ブラジルの CBMM と 3 社共同開発、2020 年五酸化ニオブを使った電池の量産計画
	Umicore（ベルギー）	ポーランドに工場建設、２０２０年生産開始予定
電解液	宇部興産	米国ダウ・ケミカルと合弁会社設立
	三井化学	台湾合弁会社設備増強し増産

投資約 50 億ドルで米国に建設した Giga Factory は、2018 年に年生産能力 35 GWh に拡大し世界最大の工場となり、中国企業 CATL も VW、BMW、Mercedes Benz と供給契約を結びドイツに投資 18 億ユーロで工場建設や増産投資を行い、2020 年生産能力は 88 GWh となり車載電池で世界一になる計画である。

　その他、Continental は四川成飛集成科技と合弁会社設立し、全固体電池に繋がる 48V 用バッテリー生産開始。MAGNA とチェコの HE3DA はチェコに工場建設、スウォッチグループ子会社 Belenos Clean Power は吉利汽車に EV 用リチウムイオン電池を供給している。

　パナソニックはトヨタとの合弁会社 PEVE で、宮城工場内に 2020 年稼働予定の工場を建設、中国企業との合弁会社では 2 棟目の新工場を建設している。パナソニック AIS は中国大連に工場完成し 2018 年から角形電池を量産開始し

ている。

　GS ユアサは 2019 年稼働予定の工場をハンガリーに建設している。

　LG 化学は VW へ供給する為にポーランドに約 838 億円の投資で年 4 GWh 生産する工場を建設、中国南京には 2019 年稼働の第二工場建設し段階的に追加投資して年 32 GWh の生産能力を確保する計画を持っている。

　SAMSUNG SDI は 2020 年から JLR（Jaguar/ Land Rover）に円筒形リチウムイオン電池を供給開始する。

　比亜迪は広東省工場に次いで青海にも新工場を建設し、2020 年には 60 GWh の生産能力を構築する。

　GSR は日産から買い取った英国工場で生産を開始、またスウェーデンの NEVS に 5 億ドル出資し EV 用電池工場を建設する。

　貴州配宝新能源は四川省に EV 用電池工場を建設するなど中国メーカーも活発な動きを見せている。

3　EV 構成技術の進化

　約 8 年ぶりに「リーフ」がフルモデルチェンジしたが、基本の車体レイアウトは踏襲されている。モーターサイズは同等で、モーターコアのマグネットは 2 分 8 極 V 配置でステーターは丸線巻きとなっていて基本構造に変化はない。インバーターは 80 kW から 110 kW に高出力化され加速性能を向上させている。リチウムイオンバッテリーは同体積で 30 kWh から 40 kWh に高容量化され、航続距離を 228 km から 400 km（JC08 モード）へ伸ばしている。

　その他、電動パーキングブレーキ付き電動制御ブレーキユニット、コラム式 EPS、電気式ヒーター内臓 HVAP 仕様となっている。静粛性向上に雑音を遮断する為に内外装のパネルやトリムの隙間を最小化し、高性能吸音素材とボディパネル制振構造を取り入れている。またエアコン作動時の電気使用量低減のためにルーフトリム裏面にアルミラミネートフィルムが一体成型され遮熱性の向上を図っている。

2019 年 1 月に発売された「リーフ e +」は搭載するバッテリーセルを増やして、62kWh として航続距離を 570km（JC08 モード）に延長した。統一していた 1 モジュールあたりのバッテリーセルの積層枚数を、搭載スペースに合わせて変更し、さらに接続ハーネスを基盤化してレーザー溶接することで接続スペースを最小化して 1．5 倍のバッテリーを搭載している。

(1) モーター

EV 用駆動モーターは市街地や高速道路などの各種走行条件や、アイドリング状態や一時停止など幅広い動作領域に対応することと、航続距離を延ばす作動の高効率化が求められている。高出力に対応するネオジム磁石でスムースな回転とするために、磁石は当初から 2 分 8 極の IPM（埋込磁石型）が採用されている。

モーター磁石は高価な貴金属を使用しない素材の開発が注目されている。磁気特性の高いネオジム磁石に使われているディスプロジウム（高温下で磁力を維持する特性）を使わない磁石の開発として、大同電子は GM からライセンス取得した「熱間加工法」で、組織を 0.2μm までの微細化と最適配分して世界初の実用化に成功、ホンダ HV「フリード」に採用されている。

愛知製鋼もネオジム粉末と樹脂の混合ペレットを射出成形するディスプロジウム不要の「マグファイン」を 2020 年から量産計画している。その他多くの企業が貴金属レスのネオジム磁石開発に取り組んでいる。

ステーターの電線は HV 用モーターでは小型化が必要で、最近時は高密度で巻ける角線が採用されているが、EV では丸線仕様である。

(2) パワーコントロールユニット

「リーフ」のコントロールユニットは充電器内蔵 DCDC コンバーターと PCU 駆動インバーターが上下に搭載されているが、MARELLI（旧カルソニックカンセイ）ではインバーター、DCDC コンバーター、充電器と急速充電リレーを一体化することで、冷却器を統合しコンデンサーを共用した小型電動パワー

コントロールシステムを開発している。

　パワーコントロールユニットに流れる電流の ON/OFF や流れる方向を制御する半導体に、SiC パワー半導体の開発が取り組まれている。SiC パワー半導体は現在使用されている Si-IGBT パワー半導体デバイスに比べ、高速スイッチングで導電損出が 1/2 から 1/10 に低減され、2 倍以上の電流密度で、250℃の高温度作動で高耐圧性の為、リアクトルやコンデンサーを半分に小型化できるメリットがある。さらに電力をコントロールして電池からモーターへの電力供給や減速時の回生電力の充電で電力変換効率が改善し、同じ航続距離に対して電池容量が 8 〜 10％減らせる効果がある。しかし、半導体の材料歩留まりが悪く、高温度で使用するのでハンダ材料が AuGe や焼結 Au、Ag となりコストが高くなる欠点がある。

　デンソーはウェハー加工からモジュールまでを内製化し、縦方向と横方向に結晶成長を繰り返す RAF（Repeated A-Facegrowth method）法で結晶欠陥低減率 99％以上としウェハー径 15cm の大口径化を実現し、小型インバーターの開発に採用している。

　日立製作所も SiC パワー半導体に流れる電流を均等化させる並列実装技術と高速スイッチング配線技術で導電損出を 60％低減し、同体積比電力容量約 2 倍の小型インバーターを開発、さらにフル SiC パワー半導体インバーター用両面水冷モジュールも開発するとしている。

　ホンダの FCV「クラリティ」ではコントロールユニットを小型化する必要から採用に踏み切り、SiC チップを 6 個結合して使用し世界初採用した。試算ではウェハー歩留まりが 96％でも Si パワー半導体比でコストが約 3 倍となり、歩留まりを向上させるためにチップサイズを小さくして分ける方法が取られている。2025 年でもコストは約 1.5 倍と試算しており、当面は Si-IGBT パワー半導体の損出改良で導電損出が少なくする手法がとられ、SiC パワー半導体の普及はしばらく先になりそうである。

(3) バッテリー

バッテリーはエネルギー密度が他の電池に比べ高いリチウムイオン電池が採用されているが、材料コストが高く事故時などに発火しやすい等の欠点がある。EV の実用性をエンジン車並みに高めるには、更なるエネルギー密度の向上と充電時間の短縮や充放電耐久寿命の延長が必要である。

エネルギー密度を高めるために 3 元系（Ni、Mn、Co）リチウム正極と炭素系または Si 系負極が使用されている。現状のエネルギー密度は約 250 Wh/kg で、これを 2020 年頃までに 350 Wh/kg まで高める開発競争が行われている。

合わせてモーターの効率向上も必要で、熱マネージメントからの発生損出の低減に高効率磁気回路の採用や、モーター内部冷却などの新方式の開発も期待される。

日立製作所では正極をハイ Ni 層状酸化物で Ni 系膜厚を倍増し、負極に炭素系や導電性処理 Si 系で長寿命化しエネルギー密度を 320 Wh/kg とする開発を行なっている。

GS ユアサでは三菱「i-MiEV」の航続距離を延ばすために正極にナノレベルの孔あきカーボンに硫黄を充填し、Si 系負極と組み合わせてエネルギー密度

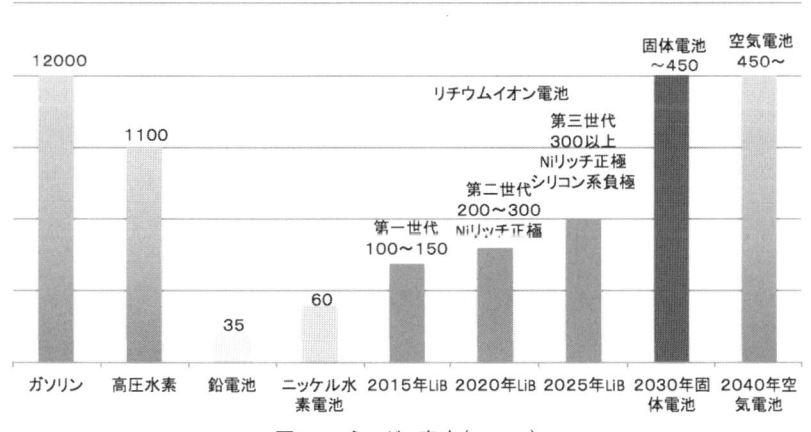

図1　エネルギー密度（wh/kg）

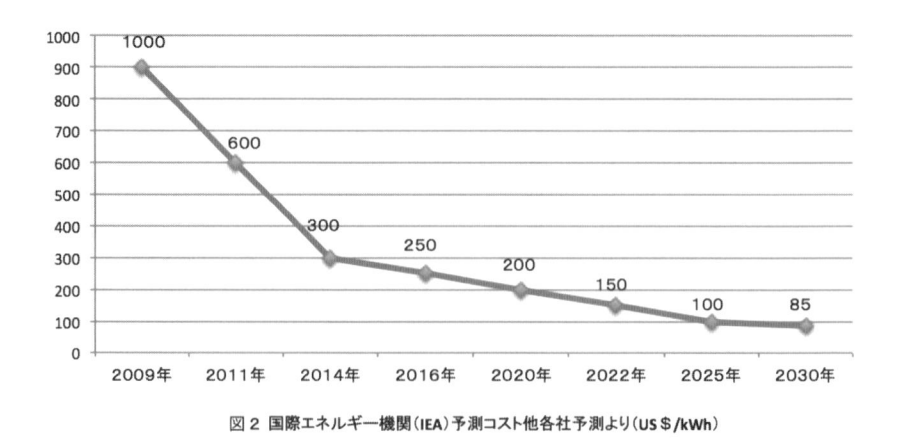

図2 国際エネルギー機関(IEA)予測コスト他各社予測より(US＄/kWh)

を向上させる研究に取り組み中である。

CATL は NMC（3元系）酸リチウム正極で Ni の比率を 80％まで高め、Si 系負極と組み合わせて 2020 年までに 350 Wh/kg のエネルギー密度を達成するとしている。

経済産業省は産学官連携でポストリチウム電池としての次世代電池（全固体電池、空気電池、ナトリウムイオン電池など）で 500 Wh/kg の実現を目指している。

全固体電池は電解液の代わりに個体電解質を用いて直接積層し、高耐熱性であり冷却システムが削減できるのでコンパクトで、高電圧使用可能となり充電時間が短くエネルギー密度が高くなる特長がある。トヨタ、VW、BMW、現代など完成車メーカーは研究機関や企業と共同開発を行い、2020 年代に実用化することを目指している。日本特殊陶業の開発した全固体電池には Li7La3Zr2O12（LLZ）系固体電解質が使われ、高 Li イオン伝導率を確保している。

SAMSUNG はリチウム空気電池開発を優先的に取り組み、2030 年代に実用化することで一気に車載バッテリーのトップランナーになる計画を持っている。

充電時間は、これから航続距離を延ばすために増えるエネルギー密度を考慮すると更なる短縮方法を研究する必要が有る。約 80 ％を充電する急速充電時間では「リーフ」のバッテリーは 40 kWh で 40 分を必要としているが、2019 年発売の Mercedes Benz の初 EV「EQC」は 80 kWh で 40 分となっている。同じく 2019 年に発売の Porsche EV「Taycan」は充電を 800V 化し 15 分としている。日産も 2023 年以降に 150 kWh を 800V 化で 15 分充電を目指している。今後の EV では高電圧化急速充電手法が一般化してくるものと思われる。接続部材のバスバーには銅が使われているが、銅よりも抵抗の低い強電部接続材の開発も合わせて必要になってくる。

　バッテリーコストは各社の大量産体制構築で生産量が増えて、2020 年代半ばには約半額になると予測されているが、Co などの原材料の高騰があり見通しが立ちにくい状況である。

　車載用リチウムイオン電池を多く生産しているパナソニックは、2020 年以降に高価原材料 Co の使用量を半減させた円筒形リチウムイオン電池を Tesla に供給する計画で、その先の Co ゼロの開発も行なっている。

　CATL もエネルギー密度 350 Wh/kg を達成した以降の 2025 年頃からは Co を使わない低コストタイプが増えると予測している。

　Co の産出については、世界最大の産出国であるコンゴの政情不安や児童採掘など課題が多く、供給量が不安定であり持続的調達に向けて VW、トヨタ、Mercedes Benz、FORD など 10 社は「Raw Materials Observatory」を組織している。

　バッテリーの長寿命化には、均質化と熱マネージメントが重要である。日産「リーフ」の寿命保障は 8 年 16 万 km でメーター内のインジケーターで寿命が表示される。新品時は赤 2 個と白 10 個の合計 12 セグで、劣化の進み具合で点灯セルが減少して劣化状態を表示する。電池パック 192 個の中で劣化しているのは数個でも、過充電を防ぐために劣化の進んだセルに合わせて充電されるシステムで充電容量が低下し交換が必要になる。そのためにセルの均質化や熱による劣化を防ぐ熱マネージメントが重要になってくる。

高エネルギー密度対応や長寿命化への熱マネージメントから、追加されると予測される強制冷却システムがバッテリーシステムのコストを押し上げる結果になる為、EV 全体の冷却システムは今後の重要課題として対処しなければならない。

⑷　静粛性の向上

　電動化にともない室内の静粛性が一段と求められるようになっている。
　「プリウス」ではダッシュボードインシュレーターに穴を開けた遮音材を採用し、特定周波数の音が打ち消しあう構造となっているし、フロアマットには繊維を垂直方向に配向する軽量吸音材が使われている。
　他にも微細な繊維層で音が伝わると振動し熱エネルギーに変換して吸音し、車体の風切り音などの雑音も吸収するフロアカーペット技術や、微生物により微細穴を無数に空けて吸音性を高めた技術などが研究され搭載されている。

4　EV 化による自動車産業への影響

　電動化により影響を受ける駆動系部品を生産する企業では、将来に向けた技術開発に着手している。
　駆動系のシャフトやロッドを生産するメタルアートはモーター用中空シャフトの開発、排気系部品などを手掛けるユタカ技研はモーターローター開発などを行っている。
　然し乍ら EV 化で採用が増える駆動モーターやバッテリー分野については専門メーカーが存在し、既存の自動車の部品メーカーが進出するのは困難と思われる。その為、既に持っている技術を他分野に活用する動きも見受けられる。それらの中には材料に強いメーカーは医療分野の技術開発、他には自動車部品の技術を航空機部品に応用する研究に取り組んでいる例もある。

　完成車メーカーも主力製品であったエンジンからモーターへの変更は、開発や生産、サービスなどに大きな影響を受けることになる。車両コストに大きな

比重を占めるバッテリーに関してもイニシアチブを取ることは一朝一夕に行かない状況で、今後の企業戦略を新たに構築するには苦難が伴うと考えられる。

　その中で日産やホンダは自前にこだわらない選択で競争力をつけようとする戦略を打ち出し始めた。日産は NEC とのバッテリー開発会社 AESC を中国 GSR キャピタルに売却する計画をした（目標とした性能が達成できず、売却して競合調達した方が良いと判断したとされている）が、売却額が折り合わず現時点では合意に至ってない。今後のバッテリー事業については年生産 8 GWh 以下のメーカーは生き残れないとも言われ、弱小メーカーが淘汰されメガサプライヤーからのグローバル購買の方向に向かうと思われる。

　ホンダと日立 AMS は 2017 年に合弁で車載モーター新会社をひたちなか市に設立、日立 AMS の出資比率が 51％で米国や中国での生産を予定している。主要部品のエンジンに代わるパワープラントを、内製よりも技術力のある専門部品メーカー主導に託する決断と見られる。

おわりに

　現在販売されている EV は環境対応車としての先進性と、内燃機関車に比べて加速性能や静粛性が優れていることを特徴として販売されている。各社が EV モデルを揃えて大量生産されるときには、モーターやバッテリーが世界標準技術で画一化され汎用製品となったときには、完成車メーカーの競争力は、デザインやパッケージ、ソフトサービスの充実など、ハードよりもソフトの商品力がより一層重要な時代になることが予測される。その時代がきたときに、アパレルや電気製品が歩んで来たように、自動車産業のものづくりの価値が変化して衰退する道に進むのか一考させられる。

参考資料
1　日刊自動車新聞、日刊工業新聞、日本経済新聞、国際自動車ニュース各紙記事
2　Tesla、Mercedes Benz、VW、AUDI、BMW、Ford、GM、BOSCH、トヨタ、日産、デンソー各社ホームページ広報資料

第6章　EV化の虚実

今井　英二

はじめに

　1章から3章において、世界における EV 化の動きを政策と技術の両面から考察された。本章では、この世界的な"EV Movement"と称しても良い傾向に対して、社会的なニーズと自動車産業政策の面から述べることとしたい。はじめに結論を申し上げると、現在のこの"EV Movement"は、あまりにも楽観的な予測と自動車ビジネスに対する見識不足に所以していると言わざるを得ない。化石燃料の枯渇と地球温暖化という解決をしなくてはいけない課題に対して、各国政府・メディアや世論の解決への期待は十分に理解するが、現実との乖離は多くの無駄が生じかねず、返って遠回りすることに強く懸念するものである。

1　EV 化に関する社会的ニーズ

(1)　排ガス規制問題

　"EV"というと、すぐに「ゼロエミッション」と言われるが、確かに EV には排気管はなく、いわゆる排気ガスは出ないため、大気汚染という意味では大いに社会的ニーズに合致している。一般のガソリン車・ディーゼル車、さらには電動車の一部である HEV/PHEV 車では排気ガスが排出されるが、ここでその排気ガス規制の動向について見てみたい。排気ガス規制は米国で 1970 年に提案されたマスキー法が大きなきっかけとなり、現在では一部の後進国を除いてほとんどの国で何らかの規制が実施されている。

　このマスキー上院議員の提案は、1975 年以降製造する自動車の排気ガスを

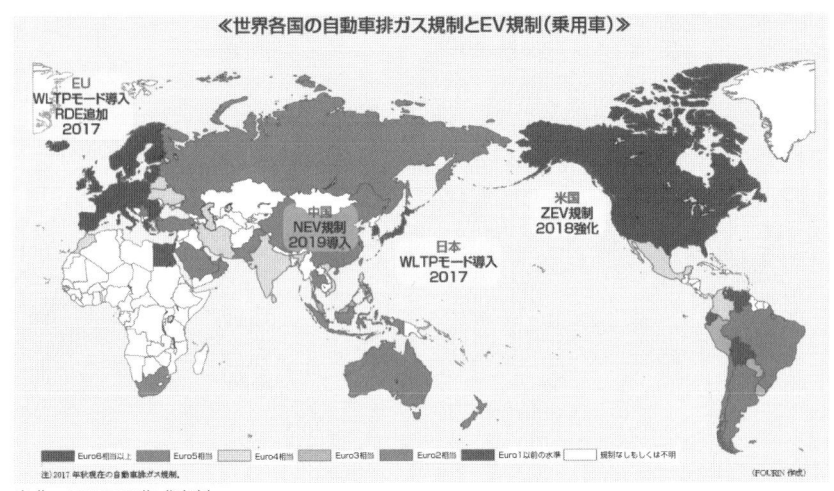

≪世界各国の自動車排ガス規制とEV規制（乗用車）≫

出典：FOURIN 作成資料

図1:世界各国の自動車排気ガス規制とEV規制

1971 年型の 1/10 にするというもので、当時は自動車メーカーがこぞってこれに異を唱えた。実際その後、紆余曲折を経て米国では 1994 年規制、日本では昭和 53 年（1978 年）規制でほぼこのレベルを実現した。その後、石油業界の脱硫技術に対する努力もあって、現在の自動車の排気ガスレベルは、東京の大気よりクリーンであると言っても過言ではない。最近逆風が吹くディーゼル自動車においても、特に PM と言われる物質では、1980 年代に比して先進国の規制レベルでは 1/100 のレベルとなっている。カリフォルニア等の一部の先進国では、依然大気汚染が問題であるが、ほとんどの先進国で特に普通乗用車・小型乗用車においては排気ガス問題は、RDE（Real World Driving）という課題を残して、ほぼ解決している。中国・インドをはじめ新興国やその他の後進国では、未だ排気規制にも対応していない三輪車やトラック・バスが多く走っており、まずは、これらの車両のスクラップと新車への排気ガス規制適用（Euro 5 以上）が喫緊の課題である。

　結論として、（これ以降、EV を HEV 他と明確に区別するため、今後は「BEV; Battery Electric Vehicle」と称す。）

　❖　先進国では RDE 規制が重要で、これに対しても HEV/PHEV 技術等により大

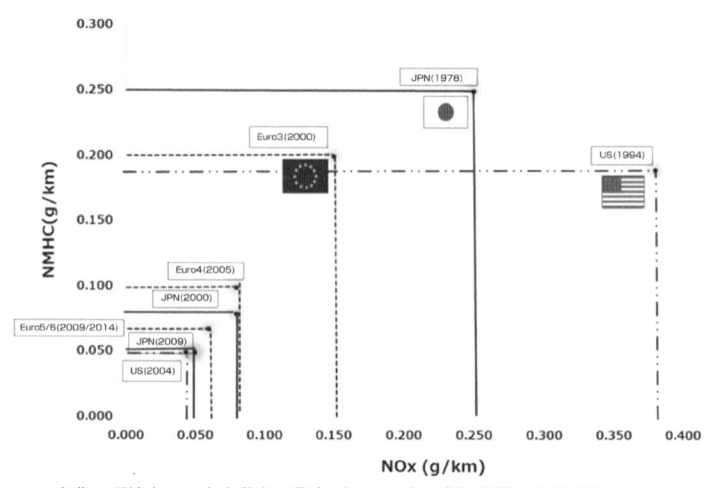

出典：環境省、日本自動車工業会（以下、自工会）資料より筆者作成。

図2:ガソリン乗用車の排気ガス規制の推移

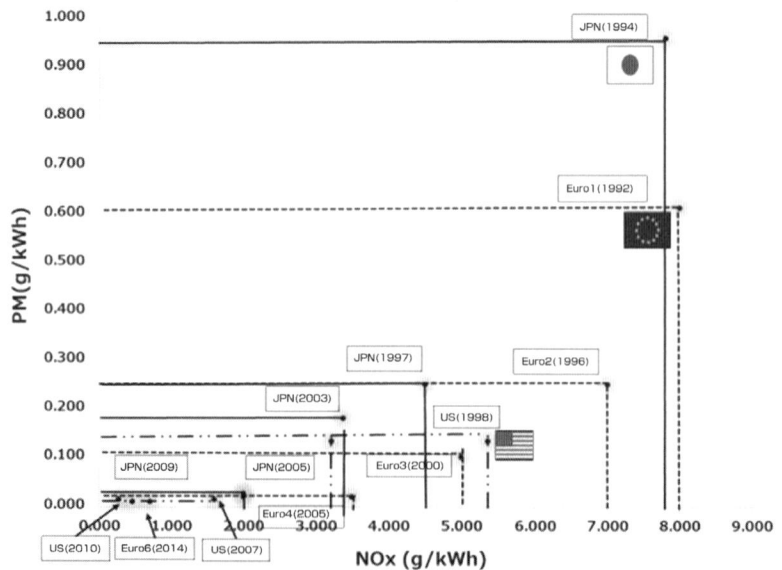

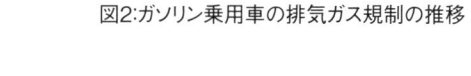

出典：同上

図3:ディーゼル重量車の排気ガス規制の推移

気汚染問題はほぼ解決でき、コストの高いBEVがプライオリティとは言えない。

❖ 新興国・後進国では、ガソリン・ディーゼル油の脱硫化とそれに伴う排気ガス規制の強化、及び排気規制に対応していない車両（二輪・三輪を含む）のスクラップ化が重要であり、また公共交通機関の充実や交通渋滞の緩和等行政当局の課題が多く、税の効率的な活用・運用が望まれる。BEV 普及のための補助金や充電スタンドインフラ整備への税の投入は、大気汚染防止の観点からするとあまりに非効率と言わざるを得ない。

(2) 地球温暖化問題

自動車にはもう一つの大きな環境問題として、地球温暖化防止すなわち CO_2 の削減という課題があるが、BEV の「ゼロエミッション」という PR はあまりにフェイクである。自動車における CO_2 排出量については、ICEV（Internal Combustion Engine Vehicle）ではガソリン車とディーゼル車で CO_2 排出原単位に若干の相違はあるが、基本的に自動車燃費で評価できる。特に先進国では、CO_2 削減の目的で、年々厳しい燃費規制が課せられている。

しかし、いわゆる電動車（HEV/PHEV/BEV など、以下 xEV と称す。）を含めた評価となると、電気は発電プロセスで多くの CO_2 を排出するため、総合的な評価として WtW（Well to Wheel）という概念が用いられている。

以下に、ICEV/HEV/BEV に関し、具体的な車種の JC08 モード燃費に基づいて、それぞれの WtW の熱効率及び CO_2 排出量の計算結果を示す。

ここでは xEV に関して代表的な車種のみ示したが、これより一般論として自動車における CO_2 排出量に関して、

❖ 伝統的な内燃機関の車両（ICEV）に対して、最近のいわゆる電動車（HEV/BEV 等）は明らかに優位にある。

❖ 電気自動車（BEV）は車両への充電（Well to Tank）までに CO_2 を排出するため、この意味で BEV を「ゼロエミッション車」と呼ぶのは、ミスリーディングである。

❖ 日本のエネルギー Mix では火力発電比率が約 85%（内、石炭火力 31%）で、

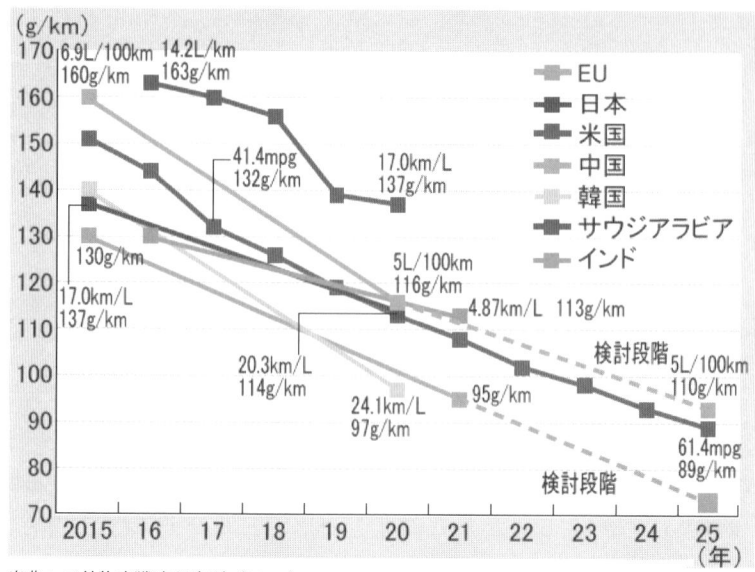

出典：三井物産戦略研究所（2017）p.6

図4:世界の燃費規制動向

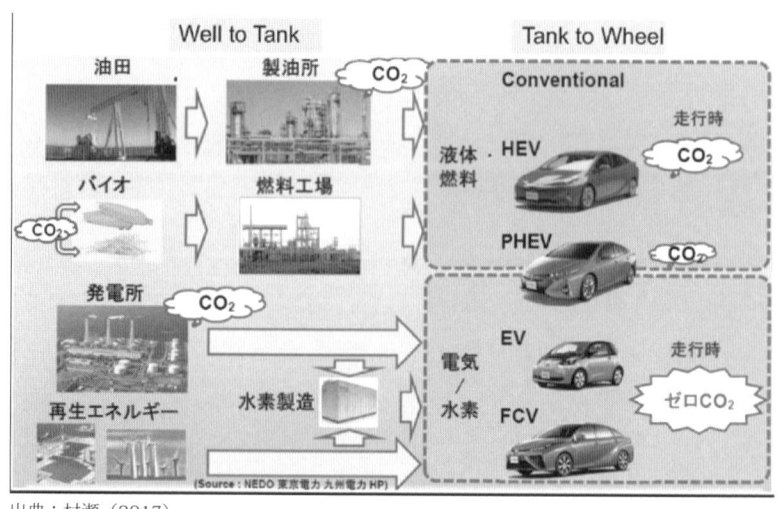

出典：村瀬（2017）

図5:Well to Wheel 概念図

表1:代表車種のWtW熱効率とCO$_2$排出量

メーカー	モデル	パワー源	JC08 燃費 (km/L) /JC08 電費 (km/kwh)	熱効率			CO2 排出量
				Well to Tank (WtT) %	Tank to Wheel (TtW)%	Well to Wheel (WtW)%	WtW g-co2/km
Nissan	Note S	ICEV(gasoline)	23.4	83.2	21.0	17.5	121.8
Mazda	Axela 15C	ICEV(gasoline)	20.4	83.2	18.3	15.2	139.7
Mazda	Axela 15XD	ICEV(Diesel)	21.6	89.2	17.8	15.9	134.3
Mazda	Axela HEV	HEV	30.8	83.2	27.6	23.0	92.5
Nissan	Note ePower S	HEV	37.2	83.2	33.4	27.8	76.6
Toyota	Prius S	HEV	39.0	83.2	35.0	29.1	73.1
Toyota	Prius PHV S	PHEV	37.2/10.54*1	83.2/37.2*1	33.4/86.4*1	27.8/32.2*1	61.0*2*3
Nissan	Leaf S	BEV	8.33	37.2	79.5	29.6	69.9*3

*1:ガソリン走行/EV走行、*2:UF(Utility Factor)0.73、*3:2016年電力CO$_2$排出係数 0.510kg-CO$_2$/kwh
出典：日本自動車研究所（2011）より筆者作成。

発電によるCO$_2$発生原単位（2016年）で計算すると、WtWの評価におい
てHEVとBEVでは大きな差異はない。

❖ BEVがHEV/PHEVに対して、明らかにWtWにてCO$_2$排出に有利となるた
めには、火力発電比率50%以下且つ石炭火力20%以下とし、残りの50%の
発電を水力・原子力・その他の再生可能エネルギーで賄う必要がある。（こ

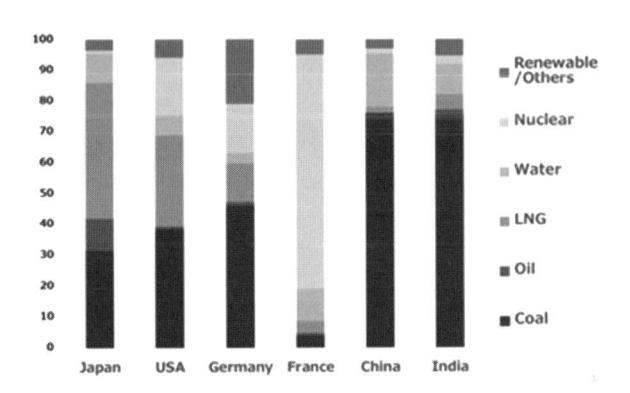

出典：電気事業連合会ホームページより筆者作成。

図6:各国の電源構成（2015）

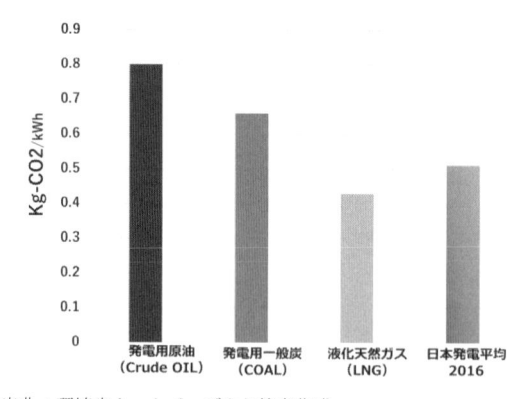

出典：環境省ホームページより筆者作成。

図7:発電におけるCO_2排出係数

の場合、概略計算で PHEV;40g-co_2/km, BEV;34 g-co_2/km)

❖ 石炭火力が 75% を超える中国やインドでは BEV の方が HEV より、明らかに CO_2 排出量は多くなる

以上により、自動車の環境問題に関する社会的ニーズに対して、HEV/PHEV/BEV はいずれも大きく貢献可能であり、現状の発電構成では地球温暖化対応すなわち CO_2 排出削減に関して大きな差はない。

2 BEV に関する自動車産業政策

(1) BEV の技術的課題

BEV は部品点数が少なく難しいパワートレインに関する技術が必要なく、新規参入が比較的容易と言われているが、筆者は決してそう考えていない。自動車としての「走る・停まる・曲がる」の制御は Fail Safe 機能等を含めて極めて複雑であるし、機能安全設計や信頼性設計には世界の自動車走行環境を把握した上で、市場で起こりうるあらゆる状況を想定して制御ロジックを組み立てる必要である。それでも事故や不具合が発生しており、これらの経験を地道に再発防止を進めることにより、顧客の期待に応えうる信頼性を獲得すること

が出来る。新規参入組が市場で評価を得るのは極めて難しいことである。

　ここではそのような基本的な技術問題は省略するが、一般論としてBEVは、航続距離が短い・充電に時間がかかる・販価が高い・中古車市場で下落する等の問題が指摘されている。現時点で世界各国で、次世代自動車としてのBEVに対して、多くの補助金・インセンティブが販売面・生産面で施されてその普及を促進しているが、ここでは特にBEVの価格に着目して課題を検証する。

(2)　電動車（xEV）の販売価格

　以下に、直近の日本・米国における xEV の販売価格とそのスペックの一部を示す。

表2:代表車種の販売価格とLi Battery 容量

市場	モデル	Type	販売価格 w/o Tax	燃費（電費）JC08/EPA*1	電動航続距離 JC08/EPA*2	Li-Battery
日本	Nissan Note S	ICEV	¥1.32m	23.4 km/L	NA	NA
	Nissan Note e-Power S	HEV	¥1.76m	37.2 km/L	NA	1.5kwh
	Honda Fit HYBRID	HEV	¥1.56m	36.4 km/L	NA	0.86kwh
	Toyota Corolla S. GX	ICEV	¥1.98m	19.6 km/L	NA	NA
	Toyota Corolla S. G	HEV	¥2.34m	34.2 km/L	NA	NiH 電池 6.5Ah
	Toyota 4th Prius S	HEV	¥2.33m	39.0 km/L	NA	0.75kwh
	Toyota 4th Prius PHV S	PHEV	¥3.02m	37.2km/L 10.54km/kwh	68.2km	8.8kwh
	Nissan 2nd Leaf S	BEV	¥2.92m	8.33km/kwh	400km	40kwh
USA		BEV	$29,990	30kwh/100mi*1	151mi*2	
	Tesla Model 3	BEV	$35,000	27kwh/100mi*1	220mi*2	50kwh
		BEV	$44,000	26kwh/100mi*1	310mi*2	75 kwh
	GM Volt LT	PHEV	$34,395	42MPG*1 31kwh/100mile*1	53mile*2	18.4kwh
	GM Bolt LT	BEV	$37,495	28kwh/100mile*1	238mile*2	60kwh

*1：EPA Combined Mode *2：Cruising Distance at EPA Mode
出典：各社ホームページより筆者作成。

上記の表から以下のことが言える。

✧ ICEV に対して、HEV/PHEV/BEV の順に割高な価格となる。また、xEV の価格は搭載するバッテリー容量と深い相関がある。

✧ BEV は HEV/PHEV に対して大容量のバッテリーを搭載する必要があり、これが BEV の高価格の主要因である。また、航続距離を維持するため、バッテリーの大容量化が進んでおり、これがさらに価格高騰を招いている。

✧ 例えば、Tesla Model3 は 50kwh/$35,000 及び 75kwh/$44,000 の 2 つバージョンを提供しているが、販売の主体は後者で通常のオプションをつけると $49,000（約 540 万円）を超える。

(3) Li Battery の価格

過去十年で、Li-Battery の価格もドラスティックに下がったとは言え、現時点で 1kwh 当たり ¥30,000 もしくは $300 というのが現実的なところである（2018 年現在）。

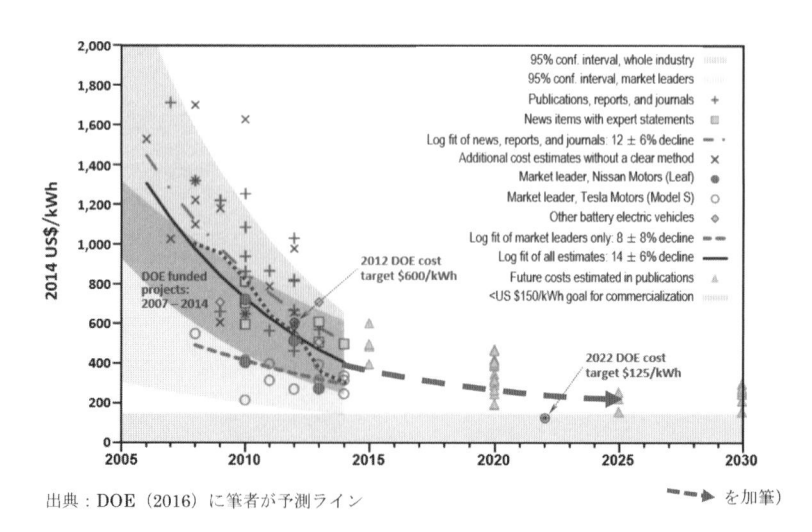

出典：DOE（2016）に筆者が予測ライン（ ▬ ▶ を加筆）

図8:Li Battery価格の動向と今後の予測

上のグラフに示すように、米国 DOE は 2025 年に $125/kwh を目標としている。量産化・材料費削減・技術進化に期待するところ大であるが、一方でいくつかのネガティブ要因も見逃せない。

- ✧ 現時点で Li Battery 価格はほとんどのバッテリー各社にとって赤字となっていること
- ✧ 2018 年一旦下落傾向に転じた原材料のリチウム・コバルト等の希少金属の価格が、需給バランスにより極めて不安定で、再び上昇に転じる可能性も大きいこと。
- ✧ 市場での火災事故防止や経年劣化対応等、より高い安全性や高品質が求められていること。
- ✧ 航続距離拡大のため、エネルギー密度（kwh/L）の拡大が必要であり、コストアップ要因となること

このような状況から、今後の Li Battery 価格変動を予測すると、筆者は 2025 年において"$200/kwh"というのが現実的な値と判断している。今後、航続距離の確保のため、最低でも 60kwh レベルのバッテリーが必要となれば、その価格のみで $12,000（約 132 万円）となり、コンパクトカーでは ICEV 車に比して、大きなハンディキャップとなる。

(4) BEV の経済性

前述の ICEV 及び xEV の実際の販売車の価格比較は、それぞれの車としてのグレードや装備も異なるため、以下に ICEV（販価：150 万円）をベースとして、同等のグレード / 装備と仮定して、2025 年における xEV 各車の販価を推定した。併せて、48V Mild HEV 及び FCEV も推定した。

2025 年時点で、BEV の価格は、ICEV の 60% 高・HEV に対して 26% 程度割高と予測する。

また、走行時の経済性の比較を以下に示す。前提として 2025 年までの BEV としての進化を考慮に入れて、このクラスのモード電費（JC08）を 80wh/km（現行型 Nissan Leaf :120wh/km）と推定し、その値に準じて実電費を 120~160wh/km と仮定した。

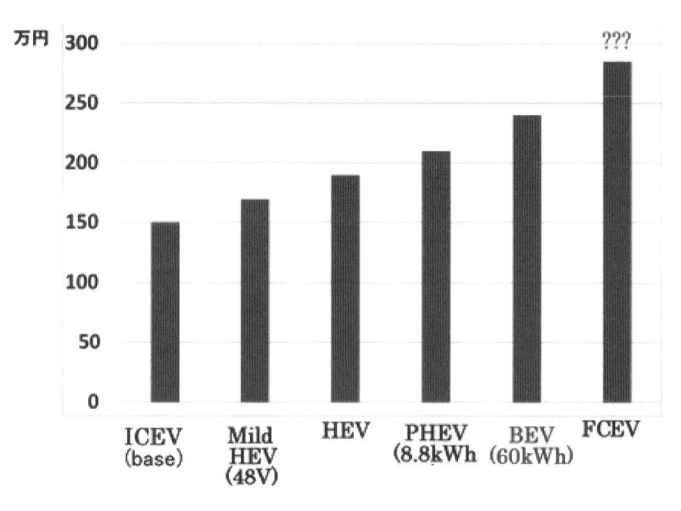

出典：筆者作成。

図9:ICEVとxEV販売価格較

表3:HEV/BEV 走行時経済性比較

	仮定モード燃費 推定モード電費	実燃費 実電費	ガソリン代 電気代	ガソリン代/km 電気代/km
HEV	39.0 km /L	20 km /L	¥150/L	¥7.5/km
BEV	80 wh/km	120〜160 wh/km	¥25/kwh	¥3〜4/km

出典：筆者作成。

　以上より、年間 10,000km の走行を仮定しても、BEV の経済性は HEV に比して、せいぜい￥35,000〜45,000/ 年のメリットである。夏場のエアコン・冬期のヒーター使用や充電ロスを考慮すると、ほとんど差がないという結果にもなりかねない。

(5)　自動車産業政策としての BEV に対する結論

　これまで BEV は各国の振興策により販売を伸ばしてきたが、本格的普及には現在割高である車両価格の低減がマストである。BEV の今後の普及見通し

については、コスト高の要因であるバッテリー価格の低減にひとえに懸かっている。将来の Li Battery に対するコスト削減予測は期待値が先行しがちで、結果としてかなり楽観的である。2025 年で $200/kwh というのが現実的である。仮に、この価格が実現されたとしても、BEV は HEV/PHEV に比して、車としての経済合理性は達成されない。一方、自動車の最大の環境問題である CO_2 削減に対して、BEV は HEV/PHEV と有意差なく、石炭火力に頼る国々や、老朽化した火力発電設備の新興国では、むしろ CO_2 排出を増やしかねない。

　また、現在の Li Battery は開発されてすでに 25 年以上経過しており、全固体電池や空気電池等の次世代電池に期待が移っている。次世代電池による圧倒的なコスト削減や高密度化が望まれるが、過去の Li Battery や燃料電池の開発経緯を考慮すると、次世代電池の実現もそう容易ではない。

　各国が再生可能エネルギーの拡大を実現し、発電時の CO_2 排出がドラスティックに削減できれば、真の"WtW Zero Emission"に近づくことは出来るが、全世界で再生可能エネルギーが主体になるのはかなり先である。

　以上を考慮すると、

- ✧ 自動車としての CO_2 排出削減に関して、火力発電比率が 50% 以下で且つ石炭発電が 20% 以下になるまでは、BEV は HEV/PHEV に対して大きな有意差はない。原子力発電に逆風が吹く中、水力と再生可能エネルギーで発電比率が 50% を超える国は、当分の間ノルウェー等ごくごく一部の国に限られる。
- ✧ 自動車ビジネスとしても、BEV の 2025 年までの販売価格低下と走行時のエネルギー価格（燃料代 / 電気代）のメリットを考慮しても、BEV に経済合理性は全くない。
- ✧ 各国政府は CO_2 排出削減（究極は WtW Zero Emission）に向けて、WtW での CO_2 排出を正しく評価し、その削減を義務化する規制の施行とその達成のための自動車税優遇策＆インセンティブ政策実行すべきである。例えば、現在 EU は 2030 年における乗用車の CO_2 排出削減を 2021 年規制（95g-co_2/km）に対して、さらに 37.5% 削減の方針を決めているが、これはあくまでも TtW での規制で、WtW での規制ではなくナンセンスと言える。
- ✧ 行政課題としては、その他にも
  - ✓ 火力発電設備の LNG 化や熱効率の改善、再生可能エネルギーの促進。

- ✓ 公共交通機関の普及や交通渋滞の解消等のインフラ整備。
- ✓ ガソリン性状の改善と自動車排気ガス・燃費規制の強化（特に、新興国）。
- ✓ 高年式車や排気ガス無対策車のスクラップ化（特に、新興国）。

等、多くの課題のある中で、BEV 普及に国民の税金を多く投入することは決してプライオリティとは言えない。

おわりに

　現状では世界各国で自動車行政が置かれている立場は自動車産業先進国／開発途上国でそれぞれ異なるが、BEV に対しては、CO_2 削減を意図する先進国と新分野である BEV 及び関連部品生産誘致を企図する開発途上国で目的は異なるものの方向性が一致している。その意味で、現状では「BEV 振興」を掲げる政策が世界各国で、"Politically Correct" となっている。しかし、筆者はこの傾向に対し、あくまでも、"Technically Incorrect" もしくは "Economically Incorrect"、さらには "Environmentally Incorrect" と主張するものである。

参考文献

U.S. Department of Energy (DOE)，"Overview of the DOE VTO Advanced Battery R&D Program"，June 6, 2016。

日経 BP 社『日経 Automotive』2018 年 9 月号（通巻 102 号）。

日本自動車研究所（2011）「総合効率と GHG 排出の分析 報告書」。

三井物産戦略研究所（2017）「世界の燃費規制の進展と自動車産業の対応」。

（出典：https://www.mitsui.com/mgssi/ja/report/detail/1222937_10674.html）

村瀬英一（2017）「Well to Wheel と Life Cycle Assessment の意味するところ」，日本機械学会『日本機械学会誌』Vol.120, No.1188（2017 年 11 月号）。

第7章　中国における自動運転車研究動向

石岡亜希子

はじめに

　2013年から中国政府は補助金制度を開始し、EV（電気自動車）化を猛烈に推し進めた。そして、補助金を打ち切るや、2019年からはNEV（新エネルギー車）規制を導入する。それでは、自動運転車の現状とはいかなるものか。中国で発表された自動運転車関連の文献は、技術や政策を叙述したり、時流を捉えようとしたりするものが中心で、管見の限り研究動向を捉えたものがない。そこで本稿では、中国における自動運転車研究を概観することを通じ、直面している困難の諸相を明らかにするとともに、展望を開くことを目的とする。なお、中国特有の事情に関わる記述に焦点を当て、世界的に遍在するような現象や問題については、簡単に触れることとする。

　議論に先立ち、まずは定義を整理しておきたい。2016年を境に、自動運転レベルの定義は、NHTSA（米運輸省道路交通安全局）の5段階区分から、SAE（米国自動車技術者協会）の6段階区分へと移行しているものが多い。「自動運転車」の呼称は、「自動運転車（自动驾驶汽车）」のほか、「無人運転車（无人驾驶汽车）」、「車輪型移動ロボット（轮式移动机器人）[(1)]」、「コンピューター運転車（电脑驾驶汽车）[(2)]」、「自動車ロボット（汽车机器人）[(3)]」があるとされる。ただし、主に用いられるのは前者2つで、レベル3あるいは4以上の技術を論じる場合は、「無人運転（无人驾驶）」と表記されるのが一般的である。本稿では、日本語として馴染みがあるという理由から、総称およびレベル3以上の技術を指す場合を「自動運転」、レベル2までを「運転支援（驾驶辅助）」と表すこととする。

　文献の収集にあたっては、CNKI（中国学術情報データベース[(4)]）を利用した。「自動運転車」をテーマに検索すると、2018年8月21日時点で3,114件の論

文や記事が検出された。入手の便を考慮し、優秀修士論文と博士学位論文を除外したところ、3,014 件に絞られた。雑誌に初めて登場するのは、宋（1980）による「ブームの自動運転車」というタイトルの雑誌記事である。これは、編集部（1977）の記事が元になっており、日本の工業技術院・機械技術研究所自動運転車安全公害部が開発した、無人自走車のニュースを翻訳・編集したものである。

　具体的な数値は小林（2018：187）に譲るが、自動運転車関連の文献が、コンスタントに発表されるようになるのは 2010 年以降のことである。頓に増加するのは 2013 年で、件数は 3 桁台に上り、2018 年調査時点では既に前年を超える 892 件に達するようになる。こうした傾向はまさに、2015 年 5 月に打ち出された産業政策「中国製造 2025」を皮切りに、自動運転車に関わる政策が次々に制定されてきたことを反映している。

　中嶋（2018：13）の分類を参考に各論を大別すると、およそ技術論 8 割、産業論 6 割、法律・行政論 1 割、社会・文化論数 % に分けられた。しかし、各論を截然と区分することは実は容易でない。それは、技術論が大半を占めるものの、割合の合計が 10 割を超えていることに明らかなように、量産化や交通事故の問題などにも論点が跨るためである。

　そこで、代表的著作物を収集することを狙いとし、被引用回数の多さを代表性の根拠に作成したリストが、三友・石岡（2018：257-276）の「文献目録：自動運転車関連 [5]」である。なお、被引用回数 142 回〜 4 回の上位 82 件の論文・記事が、上述の割合と同じように、技術系に偏っていることこそ、研究動向の表れと言うことができる。すなわち、中国における自動運転車研究は、技術論に傾倒しているということである。しかし、計算式やシミュレーション結果が提示された工学系の文献は 9 件のみと、決して多くはない。また、科学翻訳研究・標準化などを行った文献も 1 件あるが、紙幅に限りがあることから、本稿ではこれらの点を指摘するに留め、72 件の論文・記事をレビューの対象とする。

1　技術論──複雑な道路と実証実験の不足

　主題が技術論、あるいはそれ以外であるかを問わず、技術に関わる記述が最

も多く存在する。それらは、国内外の自動車メーカーやIT・通信企業などの研究開発と、それを推進する政策についてのものである[6]。楊（2014）の言葉を借りれば、「量産時期は、最も早かったとしても大体2022年前後になる。したがって、2014年から2017年の中国無人運転車業界の発展は、技術開発研究が主体になる[7]」ということなのだろう。なお、言及する国・地域や企業の数の違い、歴史を敷衍するものか、最新情報を報じるものかによって、文章の長短に差が出ている。国外の発展史や現状としては、先述の通り日本の事例が初出であったように、先発している日本、アメリカ、ドイツでの趨勢が特に注視されている。

技術に関しては、センサーや制御システムといった、コア技術の原理や機能についての解説がなされたり、直面している問題や今後の見通しについて論じられたりしている。特に代表的な文献として、喬・徐（2007）、陳・徐（2014）、端木・阮・馬（2014）、楊（2014）、『中国公路学報』編集部（2017）などがある。中でも『中国公路学報』編集部（2017）は、複数の研究者によって分担執筆された学術論文集であり、「文献目録：自動運運転車関連」内で、最も包括的かつ多面的な内容が盛り込まれた文献と言ってよい。

それぞれの文献の射程や深度には違いが見られる。また、自動運転車に焦点化するものもあれば、スマートカーやIoV（Internet of Vehicles：車のインターネット）、ICV（intelligent connected vehicle[8]）の機能の一つとして、あるいはAI（人工知能）やITS（Intelligent Transport Systems：高度道路交通システム）に関わる技術として、自動運転を捉えたものもあるといった具合に、位置付けにも相違がある。図1（次頁）は、スマートカーとそれに関連する概念を図示したものである。

特筆すべきは、中国の道路の複雑さだろう。喬・徐（2007）や陶・闇・王・劉（2016）は、高速道路、都市の一般道、特殊な環境へと、自動運転化が段階的に実現するという、一般的な見通しを支持している。ちなみに、特殊な環境とは、軍事用途で利用される場面を指し、車両の信頼性や劣悪な環境への適応が優先課題とされる。

一方、王・雍・毛・王・黄（2015）は、中国に限定した予測を立てている。いわく、運転支援・自動運転計画は、異なる道路状況に照らして進めるべきで

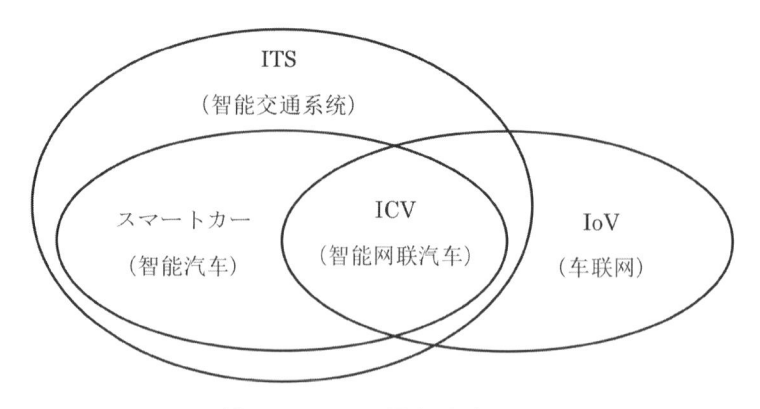

図 1　スマートカー関連の概念図

あり、1 級都市と高速道路、2 級都市と省道、3・4 級都市および地方小都市と県道、農村道路の 4 段階を踏んでいくという。その根拠として、1 級都市で側面衝突事故が多いのに対し、3 級都市では半分以上の事故が直線道路で発生しており、直線道路での側面衝突の割合が低いことが挙げられている。交通事故の問題は後で再び触れるが、もとより農村の道路インフラの未整備を含む複雑さは、先進国の比ではない。

　それにも関わらず、譚（2013）が指摘するように、中国では研究開発と市場が結びついておらず、実証実験が十分に行われていない。徐・徐（2015）や黎・劉（2016a, 2016b）は、実証実験の環境条件を整え、データ収集と分析を行う、管理監督プラットフォーム構築の必要性を訴える。しかし、それもリスクを伴っている。呂・劉・孫（2010）や周（2017）が言うところの、コンピュータのウィルス感染やシステムトラブルなどによる交通事故である。

2　産業論——輸入依存の部品とコスト

　陳（2015）や王・趙・邢（2017）は技術、楊（2014）は法律、孟・江・湯（2014）は、交通インフラなどが障壁になっていると指摘する。とりわけ、量産化のボトルネックとして、呂・劉・孫（2010）や潘・卞・張・張（2017）が挙げるものにコストがある。それは、自動運転車のコア技術としてのセンサー、特に

LiDAR（Light Detection and Ranging：光検出と測距）が高額であることによる。陳・章・陳（2014）によると、今後もセンサーの特許申請数は増加傾向にあるという。ちなみに、特許を取得している上位 10 社のうち 8 社が日本企業で、しかも全体の 45％を占めている。

　思うに任せないのは、楊（2014）、陳（2015）、陳・郭・辺（2017）が言うように、中国の場合、センサーを含む主要部品を先進国の輸入に頼っていることである。これは、コスト削減を図る際の足枷となる。さらに、陳ら（2017）は、自動車関連業のビジネスモデルや競争は、概念の再構築を迫られると警鐘を鳴らす。自動車関連業の収益を大幅に減少させることになるため、該当する企業は、戦略を練らなければならないというのである。

　楊（2014）は、将来的に中国は投資を増やし、基礎研究と原材料研究を強くしなければならないと述べる。一方で、部品が廉価になると楽観的に構えてもいる。また、王・趙・邢（2017）も、ディープラーニング（深層学習）の命とも言うべき GPU（Graphics Processing Unit [9]）が、計算速度と効率を向上させながらコストを大幅に削減すると見ている。

3　法律・行政論——法整備およびトップダウン設計

　自動運転車の基準となる法規がないことは、中国も例外ではない。たとえば、陳（2017）が言うように、『刑法』第 313 条を適用することができず、『道路交通安全法』第三者賠償責任保険制度では、対処することもできない。そのため、倫理・道徳的観点にも触れつつ、交通事故の責任や賠償の問題をいかに解決するかを探る文献が、多数を占めている。陳（2015）、司・曽（2017）、鄭（2017）は、アメリカや EU の法律を検討し、中国への教訓を引き出している。また、責任の判断基準を確立するものとして、翁／多尼米克（2014）や陳（2017）は、ブラックボックスの設置やデータ分析センターの設立を提案する。

　行政論としては、「トップダウン設計（頂層设计）[10]」がキーワードと言えるだろう。冒頭の事例は、中国において、市場を後押しする強力な政策が、鍵を握っていることを象徴するものである。自動運転車についても同様で、李・戴・李・辺（2017）は、次のように述べる。まず、先進国の関連プロジェクト

に比べ、中国における ICV の全体的な開発は、未だ劣っていると前置きをする。続いて、中国のシステムの利点を最大限に組み合わせ、トップダウン設計ができれば、ICV 技術と産業発展は、自動車産業の変革と高度化、および国際競争力の形成にとって、必ずや重要な機会になるというのだ。

徐・徐（2015）、黎・劉（2016b）、劉（2016）も産業発展政策の意義を唱える。それは、中国の特徴に適した発展戦略と技術のロードマップを示すことや、産学官が連携して推進するというものである。また、SWOT 分析から、楊（2014）が導き出したＳ（強み）の中にも、新技術に対する政策的・資金的サポートの大きさが挙げられている。

4　社会・文化論——素質教育

王・雍・毛・王・黄（2015）は、ボッシュによる市場調査 [11]（以下、「ボッシュ調査」と略す）と他の文献を論拠に、次のような市場予測を導いている。それは、アダプティブ・クルーズ・コントロールとカメラ類の機能を優先すべきというものである。ちなみに、「運転支援システム中国市場調査（ADAS [12]）」と題された、ボッシュが公開している資料 [13] によると、全 8 都市 [14] のユーザーの需要として最も多いものは、「後方衝突警報＋ブレーキ支援＋部分自動ブレーキ＋完全自動ブレーキ」であった。反対に、値が最も低いものは、下から順に右折支援、左折支援、車内アルコール検出となっている。

ボッシュ調査は、国際比較を容易にする設計であり、需要の異同を焙り出そうとしたものである。もし、後述のように、中国で交通ルールの違反や停車時の衝突が多いことが真だとしたら、地域性を捨象することに始める調査から、安全性は望めるだろうか。これから求められるのは、個別性を把握することを含む、市場調査や社会調査の多様化と精緻化を進めることではないか。

開発者側が掲げる自動運転化の目的が、安全性の追求であることは、世界的に共通している。しかし、安全性の含意は極めて多義的で、交通事故の削減と言い換えてもなお明確ではない。それは、事故原因が状況に依存するほか、地域性も伴うためである。翁／多尼米克（2014）、陳（2015）、朱（2015）、辛（2016）によると、中国の交通事故の特徴は、ドライバーのみならず、歩行者による交

通ルール違反に起因する点にあるという。意外なのは、許（2015）が明らかにした、停車時の衝突の方がずっと多いという、警察官の証言である。

他方、楊（2014）は、SWOT 分析を通じ、W（弱み）として高度人材の不足を挙げている。徐・徐（2015）や劉（2016）も、グローバルな専門高度人材を呼び込み、重点実験室や研究センターなど、国家級の研究開発基地を建設・改善する必要性を説く。

自動運転は、世界を変える鍵であるとともに、金融業・通信業・エネルギー産業・電力事業・交通事業といった社会制度や社会規範、産業構造に甚大な影響を与えると、王・陳・黄（2016）は主張する。そうした潮流にあって、世界ではリベラルアーツ（教養）を身に付けることが、叫ばれるようになってきた。中国で強調されるのは、リベラルアーツよりも幅広い、素質教育[15] である。交通ルールが遵守されないことや、自動運転の研究開発に関わる高度人材が欠けていることは既に述べた。近くそれらは一層顕在化し、安全と労働、極論すれば命も素質次第ということになるのかもしれない。

おわりに

以上、中国的な事情に関する記述に特に注目し、72 件の文献をやや大胆に体系的に整理した。したがって、展示会レポートや、内容が重複するものなどは省略している。要約すると、技術論では、道路が先進国より遥かに複雑で、実証実験が十分に行われていないこと、産業論では部品が輸入頼りで、コストに跳ね返っていることが、克服すべき問題になっていることを指摘した。法律・行政論では、立法措置を講じることが急務であり、トップダウン設計、すなわち政府主導型の推進が現実的との見通しを立てた。最後に、社会・文化論では、中国の文脈に即して、素質教育が寄与する可能性を示唆した。

中国における自動運転車関連の文献は、叙述的・ジャーナリスティックに技術や政策が多く取り上げられる傾向にある。このように、即時的に伝えられる各国・地域の最新情報が、有益なことは事実である。一方で、論点を深く掘り下げた専門的な、あるいはより学術的な視点からの調査研究が、展開・蓄積されていくことを期待するとともに、今後の筆者自身の課題としたい。

注

(1) 端木庆玲・阮界望・马钧，2014，〈无人驾驶汽车的先进技术与发展〉《农业装备与车辆工程》(3): 30.

(2) 陈思宇・乌伟民・童杰・姜海涛・孙志涛，2015，〈从 ADAS 系统产业发展看未来无人驾驶汽车技术前景〉《黑龙江交通科技》(11): 176.

(3) 何波，2017，〈人工智能发展及其法律问题初窥〉《中国电信业》(4): 33.

(4) CNKI（中国学術情報データベース）は、中国の総合的な学術情報データベースで、学術雑誌、重要新聞、博士・学位論文、重要学術会議論文などの各種データベースを収録している。(国立国会図書館，2019, 国会図書館，「CNKI 中国学術雑誌全文データベース（CAJ）の使い方」，リサーチ・ナビ，(2019 年 4 月 23 日取得，https://rnavi.ndl.go.jp/research_guide/entry/theme-asia-63.php）.) なお、中国（台湾・香港・マカオを除く）で発行されたものが対象となっているため、外国人が執筆したもの、英文のものも含まれる。

(5) 書籍に関しては、中国国家図書館を始めとする複数のデータベースを利用して検索し、出版されている 15 冊全てを目録に加えた。

(6) 72 件中半数ほどが国外について、3 分の 1 以上が国内について言及している。そのうち、国内外双方の事情を併記するものが大半を占める。

(7) 杨帆，2014，〈无人驾驶汽车的发展现状和展望〉《上海汽车》(3): 40.

(8) IoV とスマートカーの有機的な組み合わせを指す。先進の車載センサー、制御装置、アクチュエータなどを搭載し、最新の通信およびネットワーク技術を融合させ、車と人、車、道路、バックグラウンドなどのインテリジェントな情報交換および共有を実現する。安全で快適でエネルギー効率がよく効率的で、最終的に人に取って代わる新世代の自動車。(百度，＜智能网联汽车＞，百度百科，(2019 年 4 月 23 日取得，https://baike.baidu.com/item/%E6%99%BA%E8%83%BD%E7%BD%91%E8%81%94%E6%B1%BD%E8%BD%A6/22407390?fr=aladdin#reference-[1]-23021142-wrap）.)

(9) コンピュータゲームに代表されるリアルタイム画像処理に特化した演算装置ないしプロセッサ（ウィキペディア，「Graphics Processing Unit」，(2019 年 4 月 23 日取得，https://ja.wikipedia.org/wiki/Graphics_Processing_Unit）.)

(10) 元来は工学用語だが、第 12 次 5 カ年計画で用いられて以降、政治用語としても使用されるようになった。

(11) 2011 年に実施された、コンピュータ支援面接法による質問票調査。王らの文

献は、原典と齟齬があるため、なるべく正確さを期すために、本稿では適宜修正と補足を加えている。さらに予め述べておくと、極めて遺憾なことに、原典はパワーポイント資料のためか、質問文や選択肢の項目についての説明が省略されていることから、調査内容や知見がいまいち定かではない。

⑿　先進運転システム

⒀

⒁　1級都市（上海、北京、広州、n=489）、2級都市（瀋陽、成都、青島、n=496）、3級都市（柳州、温州、n=382）のデータを基に行った、MaxDiff分析の結果による。

⒂　主に個人の道徳、学業、身体など、あらゆる面のレベル・アップないし質の向上を目指す教育を指す。素質教育とは主として質の高い、また高い素質を持った人材を養成するために施す教育を目指すもの。（長谷川啓之監修・上原秀樹・川上高司・谷口洋志・辻忠博・堀井弘一郎・松金公正編，2009,『現代アジア事典』文真堂：764.）

参考文献

百度，＜智能网联汽车＞，百度百科，（2019 年 4 月 23 日取得，https://baike.baidu.com/item/%E6%99%BA%E8%83%BD%E7%BD%91%E8%81%94%E6%B1%BD%E8%BD%A6/22407390?fr=aladdin#reference-[1]-23021142-wrap）.

BOSCH,「驾驶员辅助系统中国市场调查（ADAS）」,（2019 年 4 月 23 日取得，http://cn.gasgoo.com/Upload/Define/20131125174226Upfile.pdf）.

陈虹・郭露露・边宁，2017,〈对汽车智能化进程及其关键技术的思考〉《科技导报》(11): 52-59.

陈慧・徐建波，2014,〈智能汽车技术发展趋势〉《中国集成电路》(11): 64-70.

陈思宇・乌伟民・童杰・姜海涛・孙志涛，2015,〈从 ADAS 系统产业发展看未来无人驾驶汽车技术前景〉《黑龙江交通科技》(11): 176.

陈晓博，2015,〈发展自动驾驶汽车的挑战和前景展望〉《综合运输》(11): 9-13.

陈晓林，2017,〈无人驾驶汽车致人损害的对策研究〉《重庆大学学报（社会科学版）》(4): 9-85.

陈赟・章娅玮・陈龙，2014,〈传感器技术在无人驾驶汽车中的应用和专利分析〉《功能材料与器件学报》(1): 89-92.

端木庆玲・阮界望・马钧，2014,〈无人驾驶汽车的先进技术与发展〉《农业装备与车辆工程》(3): 30-33.

長谷川啓之監修・上原秀樹・川上高司・谷口洋志・辻忠博・堀井弘一郎・松金公正編, 2009, 『現代アジア事典』文真堂.

何波, 2017, 〈人工智能发展及其法律问题初窥〉《中国电信业》(4): 33.

編集部, 1977,「新たに注目すべき機械の技術と製品 (41)」『機械の研究』29 (11): 59-61.

小林英夫, 2018,「第6章 中国における運転支援システム装備の現状と将来計画」『自動運転の現状と課題』社会評論社 : 183-204.

李克强・戴一凡・李升波・边明远, 2017, 〈智能网联汽车(ICV)技术的发展现状及趋势〉《汽车安全与节能学报》(1): 1-14.

黎宇科・刘宇, 2016a, 〈国外智能网联汽车发展现状及启示〉《汽车工业研究》(10): 30-36.

――――, 2016b, 〈国内智能网联汽车发展现状及建议〉《汽车与配件》(41): 56-59.

刘春晓, 2016, 〈改变世界――谷歌无人驾驶汽车研发之路〉《汽车纵横》(5): 94-99.

吕宏・刘大力・孙嘉燕, 2010, 〈从无人驾驶汽车奔赴世博会看未来汽车〉《机电产品开发与创新》(6): 12-14.

孟海华・江洪波・汤天波, 2014, 〈全球自动驾驶发展现状与趋势（上）〉《华东科技》(9): 66-68.

三友仁志監修・石岡亜希子作成, 2018,「文献目録 : 自動運運転車関連」『自動運転の現状と課題』社会評論社 : 271-276.

中嶋聖雄, 2018,「序章 自動運転と社会 : 社会学的分析の可能性」『自動運転の現状と課題』社会評論社 : 13-38.

潘福全・亓荣杰・张璇・张丽霞, 2017, 〈无人驾驶汽车研究综述与发展展望〉《科技创新与应用》(2): 27-28.

乔维高・徐学进, 2007, 〈无人驾驶汽车的发展现状及方向〉《上海汽车》(7): 40-43.

司晓・曹建峰, 2017, 〈论人工智能的民事责任――以自动驾驶汽车和智能机器人为切入点〉《法律科学（西北政法大学学报）》(5): 166-173.

宋世春, 1980, 〈初露头角的无人驾驶汽车〉《国外自动化》（4）: 77-78.

谭烁, 2013, 〈让"无人驾驶"驶入生活〉《环境》(2): 56-59.

陶永・闫学东・王田苗・刘旸, 2016, 〈面向未来智能社会的智能交通系统发展策略〉《科技导报》(7): 48-53.

王芳・陈超・黄见曦, 2016, 〈无人驾驶汽车研究综述〉《中国水运（下半月）》(12): 126-128.

王科俊·赵彦东·邢向磊，2017，〈深度学习在无人驾驶汽车领域应用的研究进展〉《智能系统学报》(1): 55-69.

王万荣·雍建军·毛承志·王子涵·黄璐，2015，〈从驾驶辅助到自动驾驶的综述及规划〉《2015 中国汽车工程学会年会论文集》(2): 26-30.

翁岳暄 / 多尼米克·希伦布兰德，2014，〈汽车智能化的道路－－智能汽车、自动驾驶汽车安全监管研究〉《科技与法律》(4): 632-655.

ウィキペディア,「Graphics Processing Unit)」,（2019 年 4 月 23 日取得 , https://ja.wikipedia.org/wiki/Graphics_Processing_Unit）.

辛妍 , 2016,〈自动驾驶汽车离我们有多远〉《新经济导刊》(Z1): 36-40.

徐可·徐楠，2015,〈全球视角下的智能网联汽车发展路径〉《中国工业评论》(9): 76-81.

许占奎，2015,〈无人驾驶汽车的发展现状及方向〉《科技展望》(32): 231.

杨帆，2014,〈无人驾驶汽车的发展现状和展望〉《上海汽车》(3): 35-40.

郑戈，2017,〈人工智能与法律的未来〉《探索与争鸣》(10): 78-84.

《中国公路学报》编辑部，2017,〈中国汽车工程学术研究综述 2017〉《中国公路学报》(6): 1-198.

周路菡 , 2017,〈人工智能下一站——无人驾驶汽车〉《新经济导刊》(Z1): 89-93.

朱盛镭，2015,〈未来智能汽车产业发展趋势〉《上海汽车》(8): 1,13.

Ⅱ
研究開発とものづくりの新地平

第8章　日本の開発・ものづくりの総括と今後の展望

水戸部啓一

はじめに

　今、日本のものづくりは大きな曲がり角に来ている。日本の電気製品メーカーは部品のモジュール化の影響等から既に構造転換を図らざるを得ない状況となった。また検査不正などで日本の品質への信頼も揺らいでいる。一方でITの進化はモノのインターネット接続（Internet of Things：IoT）や人工知能（Artificial Intelligence：AI）などの技術とそれによる新たなサービスを生み出そうとしており、生産システムや自動車も大きな変革の時代を迎えようとしている。その進展とともに自動車でも日本のものづくりの強みが失われるとの論調がある。本稿では自動車産業について日本のものづくりを総括し、その課題と今後の展望について論じるものとする。

　尚、本稿では「ものづくり」は開発、生産を含む全体を指し、また「開発」には企画、設計、テスト等を含むものとする。

1　新たな潮流と日本のものづくりがおかれた状況

　日本の自動車産業は、国内乗用車市場が減少傾向にあり、海外市場への進出・拡大に伴い生産の海外シフトが進んでいる。また少子高齢化は、ものづくりの現場を支えてきたベテランの大量退職と若い人材の不足を生み、ものづくり技術の伝承や日本をマザーとした生産方式の海外展開にも課題を抱えつつある。

　一方で自動車の技術とビジネスは大きな変革の入り口にある。自動車産業のこれからのトレンドとしてドイツのダイムラー社が提唱したCASEは、Connected（コネクテッド）、Autonomous（自動運転）、Shared & Services（シェアリング）、Electric（電動化）を意味し、その開発に鎬を削ることになった。

車と外を通信でつないで新たなサービスを提供するコネクテッド、米国でIT企業が開発を進めていた自動運転は、世界の自動車企業も巻き込んだ開発競争に発展し、法整備や社会制度の対応も始まっている。カーシェアリングや、移動したい人と車のドライバーとのマッチングを行うライドシェアサービスも既に多くの国で事業化されている。また大気汚染や温暖化対策、あるいは自国の産業政策などから、バッテリー電気自動車（BEV）やプラグイン・ハイブリッド車（PHEV）、ハイブリッド車（HEV）、燃料電池車（FCEV）などの電動車両への移行に向けた政策が強化され始めている。

さらに欧州発のMaaS（Mobility as a Service）と呼ばれるITを用いて全ての移動をシームレスにつなぐ統合サービスの概念も注目を集め始めている。これらが実現すると、IT企業が多くの利益を得るか、あるいは車は単なるモビリティサービスの一部となってコモディティ化してしまうのではないかなど、そのいずれもがこれまでの自動車のビジネスを大きく変える要素を孕んでいる。

自動運転などの新たな技術開発のニーズと世界に拡大するモデルラインの維持から、開発効率の向上とコスト低減のために部品やコンポーネントを共用、長用化するモジュール化が進められている。特に世界に多くのブランドやモデルラインを持つVWグループ（VWG）、トヨタグループ、Renault・日産・三菱グループなどが独自のモジュール戦略をもって推進している。現在の方式は電子部品のようにインターフェースを標準化したモジュールではないが、それでも新興企業が容易に自動車を作れるようになるのではないか、特にBEVのように複雑な内燃機関を持たない自動車が主流になると日本企業の強みが失われるという論調も多い。

さらに、ここのところ相次いだ自動車企業の認証試験や検査の不正に留まらず、素材や装置メーカーのデータ偽装が社会問題化し、日本のものづくりの強みであった品質や信頼性に大きな懸念が生まれている。またタカタ製エアバックの異常破裂の事故では、開発検証やリスク検証不足、海外現地工場の品質管理体制と日本本社の関り不足などが指摘されている。これらの問題が起きた背景にあるのは現場力の不足や現場と経営層の乖離など、戦後、営々と築いてきた日本の品質管理やものづくりの姿勢が、企業規模の拡大や経営層の交代によって綻びが生じたのではないかと思われる。

しかし、日本のものづくりを取り巻く状況は大きく変わりつつあるが、ものづくり力そのものが失われているとは言い難い。2017 年の自動車の世界生産台数 9,730 万台のうちの約 3 割に当たる 2,943 万台を日系企業が生産しており、依然として日本車の評価が高いことをうかがわせる。これらを踏まえ、日本のものづくりを総括し、これからの時代の方向性について論じる必要がある。

2　ものづくりと日本の特徴

　ものづくりの意味とはどのようなことだろうか。米国の経営学者 P.F. ドラッカーは著書の中で「企業の目的は顧客を創造すること」と定義している。一般論として資本主義社会では企業は投資家から資金を集め、それを経営資源として製品やサービスを創造し、消費者に提供することで利益を上げ、それをもとにさらに成長する仕組みであり、経営の根幹は広い意味でのものづくりであると言える。従って企業は顧客に選ばれる価値を生み出さない限り衰退する。米国の経済学者 P. コトラーが「市場とは製品の顕在的および潜在的購買者の全てである」と示しているように、企業はものづくりのシステムで顕在的・潜在的購買者に、より多く選択される製品を創る必要がある。

　企業は開発、生産という機能を通じて生み出した製品を消費者に提供する。そこで大事なのは開発段階における創造性であり、開発品質であり、適切な開発のタイミングである。また生産段階では生産性、適合性と製造品質、生産のリードタイムに加え、様々な変化に対応できる生産のフレキシビリティである。日本の自動車企業の多くはこれらを組織やシステムとプロセスの改革、人の教育を通じて向上に取り組んできた。

　ものづくりの心について日本の自動車企業の創業者達は以下のような言葉を残している。トヨタ自動車（株）（以下、トヨタ）の創業者豊田喜一郎は「買ってもらう、作らしてもらっているという気持ちでなくてはならない」という哲学が伝えられている。また創業期にトヨタの販売を任された神谷正太郎は「1 にユーザー、2 にディーラー、3 にメーカーの利益でなくてはならない」という信念を持っていた。日産自動車（株）（以下、日産）の創業者鮎川義介はものづくりについて米国での経験を踏まえて「安全第一、品質第二、生産第三」

というポリシーを残した。本田技研工業（株）（以下、ホンダ）の創業者本田宗一郎は創業間もない時期に、我が社のモットーとして「三つの喜び」を発表している。「三つの喜びとは、造って喜び、売って喜び、買って喜ぶという三つである」、その中で「第三の喜び、即ち買った人の喜びこそ、最も公平な製品の価値を決定するものである」としている。これらの創業者達に共通したものは顧客を重視してものづくりに取り組む哲学で、それが日本の自動車産業の開発・ものづくりの原点ではないかと考えられる。

1980 年代には日本の競争力について多くの研究が行われた。Ezra F. Vogel（当時、ハーバード大学教授）は 1979 年の著書「ジャパン・アズ・ナンバーワン」の中で、多くの日本型企業経営の特徴について述べている。その中で日本型生産方式やその背景にある暗黙知、系列取引、労資協調型組合などとともに学習意欲の高い人々と長期指向といったものを日本の強みとしてあげている。J.P. Womac（当時、マサチューセッツ工科大学教授）らは 1990 年の著書「リーン生産方式が、世界の自動車産業をこう変える」の中で日本の自動車の生産システム（リーン生産方式と命名）は競争力が高く優れており、世界にとって重要だとの認識を示している。また 1993 年にハーバード・ビジネス・スクールの K.Clark（当時、教授）と藤本隆宏（現、東京大学教授）は「製品開発力」を著わし、その中で日本の開発力が世界をリードしていることを示した。その後、日本はバブル崩壊やリーマンショックなどの様々な変化が起きたが、日本の自動車のものづくりのコアは揺らいでいない。

日本のものづくりの特徴の一つに製品を中心に開発、生産、販売を統合的に進めることがあげられる。「製品開発力」でも示されている重量級プロダクト・マネージャーが企画から販売までに関与して顧客を軸に製品開発を進めるやり方や、サプライヤーと一体的に同期した開発、リーン生産方式、TQC などの品質管理といった仕組みが、これまで日本のものづくりの強みになってきた。以降で開発生産の流れに沿って具体的に論じていく。

3　開発の組織とプロセス

自動車の開発と生産には多くの人々が関わるために最適な組織づくりやプロ

セスを導入することが重要になってくる。自動車開発プロセスは各社で多少異なるが、藤本はコンセプトから設計、実験、生産準備を経て量産につながる一般化モデルを示している（図1）。

　開発を進める仕組みや制度はトヨタ、日産、ホンダで多少の違いはあるものの、基本的には機能組織を横断するプロジェクト型で、その推進に責任を持つ開発リーダーが率いている。特にトヨタのCEはリーダーとして企画から販売までの一連の工程に関与するとともに最終的な収益責任を持つ制度で、「製品開発力」ではこのような「重量級プロダクト・マネージャー」は生産性が最も高いと評した。CEを開発の中心に据える意味は、その車、ユーザー、市場を良く知るリーダーが企画、設計、テスト、生産、販売に至るまで一貫して関与していくことで、コンセプトを具現化した製品をつくるという狙いがある。1953年に始まったCE（主査）制度は現在も継続されている。日本の製品開発は製品を軸に顧客と繋がる統合的システムということが言える。一方でCEは機能組織に人事権を持たず暗黙の権利で開発を遂行するが、欧米では明確な指示系統の開発部門長が開発の段階を担い、生産段階は生産部門の長が責任をもつことが大半である。

　開発組織も企業の状況に応じて様々な変遷を遂げてきた。トヨタでは規模の拡大に応じて開発センター制や開発本部制を導入したが、現在ではモデルライン毎のカンパニーに応じて製品開発機能を分割し、より顧客の情報の近くで開発を進める体制とした。またホンダは創業後早い時期に分社独立した（株）本田技術研究所が技術研究と開発を担っているが、販売を前提とした製品開発は1970年代からSEDプロジェクトと呼ばれる営業部門・生産部門・研究所の横断的なチームと開発責任者によりプロジェクトを推進する体制をとっている。

　日本のようなプロジェクト型開発では、多くの部門や人が関わるためにプロセス計画は重要となる。開発完了や生産開始の日程を守るために、計画にはそれぞれの役割や目標とタイミングを的確に反映する必要がある。一般的に開発計画は難易度に応じた複数のプロセスがあるが、市場や経営の状況から超短期開発となるような場合もある。世界初の量産ハイブリッド乗用車となったトヨタ・プリウスは、1994年初頭にモーターショー用モデルの開発で始まったが、同年秋に、ハイブリッド車として1998年秋に発売すると決定された。当

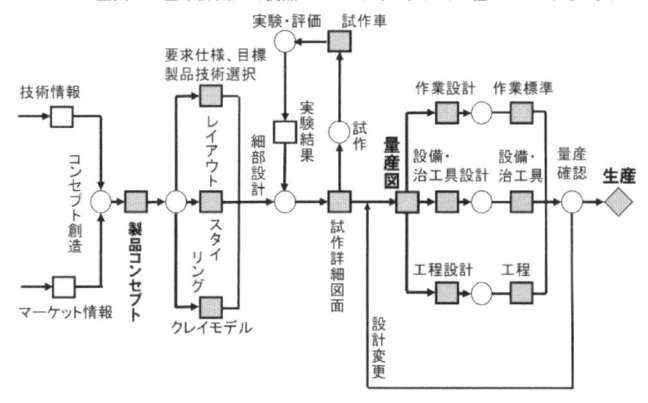

出典：藤本（2006）をもとに筆者作成。

図1:自動車開発プロセス

時 HEV の技術は未確立で従来の方法では開発できないと考えた CE はサイマルティニアス・エンジニアリングやタスク・フォース制の導入など短期プロセスを計画し実行した。しかし、その1年後に1997年末発売と更に前倒しの決定がなされ、開発体制を強化して発売にこぎつけている。新技術を含む難度の高い開発を実質3年で実現できたのはサプライヤーを含む技術開発の層の厚さと、それを踏まえたプロセス設計に要因がある。日本の開発期間の短さや柔軟性などはこれまでの研究でも米欧と比べて大きな武器となっている。また開発を予定通り行うには不確実性を排除する事前準備も重要で、製品開発を前提とした先行技術の開発が戦略的に行われ、長期の研究は製品開発組織とは別に進めることが多い。

　もう一つの日本の開発の特徴がサイマルティニアスあるいはコンカレント・エンジニアリングと呼ばれる同期開発である。製品開発の早い時期から生産や品質等の関係部門及びサプライヤーが参加して開発完了までを同期的に進めるものである。早期に問題点を明らかにして設計段階で対応することで開発におけるリスクを減らしてリードタイムの短縮化に成功している。「製品開発力」

で示された開発期間は欧米 62 か月に対し日本は 43 か月という短さで日本企業の競争力の一つとなっていた。企画から販売までの期間を短くすることで、社会や経済状況や顧客の嗜好の変化にいち早く対応することができるという強みを持っていた。近年、欧米でも開発期間を短縮しているが、まだ日本企業の優位性があるとされている。しかし、今後モジュール化などの進展で長く同じコンポーネントや部品が使われるようになると差異は少なくなると思われるが、日本の柔軟性の高いプロセス管理は変化の激しい時代の強みとして生きてくる。

4 企画がすべてを決める

　企業活動の目的が「顧客の創造」であるならば、商品（ブランドや PR 等を含む販売される製品を指す）が顧客に選ばれ続けるかは企業にとって極めて重要で、その成否は企画にある。顧客にとって最も重要なのはデザインや機能、性能、使いやすさやなどを含む価値であり、同時に価格である。また自社のおかれたブランドイメージの位置づけや広告宣伝なども選択に大きな影響を与える。

　企画では、商品のイメージを短く表す明確な「コンセプト」を創造する。コンセプトは設計者、生産部門メンバー、営業部門メンバーなどチームの判断のよりどころなる。消費者が最も関心の高い内観、外観のデザインはコンセプト作りと合わせて検討されることが多い。内外デザインの基本となる車のパッケージはエンジンなど様々な技術要素で構成され、サイズや性能、重量、コスト、商品性あるいは生産技術などと密接に関係しているために、その検証を同時に行いながら収斂する。日本の強みは相反する課題に垣根を越えて最適化する力にある。

　また企画では販売開始から次期モデルに交代するまでのおよそ 6 年間の競争力を検討しておくことも必要である。税制など多岐にわたる社会動向、車の開発に必要な環境規制や安全規制などの法規制の動向、最も重要なターゲット市場の他社の動きや新モデルの計画、あるいはターゲットユーザー層の実像や生活スタイルなどを収集し、そのうえで自社の技術資源や生産能力、開発能力な

どを含めて企画が作られる。

　企画の確度を高めるために別な視点の検討をプロセスの中に意図的に設ける例もある。ホンダの異質並行開発では、複数のチームで企画を立案し収斂していく手法や、デザインを日本と海外で競作する方式を行うなどがプロセスとして考えられた。また狩野紀昭（東京理科大学名誉教授）は企画プロセスの中で理想型と積み上げ型の企画案を鬩ぎ合い、そのギャップを充足することで価値を高める関ケ原モデルを提案している。どちらも一見、効率的ではないが、将来の顧客の求めるものについて人の創造性の幅を広げて気付かなかった価値を見出すという意味で有効な方法の一つと思われる。

　また製品の成否がビジネスに直結するために、企画の検証と販売の予測も企画段階で行われる。実物大のデザインモデルを用いたクリニックや様々な市場分析手法による検証もある。一般的に、既存の製品のモデルチェンジでは検証に基づく予測がある程度できるが、全く新しい製品では本当に買う時の購入者の意識を再現することは難しく、人の感性に委ねられる。そのため日本では顧客を良く知る開発のリーダーや感度の高いデザイナーが企画の中心となることが多い。欧米では専門組織あるいはスペシャリストが行うことが一般的である。

5　開発の QCD

　日本企業は第二次大戦後、米国デミング博士のセミナーをきっかけに経営層に品質管理の重要性が認識され、品質活動が現場レベルで盛んに行われて日本の高品質イメージを築くことになった。その後、品質活動は現場レベルの QC から経営層を巻き込んだ全社品質管理 TQC (Total Quality Control)、TQM (Total Quality Management) へと体系化されて、それを導入した企業も多い。米国では 1980 年代後半に品質のレベル向上として、日本型全社品質管理を参考にした制度が作られた。今では日本の品質管理は製造品質などといった狭義の品質から、製品の機能や魅力などを包含したものを品質と呼ぶようになった。生産管理から始まった Q（品質）C（コスト）D（納期）という概念は、製品開発においても重要なキーワードである。

　「品質の起点は顧客」という考え方を踏まえて、狩野が提唱した KANO

Modelでは、不具合のように充足度を高めても顧客の満足感はサチレートするものを「当たり前品質」、性能などのように充足度を高めると不満から満足になっていくものを「一元的品質」、充足度を高めると急激に満足感が高まる魅力のようなものを「魅力品質」としている（図2）。

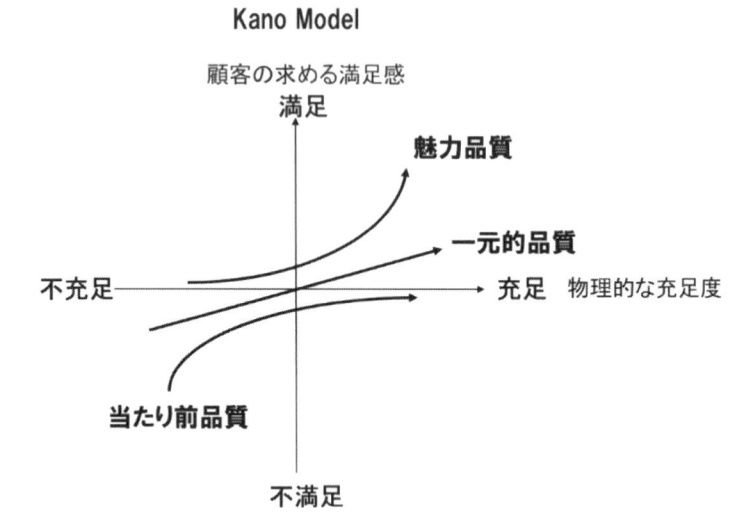

出典：狩野紀昭氏講演をもとに筆者作成。

図2:KANO Model

　魅力をいかに高めるかは製品企画において極めて重要で、そのために、顕在的、潜在的な顧客のニーズを様々な形で探り、魅力となるものを生み出して企画に繋げている。現実には製品が売り出される将来の顧客のニーズをデータから得ることは出来ないので、データに潜む動きを人の感性で捉えて創出したものである。日本のメーカーが世界各地にデザインスタジオや開発部門の駐在員を置いている理由の一つに、それぞれの地域の人々やユーザーを知り企画に生かす役割がある。本国で企画開発を行い、海外へはそれをベースに適合させる欧米の手法と異なり、現地最適化を図る日本企業の強みとなっている。
　品質Qと並んでコストCも顧客の購買意欲を誘う上で重要な要素である。

どんなに機能や性能が高くても、買えない価格では販売は限られる。一方であまりに安すぎても顧客は不安を持つことから位置づけと販売量に見合った適正な価格とすることが必要である。

製品のコストは企業の生産活動によって生じ、販売する価格の重要な要素となっている。品質とコストの両立は常に開発の大きな課題であり、日本ではサプライヤーの知見などを結集して機能とコストの両立を図るための VA（Value Analysis）あるいは VE（Value Engineering）的なアプローチが開発の初期段階で行われることも多い。また車の生産には巨額の設備投資が必要で、一般的な量販モデルで 1 機種当たり年産 10 万台程度が採算ラインと言われており、コンポーネントや部品の共用化や長用化、あるいは設備の共用化もコストダウンのテーマである。一方で HEV などの新しい技術を市場に送り出すには追加投資が必要で、それを全て当該機種単独で採算をとろうとすると価格的に成立しないことが多い。その技術の将来の拡大性を考慮し、償却費の負担をどのように配分するかは個々の企業の戦略によっている。

納期 D は開発で言えば各段階の日程と販売開始の時期となる。販売開始のタイミングは重要で、遅れれば大事な機会を逃し遺失利益となる。例えば米国のモデルイヤーの切換えや、日本の就職時期など購買意欲が高まるタイミングは新車の投入に重要である。また戦略的なタイミングもある。トヨタ・プリウスは環境に対して世の中の関心が高まるタイミング、すなわち 1997 年 12 月に京都で開催された気候変動枠組条約第 3 回締約国会議（COP3、京都会議）に合わせて発売するべく開発を前倒しした。この戦略によってプリウスは環境対応車として広く認知され、HEV がその後広がるきっかけを作った。

最近、生産における QCD の概念をもってイノベーションの時代に合わないとの意見も見られるが、QCD は顧客に企業が約束する目標であり、ものづくりを通じたその保証は日本企業の強みである。

6　設計・テスト

企画段階でコンセプトや具体的な開発目標が定まると各部の詳細設計に入る。その際に設計者が考慮すべき事項は多岐に及ぶ。その部品が満たすべき機

能や強度、剛性などの性能は言うに及ばず生産性やコスト或いは重量などが設計図に全て凝集される必要がある。設計図は試作車や量産金型設計、量産治工具開発などの後の工程に設計者の意図を正しく伝える伝達手段で、これが正しくないと目的は達成しえない。設計はものを生み出す源流である。

設計は、CAD（Computer Aided Design）、中でも CATIA 等の 3D-CAD によるデジタル化が進展し、併せて CAE（Computer Aided Engineering）や 3D モデルによる生産性の検証など様々な設計支援環境が充実してきた。かつては多くの時間がかかった有限要素法（FEM）のメッシュ分割も自動で行えるようになるなど設計に全ての検証を盛り込むシステムが出来つつある。

しかしツールは進化したが設計を行う上で重要なのはやはり設計者の資質である。設計者は目的に適したモノをゼロから生み出さなければならない。その為には、創造力や構想力、企画力、技術に対する思想やポリシーなどと共に、そのアイデアを周囲に理解させる交渉力や期日までに完了する管理力とチームを率いるリーダーシップなどの能力が求められる。また設計者として当該製品についての専門知識、生産技術への理解やコストに関する知識、その他特許などの知識が必要となる。当然、設計ツールの理解と活用経験は設計者として不可欠である。さらに製品の不具合に関する経験や知識は同じ問題を起こさないために重要である。

1980 年代末に日産が米国で経験した共同開発において、日本の設計者は構想して仕様を定め図面を書くのに対し、米国では担当領域が狭く分業が基本で、一つの事に多くの技術者が必要だということを理解しなければいけなかった。しかし今では日本も設計者の担当分野の細分化が進み、車としての機能や魅力ということよりも、担当する部品のみに注力する傾向にあると言われている。また設計ツールが便利になるにつれて、巨大なライブラリーの中から類似な図面を選択して部分修正を加えるだけで図面が出来上がることから、その図面に隠れている情報、例えば設計基準のもとになった事象や過去に起きた不具合対策の結果などを理解しないでモノが生み出される危険がある。車という製品が顧客の期待に応えられるには設計者の育成を単なる OJT ではなく、幅広い経験と知識を高めるプログラムが必要と思われる。

最初の設計図が作られて部品やコンポーネントと試作車が完成すると目的に

応じたテストが行われる。テストでは企画目標の達成度を定量的または定性的に評価して未達成の項目を対策すると同時に、個々の機能の設計要件についても評価が行われる。また市場で起きた不具合の原因を洗い出し基準化することもテストを行う目的である。シミュレーション技術の進歩によって、実機を用いたテストを減らしていく試みも行われて成果を上げているが、一方でシミュレーションの限界も明らかで、例えば衝突テストや騒音振動など複雑な完成車の性能予測や人の感性による評価が必要なテストは実機を用いなければならないことが多い。

また市場環境の多様性と変化もテストや設計の基準に反映して不具合を未然に防ぐ必要がある。車は世界中で使われ、16 歳前後の若者から 90 歳前後の老人まで、また車検制度が無い国では 30 年近くも使用され、マイナス 50℃ からプラス 50℃ という厳しい温度環境や舗装路から悪路、或いは渋滞から速度無制限といった環境での適応が求められ、車の信頼性や耐久性にはこれらの経験が欠かせない。市場環境に適合しているかのテストは世界で多くの企業が行っているが、日本企業の多くは開発組織や出先を海外に置いてきめ細かく対応し、また自社のテストコースに世界の主な道路環境を再現して適合性を確認している。

開発は企画に始まり、そのコンセプトや目標を満たすように設計し、それをテストなどで検証しながら顧客に満足してもらえる製品を生み出すことがその目的である。

7　生産システム

生産部門の役割は設計図面から間違いない製品をつくりあげることにある。日本の生産技術は品質に優れた製品を造ると同時に生産コストや投資額を抑制し、さらに多くのモデルを生産できるような柔軟性のあるシステムを開発して競争力を高めてきた。

生産技術のもう一つの役割は製品の価値を創ることにある。新しい生産技術によってディーゼルエンジンのコモンレール噴射装置のような技術や、車の新しいデザインが生まれている。例えば最近のマツダ車のエクステリア・デザイ

ンは豊かな面の造形を特徴としているが、その実現のためにはプレス金型の表面精度を従来よりも1桁上げるための技術開発や、ドロー（絞り）工程を工夫するなど従来にない生産技術を必要とした。

　自動車の生産システムはこれまで多様な製品を効率的に低コストで品質良く生産することを目指して開発されてきた。1913年にFord社の創業者H.Fordが部品の標準化や、作業の細分化と標準化とともに世界で初めて導入したベルトコンベアー式同期組み立てラインは、それまでの自動車の組み立て時間を1/10迄短縮し、大量生産時代の幕開けとなった。5年後には原材料から完成車までを一貫生産する垂直統合型のRiver Rouge工場が稼働した。10年後の1923年には生産台数が初期の数万台／年から200万台／年となり、販売価格は約1/3に低下している。Ford社の単一モデル大量販売に対し、General Motors社（以下、GM）はA.P.Sloanが現代の自動車ビジネスの基礎となる製品フルライン化や年次モデルチェンジを確立し、生産は工程設計の標準化や柔軟な組み換え、販売予測と連動した工程管理などによるフレキシブル大量生産方式を作り上げ、Fordからシェアを奪って、その後77年間も世界一の座に君臨した。

　トヨタの創業者、豊田喜一郎は部品在庫によるコストや管理の問題を解決するためにジャスト・イン・タイム（必要なものを、必要な時に、必要なだけ）を着想し、その実現を目指した。1948年頃に大野耐一らによってジャスト・イン・タイムと自働化[1]というトヨタ生産方式が確立している。尚、ジャスト・イン・タイムに用いられるカンバン方式はFord River Rouge工場が目指した物理的同期生産に対して、情報による同期生産方式と言える（図3）。

　ホンダは本田宗一郎の、高精度で高品質なものを、短い工程、少ない設備、高いスピードと短いリードタイムで生産するという考え方で、また2輪車のような多機種を同一ラインで生産するためにフレキシビリティの高い独自の生産方式が作り上げられてきた。いずれも巨大な設備投資を伴う米国型の生産システムに対し、戦後の混乱から這い上がってきた日本企業の工夫がみられる。トヨタなどの日本の自動車生産方式を研究したMITはこれをリーン生産方式と呼び世界に紹介した。

　日本の生産システムの競争力が今でも高いことは米J.D.Power社の毎年の工

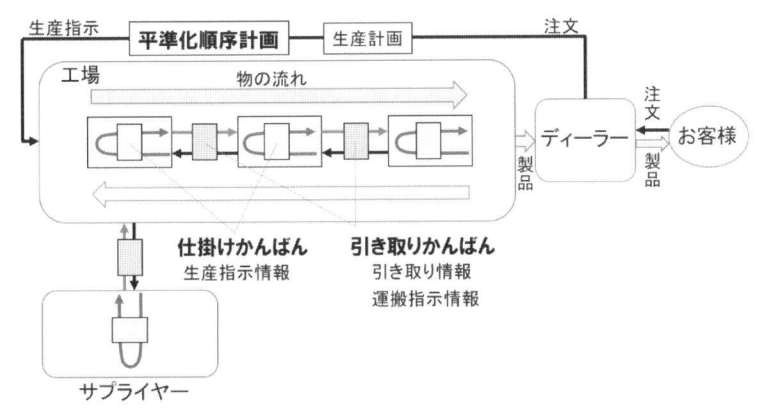

出典：大野（1978）等をもとに筆者作成。

図3:カンバン方式の概念

場初期品質調査などで明らかである。しかし、リーン生産方式は、国の固有の事情でそのまま導入が出来ないケースがある。米国では労働者の多くが単能工で、多能工による柔軟な生産や、部門をまたぐ取り組みなどが難しい。日本企業は海外でも組合と協定を結ぶなどでリーン生産を実現しているが、それをトヨタとの合弁企業NUMMIで経験したGMでも、多くの工場では現場での品質改善活動ではなく改善専門チームや検証ゲート、不良品チェック表などの仕組みを設けて対応した。リーン生産方式は世界のモデルになったが、多機種を効率よく生産できるフレキシビリティや工程内の品質作りこみなど固有の労働環境に関わるものについては差異がある。

　モジュール化は1990年代に欧州を中心にプラットフォームを大きな部分モジュールに分けて開発・生産を外部委託する方式が行われたが大きなメリットが見いだせなかった。現在は部品やコンポーネントの共用化や長用化を計画的に行い、開発資源や投資の削減とコストダウンに加えて商品づくりの柔軟性をもつ新しい考え方が生まれている。VWGがMQB等、日産のCFMやトヨタのTNGAなど各社で呼び方も具体的方策も異なるが、大きくはモジュール化として括られている。しかしインターフェースを含む標準化を狙ったものではなく、企業をまたいでの共用化は一般的な汎用部品を除いて出来ない。尚、こ

の新しい方式は藤本が提唱したインテグラル（擦り合わせ）型とモジュラー（組み合わせ）型アーキテクチャーの複合型で、日本の強みとされた擦り合わせ型を活かすものである。

　生産の自動化も 1980 年代後半から開発が行われてきた。しかし、完全な自動化は設備投資の問題もあるが車両の設計に制約を与え、商品の幅を狭めるなど実際に課題も大きく、今は労働環境の改善やコストに見合った人と機械が共存するラインが基本となっている。しかし生産要員の不足と IT の進化で、今後は人の能力を代替できる汎用性の高いロボットを中心に自動化は拡大するものと思われる。またドイツの Industry4.0 など IT による多品種大量生産の概念を実現するスマート工場の研究が始まっており、その実現に合わせて新しい生産技術が実用化されるかも知れない。

8　新たな技術開発への対応

　これまで日本は HEV や BEV、PHEV、FCEV などの電動車両の実用化で世界に先行してきた。またそれらの技術は自社の競争力を高めるために生産技術まで含めて社内でつくりあげることが多かった。プリウスは中核部品であるモーター、パワーコントロールユニット（PCU）、バッテリーシステムを自社開発し生産しており、ホンダの HEV も同様である。日産リーフのリチウムイオン電池も自社生産であり、また FCEV の燃料電池スタックもトヨタ、日産、ホンダともに独自開発である。

　しかし、今後重要な CASE で言えば、コネクテッドや自動運転の技術はどちらかと言えば IT 企業の技術であり、またサービスである。すでに Apple や Google のスマートフォンと車載ディスプレイが連携する OS が多くの車に採用されている。通信が車の機能の一部となればそこから得られる様々なデータを通じて新たなサービスが生まれる可能性がある。自動運転に関しては AI の研究が進んでいる Google などの IT 企業が開発をリードしている。またシェアリングも Uber のような新しい IT 企業が事業化している。

　非常に技術革新が速い IT 技術は、自動車会社がこれまで行ってきた開発の仕組みではスピードが遅く、開発資源などにも限界がある。そこで新たな

取り組みとして、外部の知恵を入れながら研究を加速するオープンイノベーション的な協業を行う企業が増えている。トヨタは自動運転に不可欠な AI 研究について MIT やスタンフォード大学との共同研究や米国に TOYOTA RESEARCH INSTITUTE, INC.（TRI）を設立し、研究を強化している。またライドシェアの Uber などへの出資を行った。電動化についても BEV 開発会社の EV C.A. Spirit（株）をマツダ、デンソーと合弁で設立し、車載用電池はパナソニックと合弁で生産を行う会社をつくる予定である。ホンダも AI 研究のオープンイノベーション拠点として Honda R&D Innovation Lab Tokyo を設立。また電動車両用モーターの開発・生産を行う会社を日立オートモーティブシステムズと合弁で設立した。GM とは燃料電池の生産を行う合弁会社の設立や無人ライドシェアサービスの GM Cruise Holdings への出資など外部との連携強化を進めている。日産も同様に大学や研究機関などとの連携を進めている。

　しかし注意しなければならないのは新技術開発の目的で、単に新しいビジネスとしての挑戦だけでは顧客のニーズからずれてしまい失敗に至ることもある。パリで行われた先進的な BEV によるカーシェアリングサービスの Autolib が快適性や利便性の喪失から 2018 年に事業停止に追い込まれたように、顧客のニーズを捉えることは新しい技術やサービスにも重要である。

9　まとめと今後の展望

　日本の自動車におけるものづくりの強みは顧客志向であり、製品開発・生産・購買が一体となった統合的システムである。強力なプロダクト・マネージャーのもとで企画・開発される製品、効率が高く柔軟なリーン生産システム、サプライヤーと一体となった同期開発による知の結集と VA 活動、そして品質向上に発揮される現場の力などが日本のものづくりを支えてきた。

　今、日本のものづくりには様々な課題がある。少子高齢化や国内自動車市場の低迷という日本固有の事情に加え、IT 化、デジタル化の進展、自動車における CASE や MaaS などの技術革新や新しいモビリティサービスも始まりつつある。車を「持つ」から「使う」ことに価値観が移るなかで相対的にものづ

くりの価値が低下すると言われており、シェアリング経済への移行は自動車の販売台数を大きく減らす可能性がある。またindustry4.0などの生産革新によって人からシステムへの移行が加速し、様々な日本の強みが失われてしまうという危惧も言われている。しかし、これらの変化が明日から断層的に起きるとは考えにくく、その対応と進化に必要な時間はある。

ものづくりは製品を通じた顧客への価値の提供であり、その意味でものづくりとはハードとソフトを含む価値の創造でもある。どのような価値を生みだすかという点で日本のものづくりの根底には、新しい時代にも対応できる力がある。しかし、今、さらに求められることは、変化の激しい時代への適応力である。

今は大きなイノベーションによる変革の時代にある。時代を先取りして新しい技術やサービスを生み出していくには、これまでにないスピードとチャレンジ、加えて強いリーダーシップと起業家精神が必要となる。創業期から高度成長期型の経営に移行する過程で希薄になったこれらの体質を再び呼び覚ます時代となった。将来性は感じるがリスクのあるプロジェクトへの理解とコミット、枠を超えた連携など、起業家的な活動の促進は経営層や社会の大きな役割である。

さらに、若年層の減少は産業構造の変化に対する人材の不足など、ものづくりの基盤の弱体化を招くと考えられる。また仕事の細分化により全体を俯瞰しリードできる人の不足も大きな懸念である。ITの時代に即した創造性の高い人材の発掘と、多様な経験を通じて横断的なリーダーを育てる人への投資も重要になる。

また戦後、日本のものづくりが花開いた90年代まで、現場と経営が一体となって良いものを生み出そうという志と創意工夫の精神が日本のものづくりの力を強いものとしてきた。世代交代や事業規模の拡大が進むにつれて現場と経営層の乖離や、分業化と階層化による相互の関係性の弱まりなど、その回復は大きな課題である。グローバル化が進む中でサプライヤーとの関係も希薄になってきた。その解決に向けて新たなコミュニケーションと協働の仕組みを考える必要がある。

それらを踏まえてこれからの構造変化に対応することが日本のものづくり進化の道である。

おわりに

　日本のものづくりの本質は顧客志向であり、人を中心として価値を生み出す
プロセスと統合的なシステムであり、制度や文化であった。日本の品質管理が
「現場で造りこむ」と言うように、日本のものづくりは Ezra F. Vogel が示し
た「学習意欲の高い人々」が、より良いものを創るために相互に関係し、自己
の領域を超えた共創によって全体を最適化することにあった。藤本が提唱した
「擦り合わせ」技術はこのような関係性の中でこそ強みとして生きてくる。
今、新たなビジネスがGAFA のようなバックヤードからの創造とチャレンジ
によって大きく花開いている。日本のものづくり力が新しい時代に適合し、さ
らに強くなるためには、その本質を踏まえ、これまでの成功体験に捕らわれず
自己改革を進めていくことが必要と考える。

注
⑴　トヨタでは機械に人間の知恵を付与する意味でニンベン付きの自働化を用いる

参考文献
Ezra F. Vogel（訳：広中和歌子、木本彰子）（1979）『ジャパンアズナンバーワン -
　　アメリカへの教訓』TBS ブリタニカ。
（　原　著：Ezra F. Vogel (1979) *Japan as number one : lessons for America,*
　　Cambridge, Mass. , Harvard University Press）
James P. Womac 他（訳：沢田博）（1990）『リーン生産方式が、世界の自動車産業
　　をこう変える。最強の日本車メーカーを欧米が追い越す日』経済界。
（原著：James P. Womac et al. (1990) *The machine that changed the world : based
　　on the Massachusetts Institute of Technology 5-million dollar 5-year study on
　　the future of the automobile,* New York : Rawson Associates）
Peter F. Drucker.（訳：上田惇生）（2001）『マネジメント - 基本と原則（エッセン
　　シャル版）』ダイヤモンド社。
（　原　著：Peter F. Drucker. (1977) *Management: tasks, responsibilities, practices.,*
　　New York: Harper's College Press, ）
Philip Kotler（訳：和田充夫、上原征彦）（1983）『マーケティング原理 - 戦略的アプロー

チ』ダイヤモンド社。

（原著：Philip Kotler (1980) *Principles of marketing.*）

安達瑛二（2014）『ドキュメント トヨタの製品開発 - トヨタ主査制度の戦略・開発・制覇の記録』白桃書房。

家村浩明（1999）『プリウスという夢　トヨタが開けた 21 世紀の扉』双葉社。

大野耐一（1978）『トヨタ生産方式 - 脱規模の経営を目指して』ダイヤモンド社。

木本正次（2014）『トヨタの経営精神』PHP 研究所。

佐藤義信（1994）『トヨタ経営の源流 - 創業者・喜一郎の人と事業』日本経済新聞社。

篠原健一（2014）『アメリカ自動車産業 - 競争力復活をもたらした現場改革』中央公論新社。

下川浩一（2004）『グローバル自動車産業経営史』有斐閣。

野中郁次郎・徳岡晃一朗（2009）『世界の知で創る - 日産のグローバル共創戦略』東洋経済新報社。

藤本隆宏（2003）『能力構築競争 - 日本の自動車産業はなぜ強いのか』中央公論新社。

藤本隆宏（2006）「自動車製品開発のプロセスと組織：1980 年代における国際比較分析—1 章 開発プロセスと組織構造」，グローバルビジネスリサーチセンター『赤門マネジメントレビュー』5 巻 7 号，pp.461-482。

藤本隆宏 / Kim B. Clark（2009）『製品開発力：自動車産業の「組織能力」と「競争力」の研究』ダイヤモンド社。

（原著：Takahiro Fujimoto/ Kim B. Clark (1991) *Product development performance : strategy, organization, and management in the world auto industry,* Boston, Mass. : Harvard Business School Press）

堀雅昭（2016）『鮎川義介 - 日産コンツェルンを作った男』弦書房。

本田技研工業株式会社（1999）『語り継ぎたいこと - チャレンジの 50 年』。

トヨタ自動車 75 年史（https://www.toyota.co.jp/jpn/company/history/75years/）。

第9章　日本製造業の現状と課題
–新たなる競争力の回復を模索する–

小林英夫・二木正明

はじめに

　「もの」づくりから「こと」づくりへの転換が叫ばれている。あるいは「ものづくり」への危機感が広がりつつある。日本製造業の現場からは、果たして「ものづくり」は日本で存続できるのか、といった質問が飛び出している。「ものづくり大国」日本という図式が、次第にその修正を余儀なくされてきているようである。本稿は、そうした意見を聞きながら、日本のものづくり産業が当面している課題とその内容、その克服すべき方向性を検討してみることとしたい。日本のものづくり産業の危機が叫ばれてから、かれこれ 10 年以上が経過している。たしかに日本のものづくり産業は 10 年前と比較すると確実にその実力は低下してきていると思われる。それは、日本からの製造業製品の輸出減少と逆に輸入増加の中に見て取ることが出来るし、電機産業に象徴される有名企業の倒産、外資企業への吸収合併の姿にも見ることが出来る。

　では日本の産業はなぜ、その国際競争力を低下させていったのか。国際競争力を再び回復するためには何が必要なのか。この問題に接近する時に我々は、日本の自動車と電機産業を射程に入れて検討してみることとした。そのなかで、我々が注視したのは、「もの」づくりと「こと」づくりの両面での観察的視点である。国際競争力という場合、しばしば「もの」づくりに注力するあまり、「こと」づくりを見落として国際競争力の力を策定する場合が多いが、我々は、自動車と電機産業を取り上げる場合も、どちらの産業を分析する場合でも、「もの」と「こと」の複眼的視点からその内実を検討することを試みた。「もの」は、いうまでもなく Q（品質）C（価格）D（納期）D（デザイン）を基本にいかに効率よく高品質の物を低価格で市場に供給できるかにかかっているが、

「こと」づくりは、いかに市場に適合的な新製品を間断なく提供できるかにかかっている。その際には、R and D 機能がどこまで市場と密接した連関を有しているか、が重要になる。我々は、「もの」づくりの成功、失敗例と共に「こと」づくりの成功、失敗例を検討しながら、その成否の根底に横たわる共通の要因の摘出に努めたのである。

　我々の考察の進め方は以下の通りである。最初に1「ものづくり」の学説史検討からはじめる。そして、2事例研究として「もの」づくり、「こと」づくりの成功、失敗例を自動車、電機で検討していくこととする。そして、3日本の「ものづくり」競争力低下の要因分析、産業分野を超えたその成功例と失敗例に通底する共通要因を検出することとしたい。

1　学説史検討

(1)　基本視角

　2016 年現在、日本自動車産業は世界トップの水準を保持しているが、電機産業は米国とアジア企業に侵食されてその影響力を急速に減じている。我々に求められている産業分析の「解」は、なぜ、自動車産業がかくも強力な国際競争力を保持していながら、電機産業はその力を減じたのか、という点であろう。そして、日本自動車産業は、今後も強い国際競争力を保持できるのか、あるいは、電機産業同様に、やがて急速に力を減じていくのか否か、という点であろう。我々が検討せねばならない点は、そこにあろう。

(2)　学説史検討 1

　日本自動車産業の強さの秘密を上手に説明した著作の代表は藤本隆宏『能力構築競争』（以下、単に『能力構築競争』と省略）であろう。古典的な著作となった同書を要約する必要はないと考えるが、以下の行論を展開する必要から同書の概要を紹介することとしたい。

序章　もの造り現場からの産業論では、自己紹介の後、本書でいうもの造り
とは「生産のみならず、製品開発や購買など、製品が出来上がるまでの価値創
造活動を総称する、広義の概念である」（3頁）という。そして、このもの造り
の日本企業の実力は、1990年代以降急速に落ちたという意見と、さにあらず
という意見があるなかで、競争優位の源泉は、「自動車など戦後日本の一部の
産業で厳しい能力構築競争が繰り広げられたことが、そうした部門に属する日
本企業の『もの造りの競争優位』をもたらすことになった」（9頁）というので
ある。その結果生まれた日本型の統合型もの造りシステムとその基本ロジック
を解き明かすことで競争優位の源泉は解き明かせるし、日本企業にふさわしい
実力の確定ができるというのである。

　こうした能力構築競争が日本で一番苛烈に行われたのが自動車産業であるこ
とを指摘した（第1章）あと、能力構築競争とはなにか、という考察に入る（第
2章）。藤本氏は、競争力を顧客の目に見える売上げ、収益力などの「表層の
競争力」と顧客の目に直接見えない価格、製品性能、信頼性などの現場力、も
のづくり生産能力などの「深層の競争力」に分け、「深層」レベルでの競争を「能
力構築競争」と規定するのである。そしてこの「能力構築」は、「もの造り能力」「改
善能力」「深化能力」の3段階で進化するという。さらにその競争力を自動車
産業に当てはめれば、コア部品技術間の競争とそれをどう結合するかという製
品アーキテクチャ間の競争の2種類に分類できるとする。そして第3章では、
その製品アーキテクチャを使って日本自動車産業の能力構築競争力の強さを証
明する。日本企業は、たしかにブランド、販売といった「表層の競争力」では
問題を残しているが、生産及び開発の両面で、造り現場の「深層の競争力」で
は優位性を持つ。製品アーキテクチャ的に言えば、それは組合せ型の「モジュー
ラー型」と擦り合わせ型の「インテグラル型」、に業界標準品主体の「オープ
ン型」と企業囲い込みの「クローズ型」に分類されるが、自動車産業は「イン
テグラル」「クローズ」型で、日本企業がもっとも得意とする領域なのである。
日本自動車産業が、強い競争力をもつ理由はそこにある。それはものづくり組
織能力を解剖すると一層鮮明になる（第4章）。自動車産業、とりわけトヨタ
に代表される日本的生産システムの特徴は、「ものづくり組織能力」が、複雑
な情報創造・転写システムで、それが「深層の競争力」を持続させるカギとなっ

ているというのである。以下、第5章では20世紀後半の自動車産業を事例に能力構築の軌跡を追い、第6章では創発的な能力構築の論理を、第7章では紛争、第8章では協調、第9章では欧米の追い上げと日本の軌道修正の過程を追う。第10章では、これまでの能力構築競争の軌跡を整理すると同時に現状から将来の展望を予測する。藤本氏の主張を一言で要約すれば、企業競争力には表と裏の競争力があり、日本企業は、現場力、ものづくり生産能力といった裏の競争力は強力だが、売り上げや収益力といった表の競争力には問題がある。裏の競争力の強さが発揮されるのは、自動車産業で、それは、この産業が、「インテグラル」「クローズ」型だからである。

　この『能力構築競争』の理論をベースに、藤本氏はさらに『日本のもの造り哲学』（日本経済新聞社2004年）で、自動車分野から産業一般にまで広げて論理を展開する。第1章迷走した日本のもの造り論、は前掲『能力構築競争』の要約といってもよい。第2章「強い工場・強い本社」への道、は、現場力、ものづくり生産能力などの「深層の競争力」と、売上げ、収益力などの「表層の競争力」をそれぞれ「工場」機能と「本社」機能に置き換えて、これまでの「強い現場・弱い本社」を「強い現場・強い本社」に変える必要性を強調する。第3章もの造りの組織能力、では、先の『能力構築競争』で「能力構築」は、「もの造り能力」「改善能力」「深化能力」の3段階で進化するという見解をトヨタを事例に、本書では、「統合能力」、「改善能力」、「進化能力」の「3層の組織能力」と言い換えて説明している。第4章相性のよいアーキテクチャで勝負せよ、は『能力構築競争』で論じたアーキテクチャの基本タイプを解説した後、この理論の有効性を半導体からゲームソフト、工作機械、インターネット、自転車に至る他産業まで拡大して適用を試みる。第5章アーキテクチャの産業地政学、はアーキテクチャの基本タイプを、日本は擦り合わせ、アメリカはオープン・モジュラーといった具合に各国別に当てはめてみる。第6章中国との戦略的付き合い方、は中国はなぜ強いのか、という秘密をアーキテクチャ論から説き起こす。それは、日本では「摺合せアーキテクチャ」製品だった車や家電やオートバイが、コピーや改造を経てオープンアーキテクチャ製品に化けてしまい、熾烈な価格競争に巻き込まれて敗北していくためである、というのである。そしてこうした現象を、「疑似オープンアーキテクチャ」または「アーキテクチャ

の換骨奪胎」と呼んでいる。こうした中国企業の戦略に対しては、アーキテクチャシナリオに応じて「インテグラル」を保持するか、自らが「疑似オープンアーキテクチャ」で対抗するか、「本格オープン化」を進めるか、を決める必要があるという。第7章もの造りの力を利益に結びつけよ、は、日本企業の特徴ともいうべき「強い工場・弱い本社」機能をいかに「強い現場・強い本社」に変えていくか、という問題である。苦手なアーキテクチャを捨てるというのが一番だが、歴史を背負った企業ではそう簡単にはできない。むしろ得意なアーキテクチャと不得手なアーキテクチャを戦略的に管理する「アーキテクチャの両面戦略」が有効ではないか。さらにそれを自社と顧客の間のアーキテクチャのポジショニングのマトリックスで見ると自社、顧客、インテグラル、モジューラーで4つの基本ポジションが想定できる。要はこれを上手にくみ合わせながら「強い工場・強い本社」を実現していくことが肝要なのである。第8章もの造り日本の進路、は、いわば本書のまとめである。

(3) 学説史検討2

　以上、藤本氏の2冊の著作の概要を紹介した。むろん氏の著作は、これだけにとどまるものではない。管見する限りでも氏の著作数は有に30冊に及ぶ。したがって、そのすべてに言及することはできないが、氏自身の言葉を借りれば、これまでに上梓した著作を大別すれば、①一社に焦点を絞った「トヨタもの」（例えば『生産システムの進化論』有斐閣）、②一産業を通観した「自動車もの」（例えば『能力構築競争』中央公論新社）、③「産業一般もの」（例えば『ビジネス・アーキテクチャ』有斐閣、『日本のもの造り哲学』（日本経済新聞社）があるという。ここで取り上げたものは、藤本氏の整理によれば②及び③ということになるが、①が相当部分②、③にも含まれていることを考えれば、ほぼ藤本氏の基本的な考え方や発想はカバーしているものと考えられる。まず言えることは、これまでのもの造り理論を総合し、製品アーキテクチャを使って企業間、産業間、さらには国家間の能力構築競争力の強弱を見事に証明した包括的理論は他にはないのではないだろうか。藤本氏の最大の功績は、企業間、産業間、国家間のもの造りの国際競争力の強弱を製品アーキテクチャ論で包括的

に鋭い切れ味で見事に説明した点にある。優れた理論というものは、できる限り単純な論理的武器で、できる限り広い範囲の複雑な現象を整理できるものだという。その点からすれば、藤本氏の理論は、その最たるものである、と言うことが出来よう。海外の自動車企業を幅広く観察し、国際的知見から自動車産業を軸にもの造りの実態を研究してきた氏ならではの成果であるといっても言い過ぎではない。したがって、「ものづくり」、というよりは「つくり」の研究という点では、その極点に立っていると評価しても間違いはないであろう。現にこの藤本氏が開拓したアーキテクチャ理論を踏まえて数多くの研究成果が内外で発表されている現状を考慮すれば、この理論的強靭さは揺るぎのないものであるといっても過言ではない。筆者自身もこの藤本氏の理論に従って、これまでいくつかの調査結果を発表してきたのもそうした氏の理論の卓越性に惹かれたからに他ならない。しかし、そうした調査活動を通じて見えてきた視点は、日本企業の、より具体的に言えばトヨタに代表される日本企業の「つくり」の部分の強さの証明なのである。藤本氏の表現を借りれば「日本企業の表の競争力（売り上げ、収益力）は問題があるし、今後強めなければならないが裏の競争力（現場力、ものづくり生産能力）は負けていない。本社は弱いが工場現場は強い」のだという主張である。ここで出てくる第一の疑問は、もの造りを考える際、工場と本社を藤本氏が言う意味で分離してとらえていいのだろうか、という疑問である。仮に「ものづくり＝もの＋つくり」であるとすれば、藤本氏は、「つくり」に重点を置いて、「もの」の部分への言及を意識的に回避しているのではないか。換言すれば、藤本氏は、「設計図面（もの）」から転写されたものが「つくり」であり、設計図面から製造に付加価値が移っていくのがものづくりであるという理論で、「つくり」の領域を強調した「ものづくり」論なのではないか、という点である。我々は、2000年以降の日本産業の勝負どころは、「つくり」にあるのではなく、「もの」にあることを認識した。「もの」の部分への言及の少なさは、藤本氏が市場＝顧客からの「ものづくり」部門へのフィードバック（情報の逆転写）の重要性への言及の少なさにも現れている。つまりは、「もの」から始まり製品化を経て市場に至る「つくり」の情報転写と市場から「もの」に至る情報の逆転写の循環構造こそが「ものつくり」の能力構築競争の総体でなければならないのである。藤本氏の理論は、この「つく

り」の情報転写の強さをもって「ものづくり」の強さを判定しているのではない
いか。それが、本論文の根底に横たわる氏の方法論への疑問である。むろん、
藤本氏は、「もの」に関して言及していない、と主張しようというのではない。
何故なら藤本氏は、自動車開発を中心とした数多くの著作を著しているからで
ある。代表作をあげれば、だれでもが知る藤本隆宏・B・クラーク『日米欧自
動車メーカー 20 社の詳細調査』（田村明比古訳）ダイヤモンド社 1993 年、お
よび同『製品開発力：自動車産業の「組織能力」と「競争力」の研究』ダイヤ
モンド社 2009 年などでは「製品開発力」、つまりは「もの」に関して検討を行っ
ているからである。しかし、同書には開発の手順や日欧米間の開発過程の比較
は詳細に論じられてはいるが、開発の強弱は、造りの強弱に規定されていると
いう氏の「つくり」の情報転写の強さをもって「ものづくり」の強さを判定し
ている論点の補強に終わっていて、「もの」と「つくり」の連関は、「つくり」
が「もの」を規定する論法に変わりはないのである。たしかに、自動車産業を
見る限り、いまのところ藤本氏の方法論的欠陥は露呈されてこない。何故なら、
がっちりしたディラーシステムの構築に裏付けられた情報の逆転写システムの
完備が、自動車産業の特徴であれば、とりわけ先進国市場などを例にとれば一
層その観を強くするが、「つくり」の情報転写能力で企業の国際競争力の強弱
を測定してもあながち誤ることはないからである。しかし、新興国市場での自
動車生産・販売のように、この逆転写能力が著しく欠如したり、電機産業のよ
うに「もの」と「つくり」が分離され、これが破壊されてしまった場合には、
「もの」の部分に決定的な弱点が生じ、「つくり」の部分が弱体化し全体的に
窮地に陥ることが少なくないのである。つまり、自動車産業である程度説得力
を有した藤本氏の理論は、将来の自動車産業や現在の電機産業にまで拡大する
と「つくり」重視の藤本氏の方法論には様々な問題点が露呈してくることとな
るのである。
　上記の問題意識を前提にして、以下、電機産業と自動車産業へと考察の目を
伸ばしていくこととしよう。

2 自動車・電機産業分析

(1) 自動車産業

「もの」づくり成功例

日本の自動車産業は「もの」づくりの成功例として取り上げられることが多い。2014 ～ 2016 年度統計で見たときに、日本の総出荷額の 17.5％（2014）、輸出額の 21.6％（2016）、全雇用者数の 8.3％を生み出すこの自動車産業は、日本経済に大いに寄与していることは疑う余地がない。それは、日本自動車企業の生産台数が合計 2,820 万台（日本自動車工業会統計より）で、世界自動車生産に占める比率が 29.7％に達するという事実によっても裏付けられている。そして、こうした数値を生み出す背後に「もの」づくりの面で優れた能力を秘めていることがあるからである。

自動車産業は、その起源を 19 世紀後半の欧州に持つが、やがてその生産の中心は、アメリカへと移行した。初期の段階では馬車生産を基礎とした欧州が生産面で先行したが、やがて 20 世紀初頭になるとフォード社の大量生産型廉価車が市場を席巻し、それが世界標準の位置を獲得した。しかし 1920 年代になると単一のセグメント車への不満が市場で高まると多様なセグメント車を販売する GM（General Motors）が販路を拡大し、世界市場はフォード、GM、クライスラーの米 3 社によって占められていた。この流れは戦後大きく変化する。その変化を生み出した原動力は日本車による独自の生産方式の開発だった。トヨタに代表される日本企業は、多様なセグメントの車を同一のラインで生産するためにそれまで内製が主流だった部品生産を外注とし、それを必要なときに必要な量を必要な場所に供給する部品供給（ジャストインタイムのカンバン方式）システムを開発し、効率的生産を開始した。新車開発にも部品企業が参加するゲストエンジニアシステムで、開発のリードタイムを短縮し、同じ部品企業が量産にも参加する効率的生産スタイルを生み出した。トヨタ生産システムと称されるこの新方式は、たちまち世界市場での日本自動車企業の競争力を生み出し、先行するアメリカ企業を射程においてそれをとらえ、それを追い

抜く勢いを見せたのである。冒頭にあげた日本の出荷額、輸出額、雇用者数に占める自動車産業の高い数値はそれを物語る。

「もの」づくり成功例の将来

こうした 20 世紀後半に大きな成功をもたらした日本型生産システムは、21 世紀に入るといくつかの困難に直面する。日本の自動車メーカーの国際競争力は、その強力な部品企業群のサポートにあった。1960 年代当時日本の自動車メーカーの外注率が 70％に達していたとき、GM やフォードなどのそれは 30％程度で、内製が基本だった。日本は、外注率を高め、しかも Tier1 企業を少数に絞り込むことで階層的部品供給構造を作り上げて、効率的な生産システムを構築していったのである。1980 年代以降欧米各国自動車メーカーはこのシステムの強さを認識して、その取入れを開始した。

1990 年代に入るとこうした階層型の部品供給システムに対抗して、欧州では、モジュール型の生産システムが考案、展開され始めた。モジュール型とは、部品を各部位ごとにひとまとめにしてラインに供給するシステムであり、個々の部品をラインで組み付けるよりはラインが短縮され、ラインの工数を減らすことができる。日本の階層型部品供給に対抗して、欧州ではネットワーク型の部品供給システムを作り上げたのである。さらに、欧米企業は、プラットフォームの標準化・統一化を試みて、それを数種類に集約し、数種類のモジュール部品とこれまた数種類のプラットフォームの組み合わせのマトリックスで車のつくりを行う工法を案出したのである。こうすれば、プラットフォームを開発する費用を大幅に軽減することができた。VW が考案した MQB（Modulare Quer Baukasten）システムなどはその典型と称して良いだろう。MQB は、前輪からアクスルまでを基本的には共通化し、他の部分を伸縮させることで、プラットフォームの数を減らすことで開発費の削減を図り、部品もモジュール化して組み合わせマトリックスで車種のタイプ分けを図る生産方式である。日産の CMF（Common Module Family）、トヨタの TNGA（Toyota New Global Architecture）も同一の発想の生産方式である。

さらに 1990 年代以降の大きな変化は、自動車の新動力源の追求だった。ガソリンに代わる新エネルギーを求めたのである。CO_2 や NOX を排出し地球環

境の悪化、地球温暖化に大きな影響をもたらすと考えられるガソリン・ディーゼル車に代わってクリーンなエンジン、例えば電気や水素など、を動力とする自動車の開発が求められたのである。電気自動車の場合、車自体が CO_2 を排出しなくとも、その電気を生み出す地点で CO_2 が排出されれば CO_2 ゼロの意味がないわけで、その発電源そのものも合わせて問われたのである。仮に電気自動車が自動車の主流となれば、そのなかで不要となるガソリンエンジン部品やそれと付随する技術は一夜にして価値のないものに転化する可能性が潜んでいたのである。そして電気自動車が主流となれば、新興国自動車企業が、一気にその技術的格差を詰めることも可能となったのである。現在、動力源のバッテリーの価格、パワー、重量に多くの問題を抱えているため、簡単にガソリンに代替するには困難だが、しかし遠距離走行を必要としない場合や決められた路線を走行する公共機関などの場合には、ある程度電気自動車の欠陥を補うことはできて普及する可能性がある。

さらに 2015 年以降急速に進展したのが、自動車の概念そのものを変える安全・自動運転技術の発展である。もし、自動運転が可能となれば、自動車は、単なる輸送手段と変わりなく、ドライブや走行の快適さを楽しむ輸送機器ではなく、汽車や電車やバスと何ら変わることなく、移動手段としての「動く空間」と化すこととなる。コンピューターが発展すれば、単なる「動く空間」ではなく、自在に行くべき目的地を選択することは可能となるだろうが、しかしもはやドライブや走行の楽しさは味わえない。

21 世紀に入り、こうした上記の課題にいかに日本型生産システムがそれまでの強さを維持しつつ対応していけるのか、に今後の課題が残されているのである。

もっとも、こうした未来的課題に挑戦した企業がこれまでになかったか、といえば決してそうではない。ここではいくつかの事例でその挑戦の姿を見ておくこととしたい。

まずは、インドのタタ社の「ナノ」の事例である。2009 年に発売されたインドのタタ社の「ナノ」は、価格が 10 万ルピー、約 28 万円という超格安車であり、当時インドで最廉価車と称されたマルチスズキの「マルチ 800」の半額という従来の車の常識を超えた「新製品」であった。当初からその可能性を疑

問視し「非現実的」という意見も見られたが、もし実現すれば、超廉価車とし
て急速にシェアを広げる可能性も秘めていた。リアエンジン、モノスペース、
4ドア車で、マニュアルトランスミッションでスピード、燃料メーターのみと
いうシンプルな車体で、ワイパー、バックミラーも運転席のみ、そしてエアコ
ンなどはオプションという省略設計となっていた。生産も当初は西ベンガル州
シングルの新工場を予定していたが、地元農民の土地買収反対運動の前に設立
を断念し、クジャラート州サナンドに変更された。しかし、発売後も売れ行き
ははかばかしくなく、2016年現在で累積で25万台しか売れていないという。
6年間で25万台ということは、年間4万台強ということになり、ヒット商品
というのは程遠い。数字的には失敗作であったというべきだろう。しかも、こ
の失敗も影響してか、タタ社の経営は、下降線をたどり経営状況は芳しくはな
い。

　この経過を見れば、タタ社の「ナノ」は、失敗作だったと片づけてしまうこ
ともできるのだが、常識外の低価格の車作りをしようとしたという意味で「新
製品」の創出を考えていたタタ社の試みは注目に値する。仮にスズキのような
強力なカーメーカーが存在しなかったら、タタ社がインド農民の強力な土地買
い上げ反対運動に直面せず、順調に車の生産が継続できていたら、果たしてタ
タ社の試みは、かくも惨めな結果となっていただろうかと想定すると、そうで
なかった可能性も浮かび上がる。いずれにせよ、タタ社という新興国の地場企
業が、イノベイティブな車を市場に出した意味は大きいといわねばならない。
そして、こうした試みが、今後ともに続くことが想定されるのである。

(2)　電機産業

「もの」づくり成功例
一般状況
　日本の電機産業も1980年代までは「もの」づくりの成功例として取り上げ
られてきた。日本ではバブル絶頂期に該当するこの1980年代には、自動車・
電機の2大産業が日本の産業の屋台骨を構成してきたのである。1974～76年
当時、電機産業は、日本の総出荷額の10.0％、輸出額の16.1％、全雇用者の

11.1％（並木信義『日本の電機産業』日本経済研究センター 1977 年）を生み出していたことはそれを如実に物語る。むろんこうした電機産業の産業力の強さは、この産業のなかにその競争力の秘密がかくされていたのである。

　日本の電機産業の歴史は第一次世界大戦以降勃興し、大戦間期に欧米の技術導入の支援を受けて拡大を遂げてきた。第二次大戦中の一時期は軍需産業として発展を遂げたが、敗戦とともに壊滅的打撃を受けた。重電・家電双方が、大きく飛躍を開始するのは 1950 年代半ばから 60 年代以降にかけての高度成長期だった。この時期欧米からの新技術導入を背景に拡大する国内需要に下支えされて、重電では発送電部門で、家電では「3 種の神器」と別称された電気洗濯機・電気掃除機・電気冷蔵庫部門で急成長を遂げた。そして、1960 年代には輸出産業に、さらに 1970 年代に入ると円高に対応してアジア地域を中心として海外生産を開始したのである。

　電機産業の歴史を紐解く時、その最大の特徴は、電機産業の歴史が技術イノベーションの歴史であり、イノベーションがないと衰退していく産業である。言い換えると、科学からシーズを、そしてこのシーズを基にマーケットのニーズを産業化してきたのが電機産業であるということである。この点は、自動車産業を含むすべての産業分野にも共通する点ではあるが、ことのほか電機産業では新製品開発・市場投入競争という視点が強い。電機産業の発展は、電気が持つその特性から大きくは 3 つの分野で、すなわち電気を力に変える発電・送電・動力といった力（エネルギー）への発展ルートと、音に変えるレコード、蓄音機、テープレコーダーといった音響への発展ルート、そして電気をラジオ、テレビなどに変える電時波（電波）への発展ルートに分類することが可能である。

　我々は、この 3 分野の新製品創出過程と日本の位置を幾分詳しく見ておくこととしよう。なぜなら、その新製品創出のキャッチアップ過程にその「もの」つくりの成功例のカギがかくされているからである。

電気を力（エネルギー）に変える重電・家電分野

　まず、電力を力に変える発送電部門だが、シーメンスや GE などの欧米先進企業からの技術導入を受けて、東芝や日立といった日本企業は、第一次世界大

戦以降日本国内の電源開発、東京湾臨海工業 地帯への送電網整備などを積極的に進めた。さらに 30 年代に入ると植民地だった朝鮮や中国東北などに積極的に進出し、巨大発電設備・送電設備などで巨大化の記録を塗り替える大掛かりな建設事業＜朝鮮北部電源開発、朝鮮と中国東北の国境の鴨緑江発電事業、中国東北でのダム工事など＞をしながらその技術的蓄積を積み重ねた。この動きは敗戦で一頓挫はするが、戦後の高度成長期には奥入瀬、黒部峡谷のダム建設などで戦前からの技術を継承し、これに戦後の欧米技術を加味して技術を高め、さらに 1960 年代以降は賠償、ODA を活用しながら海外の電源開発で競争力の維持を行ってきた。こうして 1980 年代には、日本は重電部門で高い競争力と市場シェアを確立してきたのである。

　同じ電力を力（エネルギー）に変えるといっても家電部門、すなわち電気洗濯機・電気掃除機・電気冷蔵庫部門の出発は、戦前ではなく戦後の 1950 年代後半から 60 年代前半にある。日本での高度成長期の都市中間層の激増のなかで、国内市場の広がりを前提にこれらの家電産業は飛躍的拡大を示した。この市場を欧米企業が注目し、進出を図ったが、日本国内企業との競争に勝利することはできず、日本企業の後塵を拝することとなった。理由は、欧米企業が、日本市場を熟知していなかったことが大きい。米企業が持ち込む洗濯機、冷蔵庫は日本の家屋のサイズに合わず、日本の利用者の買い物サイズには大きすぎたし、性能も価格の割には高すぎた。この間隙をぬって松下電器（現パナソニック）、東芝などの日系企業はシェアを広げて外資系企業の進入を阻止したのである。日本市場に張り巡らされた販売網もそれらの進出には阻害要因として作用した。1970 年代の円高とともに日本の家電企業は、海外進出を積極化させ、短期間に世界市場でマジョリティを確保することに成功したのである。

電気を音に変える音響機器分野

　では、次に音響機器部門に関してみておこう。音響機器の代表ともいうべきレコードの発明は、今から 140 年ほどさかのぼる 1877 年のアメリカの発明王エジソンにあるが、そのレコード盤への改良は 1877 年のエミール・ベルリナーで、さらにそれは、1936 年にドイツ AEG 社の磁気テープへと発展した。日本では、この動きはソニーが 1950 年に高周波バイアス法（ソニー特許）で

国産初の G 型テープレコーダーを発売したことに始まる。これを機にソニーはオーディオテープレコーダーで世界に大きく羽ばたくこととなる。そして、音楽メディアは、その後レコードから磁気テープに、そしてさらに光学方式の CD（Compact Disc）方式、MD（Mini Disc）方式の商品が売り出された。CD は 1979 年ソニーとオランダのフィリップスとの共同開発に始まり、1980 年に光学式規格としてまとまり、1982 年 10 月に商品化された。1983 年には、アメリカニュージャージー州にあるエジソン博物館にソニーの CD プレーヤーがエジソンの蓄音機と並んで展示された。こうしてソニーに代表される日本の音響機器メーカーは、1980 年代に世界市場を席巻することとなったのである。

電気を電磁波（電波）に変える通信機器

最後に電気を電磁波（電波）に変える通信機器に面を転じてみよう。戦前来の代表はラジオである。人の声が初めて電波にのったのが、1906 年、そして、1920 年にアメリカのピッツバーグに世界最初のラジオ局が誕生した。日本ではその 5 年後の 1925 年に日本発のラジオ放送が始まった。NHK（日本放送協会）の誕生である。戦前は、この NHK 一社による独占事業だったが、戦後は民間部門にも門戸が開かれてもっともポピュラーなお茶の間の娯楽機器となった。

ラジオ時代は、1950 年代に大きく変貌する。一つはトランジスタの発明により、小型化され、ポータブルになり、FM　放送も開始されたことであり、もう一つはラジオとならぶテレビの登場である。トランジスタはアメリカのベル研究所の 3 人の研究者＜ショックレー、バーデーイン、ブラッテン＞によって発明された。初期の頃のトランジスタは、低周波の増幅しかできなかったが、ソニーは、1953 年 WE 社からトランジスタの特許を得て、ラジオに狙いを定めて高周波を増幅するトランジスタを開発し、トランジスタラジオの開発を始め、1955 年にトランジスタラジオの販売を開始した。また、1963 年以降、FM 放送は実用化試験放送から本放送に展開され、普及していくこととなり、電機各社から FM チューナーが発売された。

日本のテレビ放送は 1953 年の白黒テレビ放送に始まる。そして日本でカラーテレビ放送が開始されたのは 1960 年で、アメリカの NTSC（全米テレビジョ

ン方式委員会）方式が採用された。この NTSC 方式の信号を受像する受像機の方式にはアメリカの RCA が 1951 年に開発したシャドーマスク方式とソニーが 1968 年に開発したトリニトロン方式があった。日本企業が米国企業を駆逐した結果、アメリカの GE, RCA, モトローラはカラーテレビ分野からの撤退を余儀なくされた。こうして、日本の電機業界は、トランジスタラジオ、カラーテレビの分野で世界市場を席巻することとなったのである。

「もの」づくり成功例の前途

こうして、日本の電機産業は、1980 年代に世界市場を制覇する形でその存在感を高めた。しかし、同時に 1990 年代にバブル経済が破たんし、景気低迷期に入ると多くの困難に直面することとなる。まず、重電・家電部門に関してみれば、韓国、台湾、中国からの激しい追い上げを受けて市場シェアを急激に縮小させた。それは、特に家電部門で顕著であった。80 年代半ばからの円高のなかで、日本からの輸出が厳しくなると現地生産に切り替えたが、同時に技術移転が進行するなかで、賃金格差を利した東アジア各国の輸出力が増加し、低価格品から中級品の家電製品が、中韓台企業製品で占められるようになったことである。そして 2000 年代に入ると BOP（Base of the Economic Pyramid）からの追い上げは、日本企業が得意としていた高級品の領域をも侵食するようになった。発送電、電機プラント類を主体とした重電部門は、東アジア企業との技術格差が大きい分だけ、家電産業ほどキャッチアップされにくい面はあるが、それでも日本企業が新興国からの電機プラント受注に失敗し、韓国、中国企業との競争に敗北するケースが 2000 年代以降年を追うごとに増え始めた。音響機器部門でも大きな変化が現れる。それは、アナログからデジタルへの技術変化によって、音の記録は、磁気テープからハードディスクそして半導体メモリーへと進化し、次々と新製品が市場に出現し、音楽流通の面でも円盤式レコードから CD、さらにはインターネットからのダウンロード、ストリーム配信へと進んでいった。1980 年代まで、日本の音響機器企業は、テープレコーダーが進化したソニーのウオークマンなどのパーソナルオーディオでは世界を席巻したのだが、2000 年代以降音楽素材がネット配信される時代が到来し、アップル社が i-Pod を市場に投入すると、この勢いに負けて市場から敗退していく

ことを余儀なくされたのである。

　こうした動きに帰結するまで、日本企業は相互に厳しい競争を繰り広げた。典型はVTRをめぐる抗争だった。録画機器であるVTRは、1950年代までは放送局用として使用されていたが、米国アンペック社が小型化に成功、さらに59年に同社はRCA社と共同でカラー録画に成功した。日本企業もこれに参入し、家庭用VTRの開発を競い合う中で1976年にソニーはベーターマックス方式VTRを、76年に日本ビクターはVHS方式VTRを発売し、世界市場を支配することとなった。こうした日本企業同士が、VTRにおいて世界市場で抗争している間に、世界電機産業の動きは新製品を生み出しながら、日本企業を取り残しつつ先へ進んでいった。しかし、その点は後述することとしよう。

　映像放送機器の面での進化は目覚ましかった。テレビは、2000年代に入ってから、アナログ放送からデジタル放送の時代へと変化し、ブラウン管テレビから液晶テレビの時代になっていくが、当初、圧倒的競争力を有していた日本企業は、海外、特に新興国市場と欧州において、韓国サムスンにシェアを奪われていく。日本においては、2003年からの地上波デジタル放送開始、2011年7月にはアナログテレビ放送の終了、によって地デジ特需が終焉した。韓国サムスンは2004年にソニーと合弁で最新鋭の液晶パネル製造会社S-LCDを設立、そして2011年に100％子会社化した。韓国サムスンは、S-LCD設立を機に世界市場でのシェアを獲得していく。日本では、2003年から始まる地デジ特需によってテレビの国内需要が急伸していた時期、パナソニックは2007年から2010年にかけてプラズマパネルに毎年2000億円前後の投資を続け、シャープも2007年大阪堺市に約4000億円の投資をし、液晶パネルの新工場建設を発表した。しかし、それらの大型工場が本格稼働を始めると、地デジ特需は終了、国内需要は激減した。拡大に望みを託した海外需要は韓国サムスン、LGが抑えていた。韓国では1987年のアジア通貨危機でIMF主導の経済改革が行われ、サムスンでは選択と集中が行われ、半導体、液晶、携帯電話、液晶テレビに集中した事業経営が行われていた。アジア通貨危機以降のウォン安も韓国経済に有利に働いた。そして競争力をつけた半導体、液晶を基に、携帯電話、液晶テレビ世界市場でトップシェアを獲得するようになった。サムスンが世界市場でソニーを抜いてトップになるのは、2004年以降で、ソニーと最新鋭の液晶パ

ネル製造会社 S-LCD を設立した時期である。サムスンはソニーと液晶パネル
の合弁会社を設立し、ソニーから液晶テレビの技術を学んだと言われている。

2000 年代の怒涛のなかの電気産業イノベーション

　2000 年代以降電機業界のなかに嵐のような大変革が巻き起こる。それを一
言でいえば、コンピューターの汎用化を軸とした統合新製品の登場である。コ
ンピューターを活用してこれまでの家電、音響、映像の 3 部門がコンピュー
ターとインターネット通信を軸に統合された新製品構造を作り出し始めたので
ある。

　このことを理解するためには、まず、パーソナルコンピューター（PC）の
歩みを見ておく必要がある。PC の商品化で重要なことは 1980 年代から 2000
年代のパソコン業界で日米逆転劇のプロセスがみられたことである。1970 年
代官民挙げての努力の中で日本のコンピューター技術は急速な成長を見せた。
1976 年通産省主導で超 LSI 技術研究組合が設立され、1981 年には、富士通大
型コンピューター IBM 互換機が開発された。しかし、1980 年代後半には、日
米半導体貿易摩擦が発生し、半導体の日本市場開放・対米輸出制限を内容とす
る日米半導体協定が 1986 年に締結された。その後、IBM 主体の大型コンピュー
ターに対してパソコンの商品化競争が展開された。日本市場においては、1980
年代に入り NEC、富士通、シャープがパソコン御三家と称され、日本のパソ
コン市場をリードした。これに対して 1980 年代パナソニック、ソニーなどが
団結して、MSX 規格でパソコン市場に参入した。各社は、独自のアーキテクチャ
＜ NEC の PC － 9800 シリーズ、富士通の FM-TOWNS、シャープの X68000
シリーズ＞を開発したが、1995 年にマイクロソフトの Windows95 がパソコン
OS の事実上の基準（デファクトスタンダード）となった。電機業界はフォーマッ
ト競争の世界であり、パソコンでは、マイクロソフトの Windows が主導権を
とっていった。日本パソコンメーカーは、独自の規格を維持することが価格競
争上できなくなり、マイクロソフトの OS、インテルの CPU 規格に乗った商
品開発しかできず、敗退していくこととなった。

　続いて、通信分野にも大きな変化が現れる。携帯電話、スマートフォンの
登場である。携帯電話の第 1 世代移動通信方式（1G）は、音声通話のアナログ

携帯電話である。1Gは、アナログ方式で1979年に登場した自動車電話まで遡り、NTTは、1987年に初めて携帯電話サービスを開始した。その後、アナログ方式の1Gは、NTTのHICAP方式が1999年に、モトローラのTACS方式が2000年に終了した。

1993年にはデジタル方式の2G（第2世代の移動通信方式）が登場した。2Gは、アナログ方式であった第1世代とは異なり、音声がデジタルデータに変換されて送信される。2Gは、デジタル方式であり、「TDMA＜Time Division Multiple Access＞」という規格を基に作られている。TDMAを利用した代表的な通信規格が3つあり、日本を中心に使われている「PDC方式」、アメリカ、ヨーロッパ、アジアなどで広く使われている「GSM方式」、アメリカで利用された「D-AMPS方式」などがある。

日本のPDC方式は、1991年4月に財団法人電波システム開発センターによって標準規格が定められ、後にNTTの研究所が開発し、郵政省（現・総務省）の意向によって、日本の全通信会社がこのPDC方式を採用することになった。1993年3月にNTTドコモがこのPDCを利用したサービスを開始し、その後KDDIやJ - PHONE（現・ソフトバンク）もPDC方式を利用したサービスを開始した。

欧州では、1982年欧州郵便電気通信主管庁会議（CEPT: Conference of European Postal and Telecommunications administration）がGSM（Groupe Speciale Mobile）でデジタル方式携帯電話の統一規格の策定を開始し、1987年に統一規格として採択され、1992年にドイツで初のサービスが開始された。その後ヨーロッパ各国でGSMが採用され、携帯端末機器が大量生産されたため携帯電話端末機器が安価となった。また、メーカー・欧州の標準化機関が一体となって他の地域でも採用されるように働きかけを行ったため、広く普及されることとなった。2Gでは、GSM方式が、北米、ヨーロッパ、アジア（日本・韓国除く）、アフリカ、オセアニア、ラテンアメリカなど100カ国以上で採用され、ほぼ国際標準となった通信規格といえる。

GSM方式は、携帯端末メーカーが主導、キャリアはSIM（Subscriber Identify Module）のみをコントロールした。GSMにおいて、バリューを握っていたのは端末メーカーであり、全世界を市場としていたノキア、モトローラ、

サムソンなどの携帯端末メーカーが世界市場で商品化競争を繰り広げ、GSM方式の市場を拡大をしたこととGSM方式の方がPDC方式に比べて、将来の3G技術への柔軟性をもっていたことで、2Gの主流はGSM方式になった。一方、NTTが開発したPDC方式は、携帯端末の仕様をキャリアであるNTTが主導した。日本ではキャリアであるNTTがPDC方式を開発し、日本のメーカーが、キャリアであるNTTの端末を作り、NTTの店頭で携帯電話を低価格で売り、NTTが、高い携帯の通信料金から携帯電話のコストを回収するというビジネスモデルであった。PDC方式が世界に広まらず日本国内だけで使用されることになったため、PDC方式は、世界標準になれず、海外での競争力を失っていった。2Gは、次に登場する第3世代移動通信方式(3G)と比較すると音質、通信速度も劣るものの電子メールの送受信やWebの閲覧もでき、携帯電話の高機能化が進んだが、2Gのサービスは周波数帯の再編に伴い2012年に終了した。

ITU（International Telecommunication Union）は、3Gの標準化の検討を1985年に開始し、5種類の地上系通信方式と6種類の衛星系通信方式を1999年に勧告した。ITUが策定した世界共通規格の携帯電話の規格をIMT-2000という。そしてIMT-2000規格に準拠した携帯電話が開発された。NTTドコモは2001年に3GのW-CDMA通信サービスFOMAを開始した。続いて2002年にはソフトバンクも3GのW-CDMA通信サービスを開始した。

携帯電話でのデータ通信は、1993年にデジタル方式の2G（第2世代携帯方式）が登場し、メールやインターネット接続が可能となった。1999年NTTドコモはPDC方式携帯電話を利用したインターネットビジネスモデル「i-mode」を発表した。2002年頃からNTTドコモは海外の携帯電話会社に「i-mode」の標準化を推進したが、2G方式はまだデータ通信速度が遅かった。2004年頃は、日本のNTTが開発した2GのPDC方式の日本独自規格から3Gへの移行期でもあり、NTTは独自の「i-mode」を海外でも普及させようとしたが、PDC方式は主流になれず、GSM方式のノキア、モトローラ、サムソンなどの携帯端末メーカーの仕様に「i-mode」は入っておらず、「i-mode」は普及しなかった。PDC方式で世界標準規格が取れなかったことがNTTドコモは携帯電話を利用したインターネットビジネスモデル「i-mode」敗北の要因のひとつである。

その後、3G の W-CDMA 規格に対応したアップルの iPhone は、2008 年ソフトバンクから発売された。2011 年には CDMA2001X 規格に対応した iPhone 4S が KDDI（au）から発売された。2012 年には NTT ドコモが LTE（Long Term Evolution）対応のアップルの iPhone を発売した。このように、日本の大手携帯電話通信会社 NTT ドコモ、KDDI（au）、ソフトバンクの 3 社がすべて iPhone を扱うことになり、アップルの iPhone の日本での販売台数は増加していった。3G の世界通信規格対応のアップル iPhone によって日本市場は席巻された。携帯電話はスマートフォンに進化し、スマートフォンの OS では、米国企業のアップルと Google がスマートフォン市場を支配した。アップルは独自の Apple OS で商品化を行い、日本、韓国、台湾、中国のメーカーは、Google OS で商品化を行っている。

3G の後継の高速の通信方式が 4G（第 4 世代移動通信方式）である。4G の特徴としては、50Mbps 〜 1Gbps 程度の超高速大容量通信を実現、IPv6 に対応し、無線 LAN、Bluetooth などと連携し、固定通信網と移動通信網をシームレスに利用できるようになった。通信スピードが超高速される代わりに 3G で使用している 2GHz 帯より高い周波数帯を使用しているので、電波伝搬特性によりサービスエリアが狭くなってしまうことや電波の直進性が高いことにより屋内への電波が届きにくい。通信速度の高速化は高消費電力を招くのでモバイル環境での電源容量の確保も技術的な課題である。4G は 2012 年 1 月ジュネーブでの ITU（国際電気通信連合）の会議で承認された。日本では東京オリンピックの開催される 2020 年に 10Gbps 以上の通信速度とし、LTE の約 1000 倍容量を実現する 5G（第 5 世代移動通信方式）のサービス開始を目標にしている。4G はスマートフォンのためのモバイルネットワーク技術であるが、5G はスマートフォンのネットワークのみならず、2020 年以降の社会を支えるモバイルネットワーク技術である。

3　日本の「ものづくり」競争力低下の原因

(1)　製造技術の比重の低下

逆輸入の短期間化

　主要産業の動向をみれば明らかなように、1970年代にピークに達した日本の製造技術は、1980年代後半から急速にその力を減じ始める。つまりは急速にアジア諸国がキャッチアップを開始するのである。それは、林倬史氏が作成したAV機器の国産寿命図（林倬史「競争構造の変貌と経営学の課 題」日本経営学会編『21世紀経営学の課題と展望』2002年）を見ても明らかである。つまり、カラーテレビの場合、日本で生産を開始したのが1960年で、90年までの30年間は日本で生産してきたが、90年から松下電器産業（現パナソニック）14型をマレーシアから輸入することで逆輸入が始まった。カラーテレビの場合、日本で生産を開始してからその製品が日本に逆輸入されるまでに30年ほどかかっている。しかし、75年に生産され始めた家庭用VTRになると日本に逆輸入されるまでに17年、82年に生産され始めたCDプレーヤーになると10年、91年のワイドテレビになると4年、92年のMDプレーヤーで3年、97年のDVDプレーヤーで2年、そして96年生産開始のAPSや97年開始の「たまごっち」になるとゼロ年となる。つまり日本で開発設計されたものが、最初は日本で生産され販売され、輸出されていた。ところが、海外で生産されたものが日本に逆輸入されはじめ、しかもその間隔が次第に短くなり、2000年代に近づくとほぼ同時か、もしくは日本で生産されることなく、瞬時にアジアの生産拠点で製品化され、日本市場に投入されることとなった。しかも、輸入先 は当初はマレーシアだったが、90年代後半からは中国、台湾、韓国が加わり始めた。そして、2000年代以降はそれがさらに進んで、有機ELなどは、開発設計そのものが日韓共同になり、生産も韓国で行われることとなったのである（同上）。

アジア各国の技術力の向上

　こうした変化を生んだ背景に1985年以降急速に進行した円高で日本からの輸出が困難になった点もあろうが、日本企業が進出したアジア諸国で、日本からの技術移転が進行した現地企業の技術レベルが急速に向上した点があずかって大きかった。つまりは、アジア各地で製造技術が向上し、技術力の強みを発揮する余地が著しく少なくなったのである。これが、日本の製造業の競争力の

劣化の大きな原因の一つだった。これは電機産業のなかでも AV 機器を事例に取り上げたものだが、日本で開発・設計・生産という一貫体制から、日本で開発・設計そして海外への生産移管、そこでの技術向上と輸　出能力の具備、そして日本市場への逆輸入、さらには日本単独ではなく日本とアジア企業＜たとえば韓国企業や中国企業＞の共同開発、アジアでの生産と日本への逆輸入という事態にすら進み始めている。この行き着く先としては、アジアでの開発設計とアジアでの生産さらには研究開発拠点の海外展開、という脱日本現象が広がることである。

　これが、すでにみたように新製品を次々と生み出さねば存続できない電機産業の特徴であるという見解があるかもしれないが、似たような現象は自動車産業のなかにも出てきている。たとえば日産のマーチという小型乗用車だが、2010 年のフルモデルチェンジを契機に日本市場仕様の同モデル車は、日本の追浜工場からタイの日産工場に生産移管された。また、タイだけでなく中国、メキシコ、台湾、インド＜インドではルノー社との混流＞などでも生産される。こうした現象が可能となるためには、タイでの生産技術の向上が不可欠となる。輸出から現地生産への切り替えは、電機だけでなく自動車でも類似の現象が生じてはいるが、しかし電機の場合には新製品の登場を伴いながら展開されている点が自動車と異なる点なのである。その意味では、電機産業は自動車産業以上に広くそして深い範囲で研究開発を含む開発・設計や生産移管が進んでいることがわかる。

(2)　開発の比重の増加　電機産業での開発の重要性

　製造技術競争に代わって競争力を大きく規定し始めたのが新製品の開発だった。ここでいう開発という場合には、新製品を作り出す文字通りの研究開発と各市場仕様に設計図を変更する応用の２種類に分かれるが、双方ともに企業の競争力を規定する要因としてクローズアップされてきたのである。日本企業は、製造技術に強い特徴を持つが、それと比較すると開発はそれに匹敵する強さは有していない。しかし、国際競争の重点は、製造技術よりは開発に移り始めている。日本のものづくりが急速にその競争力を失い始めている理由はそこ

にある。それは、特に新製品開発競争が激しい電機産業において著しい。電機産業の競争の歴史が新製品開発の歴史であったことは、すでに述べたとおりである。製造と研究開発が比較的鮮明に分離されているのが、電機産業である。自動車産業は、これまでそうした分離は電機部門ほど鮮明ではなかった。電機部門では、今日の「ファブレス」と「ファンドリ」の分離に象徴されるように両者が分離されている場合が一般的だからである。しかも電機産業の場合には、次々と新製品が市場に投入されることから、企業間競争の勝負は、研究開発を主体にした商品企画力に負うことが他の産業よりはるかに大きい。

新製品開発での天才の役割

では開発に強い機構を作るためにはいかにすればいいのか。開発は一人の優れた天才によってなされるものだという主張がある（前掲『日本のもの造り哲学』）。重要な製品の開発が偉大な天才によってなされることは否定できないが、問題は、その天才を天才たらしめるものは何か、という点である。いま、一つの事例をウォークマンの開発に例をとって考えてみよう。ウォークマンがソニーのヒット商品であり、当時のソニー社長だった井深大が商品化を推進したことはよく知られている事実である。では、このヒット商品は、井深大の天才的頭脳が生み出したものなのか。確かにそもそもの発端は、社長の井深大の「持ち運びのできる小型テープレコーダー」所持願望にあった。試作品ができたとき、副社長の盛田昭夫は、野外で音楽が楽しめるようにヘッドホンのジャックを2つつけて2人で聞けるように注文を付けたという。1950年代末から米国で生活を経験してきた盛田は、アメリカの若者たちが野外で音楽を楽しんでいる姿を見ていて、これは近いうちに日本での拡がると直感したといわれている。

このことは、新製品開発は夢と異文化の先取りだということができる。その意味では島国で異文化交流の機会に乏しい日本は、新製品開発に適さない文化土壌だといわねばならない。

製品開発のプロセス

製品開発のプロセスは、公開されていない部分が多く、図解しにくい点が多

い。ここでは、一応の概観を知るという意味で、その解説を自動車と電機で行うこととしたい。まず、自動車の製品開発について説明しよう。製品開発プロセスの解説は、藤本・クラーク（1993、2009）や安達（2014）などが行っている。本論文では、これらに依拠して、その概観を説明しよう。新車の開発は、各社の企業戦略に基づいて進められるが、そのスタート時点は、開発構想の提示で、それは、具体的にその車の生産が開始されるラインオフの時点からさかのぼって決定されていく。最初の開発構想には、自社の技術特性や市場シェアを基礎に、市場の将来動向を加味した新車デザイン、諸元、価格などとそれを図示した車両設計図などが提示される。トップの承認を得て、開発構想指示で基本コンセプトが決定された後、次に来るのがデザイン提案である。デザインとは構想を立体的3次元に転換する作業であり、デザイナーの腕が試される局面でもある。トップ承認が得られると、このデザイン提案を基にボディ現図がつくられ、これをもとに試作図が完成される。そして、試作図を基に一次試作一号車を作り、これをもとに生産試作図を作り上げる。ここでトップの生産試作の承認をとり、一次生産試作が開始される。続けて正式図をとる。正式図に基づき国家認証をとると同時に修正を重ねながら最終品質確認をして量産図を作り上げる。量産図に基づく量産第一号が生産された時点がラインオフということになる。その後初期市場調査を実施しながら量産図の修正を重ねて、量産体制を確立する。これが開発から量産までのプロセスの概略だが、製品開発のプロセスは、正式図の段階までを指すのが一般的である（安達2014）。

開発のキーマン

　この「設計図面（もの）」を統括するのがプロダクトマネージャーということになる。プロダクトマネージャーは、商品企画から開発設計の全過程で、経営トップの全権委任を受けて製品開発にあたる。彼らは、市場から逆転写されてきた情報を集約し、他の様々な商品情報を収集したなかで、自社の企業戦略を加味して商品コンセプトを決定していくのである。自動車の場合には、一人のチーフエンジニア、開発責任者が取締役会で任命され、少人数のチームを作って、コンセプト、スタイリング、構造設計、駆動系設計、懸架装置設計、試作、開発、実験そして生産技術に至るまでの車づくりのすべてのプロセスで陣頭指

揮し、社内、社外の専門部署のスタッフと調整をとりながら車を作っていくというのが一般的なやり方である。このポストには多くの場合はエンジニア出身者がなるが、技術面のみならず販売を含めたマーケティングに関する知識や感性も強く求められる。このポストは、スペシャリストよりはゼネラリスト的能力が求められる所以であるし、複数のポストをこなしたものが選抜されていく所以でもある。いずれにしても、この商品企画から開発設計に至る開発設計過程は、その後の製造過程と比較すると図式化しにくく、ある特定の個人のなかに人格化される場合が多い。1950 年代半ばからの日本での高度成長を前にカーメーカー各社は乗用車ブームに応えた名車を販売していくが、そのなかで名物的プロダクトマネージャーが排出されている。トヨタの中村達也、スバル 360 の百瀬晋六、日産の桜井眞一郎らがそれであろう。

販売市場開拓の比重の増加

開発問題を考えるとき、販売情報の意味は大きい。新製品開発は、開発担当者の努力にかかっていることは言うまでもないが、市場からの情報収集の持つ意味はこれと勝るとも劣らぬほど重要である。日本の自動車産業が新車開発でこれまでリードできたのは、ディラーシステムが日本で破壊されずに保持されてきたことが大きい。なぜならこのルートを通じて顧客情報がメーカーに届けられ、新車開発担当者に貴重な情報が間断なく供給されたからである。逆に電機産業、とりわけ家電産業の場合、この販売網のネットワークが、流通革命の結果、量販店に奪われたため、消費者需要の情報がメーカーの開発担当者に伝わりにくくなった点が、新商品企画にマイナスとなったことは否めない。

マーケティングに長く身を置いた飯塚幹雄は、「ものつくり」とともに「市場つくり」の重要性を強調し、「買える人に売れ」（飯塚幹雄『市場つくりを忘れてきた日本へ』株しょういん 2009 年）と主張している。この飯塚の主張にはいくつかの重要な指摘が含まれている。「ものつくり」というものは単に市場にものを供給すればいいのではない、市場を新たに作り出す製品を提供しなければならない、という示唆である。つまりは開発・設計＜新製品開発だけでなく市場仕様への設計変更を含めた＞主導で「ものつくり」を展開しない限り、製造のコスト競争だけでは市場を確保できないという教訓である。飯塚は、この視

点を韓国のサムスンに徹底的に叩き込んだといわれている。この点は、電機、自動車産業だけでなく、製造業全体に言えることであろう。

ブランドづくりの重要性

開発に関し、市場との関連で強調しておきたいことは、ブランドの重要性である。今後新興国市場での競争が企業の成長の速さを規定する条件となることを考えると、こうした地域で如何にブランドを高めていくかという点が決定的に重要となる。「安くていいものを作っていれば、いつかは認めてもらえる」という発想は、すでにブランドが確立した先進国市場では言えることだが、新興国市場では通用しない。つまりは、市場動向を研究し、市場特性の上に立って、それに見合う製品を開発して投入するだけでなく、それを宣伝する方法を綿密に計画し実行していかねばならない。

クルマにとってのブランド論

ブランドを作ったものが競争に勝つ。現代のブランドは、綿密に計画し作り上げていくものである。これからの商品力競争というのは、「安くていいものを作っていれば認めてもらえる」というものではない。世界自動車戦争の勃発の発端は 90 年代初頭のヨーロッパでの体制の激変と EU の誕生がきっかけである。EU が統合されて通貨が統一され、関税が撤廃されて西欧は、一つの巨大市場になったのである。ほぼ時を同じくして東欧社会主義経済圏が崩壊した。つまりヨーロッパ市場が数年のうちに 3 倍になり、安い労働力が突如出現し、ヨーロッパ市場は世界第 2 位の巨大自由市場になった。関税も保護政策も消え去り、誰がどこに商品を持っていって売ってもいいことになり、欧州自動車市場に競争が勃発した。

欧州自動車メーカーは、大競争時代のクルマにどういう魅力と商品力をもりこもうとしたのか。その第 1 の策がスタイリングであった。エンジン、トランスミッション、サスペンションのクルマの技術格差がなくなってくると商品力を決めるのはスタイリング、そしてスタイリングが示唆するブランドイメージである。成熟した技術の時代の競争力は、「魅力」の競争である。日本の自動車メーカーは 50 年代から 60 年代にかけての高度成長時代、激しい国内シェア

競争の中で技術力と経営力を培い、設計技術と生産技術を磨いた。それが70年代以降、日本のクルマを世界に通用する商品にした原動力であった。日本のクルマは次のステップに進んでいかなければならない。ヨーロッパのメーカーが強力に推し進めている「ブランド」という戦術は、それに対する具体的で明確な回答である。よりターゲットを絞り込んだ個性的で主張あふれるユニークな商品を生み出していかなければならない。

歴史的転換点

　経営の軸足を製造から開発へと移行させる動きは、いったいいつ頃から顕在化したのか。それは、2000年代以降顕著な形で現れる。先鞭を切ったのは電機産業であった。前述したように1980年代に発展した半導体技術は、デジタル技術を生み出し、大規模集積回路により多くの情報を処理できる パソコンを生み出した。アナログ時代は1機能1商品だったが、デジタル時代となると、パソコンが多機能商品として登場し、アナログ時代の単商品機能は標準化され、この標準化された信号処理機能は半導体モジュール、ソフトウエアによってパソコンに取り込まれて行くこととなった。オーディオ情報は、MP3、ビデオ情報はMP4となり、オーディオ、ビデオ情報がパソコンのOS（Operations System）によって処理されるようになった。2000年代にはテレビ放送もアナログ放送からデジタル放送となり、テレビもCRTテレビから液晶テレビに変化した。

　1980年代に始まり2000年代以降本格化したアナログからデジタルの変化は、電機業界に大きな変化をもたらした。アナログ時代の電子部品を用いた回路設計によって商品をつくる「ものづくり」から、集積された半導体モジュールを組み合わせて商品をつくる「ものづくり」に大きく変化した。

　アナログ時代は商品機能を電子部品を使った回路設計と「もの（商品）」を実現する「つくり」で成り立っていたが、デジタル時代になると商品機能は「もの（商品）」を実現するために設計された半導体モジュールの中に埋め込まれた。そして、「もの（商品）」を実現する「つくり」は半導体モジュールを組み合わせるだけになった。アナログ時代の「もの（商品）」を実現する製造の付加価値はデジタル時代になって半導体モジュールの中に埋め込まれ、半導体モ

ジュールを組み合わせる製造の「つくり」の付加価値が減少した。商品の価値は、商品機能を実現する半導体モジュールの設計と製造によって決まってしまう。このことがデジタル時代の大きな変化である。

　アナログ時代は商品として「もの」と、「もの」を実現する「つくり」の重要性が対等に存在したが、デジタル時代は商品仕様の「もの」は商品仕様を実現する半導体モジュールに付加価値が集中し、半導体モジュールを組み合わせる「つくり」の付加価値が大きく減少した。半導体モジュール設計は商品そのものであり、電機産業の特長である標準化された方式が半導体モジュールに集約されることになった。たとえばパソコン商品では、主体がOSとCPUでありWindowsパソコンではマイクロソフトがOSを支配し、CPUはインテルが支配した。アップルパソコンがWindowsパソコンと違う独自性を有しているのは、CPUはインテル製を使ってもOSはアップルが自社開発しているからである。アップルのパソコンは、半導体モジュールを組み合わせた商品としての「もの」と商品機能を実現するOSを自社開発しているので競争力のある商品ができるのである。このことは、デジタル時代は半導体モジュールを組み合わせて商品をつくる「つくり」に付加価値が少ないということを表わすひとつの事例である。

　多くの機能が集積されるデジタル商品の事例としてスマートフォンをみても同様なことが言える。スマートフォンの「もの（商品）」としての機能はOSに集約されグーグルが開発したアンドロイドOSとアップルが開発したアップルOSの争いに、カメラ機能の優劣を決めるC-MOSセンサーモジュール、画像のきれいさを決定する液晶モジュールを組み合わせる「つくり」からなるが付加価値はモジュールを組み合わせる「つくり」にはなく、「もの（商品）」としての商品機能と商品機能を実現するモジュールづくりにある。

おわりに

日本の製造業の課題
　デジタル時代になり日本の電機産業は商品としての「もの」の商品企画と「もの」を実現するための半導体モジュールの設計と製造において、米国に敗れた。

したがって、日本電機産業の復活には、商品としての「もの」の商品企画と「もの」を実現するための半導体モジュールづくりにあり、半導体モジュールを組み合わせる製造「つくり」にはない。

　日本の主要電機メーカーは、2000 年代以降この変化に気づくことなく、「もの」と「つくり」を一体化させて一貫生産体制を追求し続けた新しい商品の「ものづくり」と「ことづくり」を怠ったのである。しかし、先行する電機産業では、すでに「もの」と「つくり」の分離が一般的な姿となって拡大しているが、自動車産業では、まだその姿は、ほんの兆しにすぎないように見える。しかし、今後起きるであろう自動車産業での大きな変化—動力の電動化による電気自動車の普及とガソリンエンジンの相対的比重の低下、安全運転にともなう自動車の概念そのものの変化—によって、遅ればせながらとは言え、自動車産業が電機産業を後追いするときが迫っていることは、これまでの我々の論文が論じたとおりである。過去の成功体験が将来の成功体験を生むという事は非常に難しい。その意味でいえば、この機器状況を明確に認識し、日本は「バスに乗り遅れた」状況にあることを深く認識しておくべきであろう。

CASE の出現

　この問題は、「100 年来の大変革期」と称される自動車業界の大変動期が到来しつつあるなかで、早速具現化してきている。つまり、電機産業とは異なる自動車産業の特殊性が、次第に消滅する兆候が表れているのである。それは、ある事件がきっかけで急速に広がった。2015 年 9 月に発生した VW のディーゼル不正事件で窮地に陥った欧州自動車企業は、起死回生の一手として急遽ディーゼルを捨てて EV 車に大きく舵を切ったのである。2016 年 9 月にメルセデス・ベンツは CASE と名付けた中長期戦略を発表した。それは、Connected（コネクテッド）、Autonomous（自動運転）、Share and Service（シェアリング）、Electric（電動化）を総称したものだった。クルマはインターネットで外界とつながることで、動くオフィスに変わり、自動運転となる事で運転者は操縦機構から解放され、オフィス活動に集中でき、シェアリングによって単なる移動手段と化し、電動化によってオフィス機能は一層強化される。つまりは、これまでのクルマ概念は変形して、完全に新しい「製品」へと様変わり

したのである。電機産業ではとっくに常識となっている新製品開発競争が、つ
いにクルマ産業にも到来したのである。きっかけは、ディーゼル不正事件だっ
たが、これをきっかけにして新製品誕生への競争の道が開拓されたのである。
しかもこの「変革」が内包する新しい「製品」は、単に自動車産業だけではな
く、それを包含した社会全体の「変革」を伴いつつ進行している点で、電機産
業以上に大きな社会変革である点に注目する必要がある。このことは「社会の
変革」＝「21 世紀の未来社会」を生み出す契機となる意味で、それが与える
変化は想像を絶するものがある。我々が「100 年来の大変革期」という言葉の
意味をかみしめる所以である。

覇権競争の道具としての CASE

　CASE が、「社会の変革」＝「21 世紀の未来社会」の実現と関わるがゆえに、
その競争は勢い覇権競争の道具と化す可能性が高い。2018 年以降激化してき
た米中間の貿易戦争の焦点が貿易赤字解消問題から「中国製造 2025」年問題
へと展開していったのはけだし当然だったと言わざるを得ない。自動車産業や
電機産業が一国経済に与える影響は GDP 寄与、輸出への寄与、雇用への寄与
等で決定的であるが、CASE は自動車と電機が重なり複合的となる分で一国経
済に与える影響は衝撃的であり、先端技術や軍需技術と密接に結合している分
で、直接覇権競争と結合する。その意味では、この CASE の将来は米中間の
つばぜり合いの競争のカギとなるであろう。2019 年から 2020 年は、そうした
意味でその後を占う決定的な年となるに相違ない。

参考文献

青木昌彦・安藤晴彦『モジュール化』（東洋経済新報社, 2002 年）
飯塚幹雄『市場づくりを忘れてきた日本へ。』（しょういん, 2009 年）
伊丹敬之『日本企業は何で食っていくのか』（日本経済新聞出版社, 2013 年）
井上久男『メイドインジャパン驕りの代償』（NHK 出版, 2013 年）
岩井善弘『液晶産業』（工業調査会, 2001 年）
越智成之『イメージセンサの技術と実用化戦略』（東京電機大学出版局, 2013 年）
川上桃子『圧縮された産業発展』（名古屋大学出版会, 2012 年）

金熙珍『製品開発の現地化』（有斐閣, 2015 年）

小林英夫『産業空洞化の克服』（中央公論新社, 2003 年）

坂本幸雄『不本意な敗戦 エルピーダの戦い』（日本経済新聞出版社, 2013 年）

下川浩一『「失われた十年」は乗り越えられたか 日本経営の再検証』（中央公論新社, 2006 年）

武井一巳『アップル vs アマゾン vs グーグル』（マイニチコミニュケーションズ, 2010 年）

竹内一正『スティーブ・ジョブズ vs ビル・ゲイツ』（PHP 研究所, 2010 年）

中田行彦『シャープ「企業敗戦」の深層』（イースト・プレス, 2016 年）

西村吉雄『電子立国はなぜ凋落したか』（日本 BP 社, 2014 年）

西村吉雄＋未来技術研究会『テクノロジー・ワンスモア』（丸善ライブラリー, 1999 年）

西村秀俊・小林英夫編『ASEAN の自動車産業』（勁草書房, 2016 年）

林倬史「競争構造の変貌と経営学の課題」日本経営学会編『21 世紀経営学の課題と展望』（千倉書房, 2002 年）

藤本隆宏『生産システムの進化論』（有斐閣, 1997 年）

藤本隆宏『能力構築競争』（中央公論新社, 2003 年）

藤本隆宏『日本のもの造り哲学』（日本経済新聞社, 2004 年）

藤本隆宏・キム B. クラーク『製品開発力—自動車産業の「組織能力」と「競争力の研究」』（ダイヤモンド社, 2009 年）

真壁昭夫『日の丸家電の命運』（小学館, 2013 年）松永真理『i モード事件』（角川書店, 2000 年）

丸川知雄『現在中国の産業』（中央公論新社, 2007 年）

山田英夫『デファクト・スタンダードの競争戦略』（白桃書房, 2004 年）

湯之上隆『電機・半導体大崩壊の教訓』（日本文芸社, 2012 年）

ロバート・ソーベル『IBM vs. Japan』（KK ダイナミックセラーズ, 1986 年）

〈付記〉

　　本論文は自動車部門は小林英夫が、電機部門は二木正明が執筆し、1、3 は、両者が共同討論した成果である。本論文の初出は『早稲田大学自動車部品産業研究所紀要』第 18 号（2016 年下半期）掲載論文「バスに乗り遅れた日本企業の現状と将来—自動車・電機産業の分析から新たなる競争力の回復を構築する」

第 9 章　日本製造業の現状と課題 – 新たなる競争力の回復を模索する – 　**225**

であるが、今回ここに小林・二木が加筆修正を加えたものである。

第10章　自動車取引適正化を巡るOEMと 部品メーカーの交渉史（概観）

高橋武秀

はじめに

　自動車製造業と自動車部品製造業の取引関係については、いわゆる「系列取引」が主体であったが、カルロス・ゴーン社長就任以来の日産の取引関係改革を契機として、系列取引色は解消しつつあるなどと様々な議論・評価が従前から行われている。本稿では、自動車メーカーと部品メーカーの関係性の最も端的な表れである「取引慣行」から両者の関係性を概観し、現在の取引慣行是正の取り組みにまで言及する。

1　系列取引

　自動車一台を作り上げるために関与する企業数は例えばトヨタ自動車で一次下請 5,204 社、二次下請 2 万 5,868 社にのぼるとされる [1]。このような膨大な取引のネットワークを駆動するルールは、当然のことながら契約である。契約は、契約関係に入るか否かの決断の段階から、契約関係から離脱するまでの全プロセスが個別の契約参加者の自由意志によって構成されるのが、民事法の暗黙の大前提である。

　ところが、実際の取引の基本文書になる「契約」を産み出す発注者と受注者の関係性は長年の取引の積み重ねにより形成された「力関係」（交渉力の強・弱と言っても良い）とこれをベースにしたあまたの慣行を歴史的な背景として決定されている。このような交渉力による重み付けを伴うサプライチェーンを経由しての取引を系列取引と称しても良いかもしれない。

2 自動車メーカーと部品メーカーの情報共有

　筆者がかつて在籍した一般社団法人日本自動車部品工業会（通称部工会、以下部工会と略す）は、上述のトヨタの事例で言えば一次下請（いわゆる Tier 1 企業）の位置に立つ企業を主力会員とする 400 余社の団体として成立している。平成 26 年工業統計表によると、自動車部品の工業出荷額は 30.7 兆円と全工業出荷額の 17.5%、自動車関連工業出荷額の 57.6% を占めている。更に、部品工業会メンバーの出荷額は部工会調べに依れば 19.8 兆円、自動車部品の工業統計表による出荷額の 64.5% を占めており、業界の代表性という意味で十分なカバレッジを持っている。

　その活動の目的などを定款から引用すると以下に示す事業を行うこととされている。

　その事業の一環として自動車製造業者（二輪を含む）の団体である一般社団法人日本自動車工業会（以下、自工会と略す）の調達委員会と部工会政策委員会・総務委員会との間にそれぞれ年に一回ずつの懇談会を開催（筆者が部工会

(1) 自動車部品の生産、流通及び輸出入に関する調査、研究並びに各種統計調査資料の作成及び刊行
(2) 以下の事項に関する調査・研究及び提言
　① 自動車部品及び自動車部品産業の振興及び理解促進に関すること
　② 自動車部品の基準・規格の標準化に関すること
　③ 自動車部品の生産技術、安全技術及び環境技術に関すること
　④ 自動車部品及び自動車部品産業の環境保全に関すること
　⑤ 自動車部品及び自動車部品産業の知的財産保護に関すること
　⑥ 自動車部品及び自動車部品産業に係る政府施策に関すること
　⑦ 自動車部品及び自動車部品産業の電子情報化に関すること
　⑧ 自動車部品の貿易及び自動車産業の国際的なビジネス環境に関すること
　⑨ 自動車部品産業の経営環境に関すること
　⑩ 自動車部品産業の人事労務、安全衛生、技能振興及び労使関係に関すること
　⑪ 交通安全の推進に関すること
　⑫ 自動車及び自動車産業に関すること

　出典：自動車部品工業会 HP

専務理事に在任中に両者を合併して年に一回開催に縮小）して来ていた。

　この懇談会の主要な機能は、例えば原材料費高騰時に材料費の製品価格への転嫁の必要性ついて一般論として部品業界側から自動車メーカーに対して理解を求めるなど、自工会・部工会の直面するそれぞれの課題の状況を説明しあい、相互に情報を共有、それぞれの立ち位置について理解を深めることにあった。

　後述する自動車取引適正ガイドラインが諸種の取引慣行を俎上に載せる以前のタイミングでは、この会合が材料価格の転嫁問題、円高対応などに加え、旧型補給部品の供給とそれに伴う金型の保存に関する議論等が行われ両業界の問題点を共有するほぼ唯一の自主的な場であった。

　その際に格好の素材となったのが次項に詳述する旧型補給部品の供給問題である。

3　旧型補給部品の供給問題

　日本では，家電の補給部品の供給保証は公正競争規約[3]により，最も保持期間の長い冷蔵庫、エアコンディショナーの性能部品で9年間などと定められているなど、多くの家電製品の取扱説明書には製品製造打ち切り後の部品供給期間が明示されている。家電メーカー傘下の部品業者は「非流動部品製造の義務」から解放される時期が明確になっているのである。これに対し、日系自動車メーカーは製造打ち切りになった自動車であっても市場で走っている限り「原則として」補修部品を提供するという態度を示している。自動車の製造終了から、10年 + a というのが一般的な補給部品の供給期間とされるが、このあたりは、部品メーカー側では15年としているところが多いとされる。しかしながら自動車メーカーとの取決めがないケースも多く、21年ぶりに補給部品の発注が数個届いたというようなことも稀にあり、このため、15年と設定した場合でも、21年〜25年程度供給可能な状態にしていると報じる記事[4]もある。

　そのため補給部品及び金型の長期保有傾向に拍車がかかり、自動車部品産業レベルでは“万が一”の旧型補給部品再生産に備えて保存期間の約束などが明確にならないまま、金型だけを保管し続けるといった現象が起こることにな

る。さらに欧米よりも日本の消費者の方が品質に拘る傾向が強く、補給部品にも新車と同じ品質の部品が要求されるといわれていることが更に金型を廃棄しにくくしている。部品製造者は、自動車メーカーがいつ部品供給をやめるかの判断によって、当該部品の取り扱いが決まるのを待つという姿勢にならざるを得なかった。

　ここまで見てきたように、製品製造義務の終期が不明確であることが、多くの部品製造に用いられる「金型」の取り扱いを巡る諸問題の遠因となっている。

4　金型について

　先ず問題の原因である金型の特質についてみる。金型とは，材料の塑性または流動性の性質を利用して、材料を成形加工して製品を得るための、主として金属材料を用いてつくった「型」の総称である。例えば自動車のボディーは金属の塑性を利用して金属板をプレス金型によって成形加工することで出来上がり、電話機など樹脂製品はプラスチック材料を金型によって射出成形することで出来上がる。このように金属、プラスチック、ゴム、ガラス等の広範な素材を、それぞれ目的とする製品に成形加工用するために使用される機械・器具の総称が広義の金型である。

　このように、金型は「同じもの」を「大量」に「繰り返し」生産するときに利用される。換言すれば、このような方式でのものづくりを行う際に、その特質がもっとも生きる「もの作りの道具」と考えることが出来る。

　藤本 [5] は「企業は製品設計情報を創造し、調達活動を通じて素材を入手し、生産活動を通じてその設計情報を媒体である素材なり仕掛品なりの上に転写する」と説明する。この視点に従えば、「金型」は設計情報を実物に転写するためのほぼ最終段階に位置する装置であり、転写のための独自の情報価値を持っている。

　中小企業基盤整備機構が実施した「川上・川下ネットワーク構築支援事業」に採択された「自動車旧型部品の保持再生産に関する調査フォーラム〜 3Dデータアーカイブ &RP 技術による解決可能性について」（以下、2006 年フォーラムと略す）の第 1 回で、フロア及びシンポジウム参加者から、藤本のいう設

計情報の製品化の際に、「外観形状等を示す設計図書」の内容は、設計図書を出図した「技術者」から見れば自分が言語化した内容に加え、例えば金属板の上に転写する「金型」の製造段階で付加される情報、つまり「技能」の世界に属する情報（現場創発の「暗黙知」）によって補完されて初めて製品製造が可能であると認識されていたことが示された⁽⁶⁾。

即ち、金型に体化されている「金型上にのみ記載されている設計言語外の情報の重要性」は「金型を扱って仕事をしたことがある人」の常識となっていることが看取される。この意識は後に詳細を説明するが、「金型の廃棄が許諾された場合にも、なお現場から型が廃却されない」事象の原因となっている。金型の重要性は藤本の提起した「製品設計情報」の「転写」という概念をより深掘りした形で製造現場では認識されている。

自動車部品メーカーは膨大な数の補給部品を先ほど述べたように、使用過程にある自動車の部品を含めてストックしておく必要に迫られる。殊に、金型の重要性に対する認識が強ければ強いほど、補給部品及び再生産に備えた金型の保管は必須不可欠のものと認識されるようになる。一方、増大する一方の金型保管のためのコストは今後とも部品メーカーの競争力を削ぐ重大な要因であり続ける可能性がある。

5　金型問題の解決策の探求と「場」の設定

この問題は、かねてから自動車部品業界において重要な問題と認識されており、2002 年 2 月には日本自動車工業会・企画調査ワーキンググループと自動車部品工業会に設けられた研究会が共同調査を行い、内部文書として「旧型補給部品・提言書」がとりまとめられた。この提言のまとめられた 2002 年当時利用可能であったデータによれば、日本の乗用車の平均車齢は 5.6 年、平均使用年数は 9.96 年であり、乗用車の長期使用が強く意識されだした時期に当たっている。提言の内容は補給部品の生産年限に関するものなど金型保管に限らない広がりを持つが、提言をとりまとめたこと自体、当時は自動車工業会メンバーと部品工業会メンバーが問題意識を共有して問題の解決に努めたいという意識が明確に示されたエポックメーキングな共同レポートと評価された。

この自動車工業会・自動車部品工業会の共同レポートの中では、補給用部品の金型保存の問題について、特に自動車メーカーの品番廃止の情報が部品企業における「金型や在庫廃却の検討〜廃却作業」に繋がっておらず、このため部品製造者の事業場が多くの型・在庫を抱えているという問題点が共同で解決すべき問題として認識され、両者の協調行動の端緒となっていた。金型保管・旧型部品の再生産問題は金属プレス、鋳造、鍛造などに代表される素形材産業界においても「宿痾」として認識されており、例えば「中小金属プレス加工業における取引関係に係わる調査研究報告」[7] においても金型保管費用の問題が挙げられている。この調査研究報告は、中小金属プレス業界の立場から金型保管問題が重要な解決を求めるべき問題であることを強く主張しており、関係先は自動車関連産業に限定されるものではないが、特に中小企業にとって金型の保管、そこから派生する問題の重要性・深刻性が示されている例である。

2002 年に示された自動車製造・自動車部品両業界の補給部品問題にかかる共通認識を基盤におき、両事業者間では問題解決のために相応の努力が開始されたものの、問題が一気に解決に至ったわけではない。

6　問題の解決を遅らせた原因

問題の解決が遷延した原因としては以下の事情が上げられている。

① 2002 年の共同レポート以降も車両保有年数の長期化、平均車齢の高齢化などは進んでおり、平成 19 年（2007 年）における乗用車の平均車齢は 7.09 年、平均使用年数 11.66 年と一層長期化している。

② 一方、マイナーなものを含めモデルチェンジサイクルは短縮する傾向にあるとされ、型の数がますます膨大な物になっていった。

2002 年共同報告は旧型補給品問題、特に旧部品用金型問題の全面的な解決には必ずしもつながらなかったとの認識が 2006 年末前後から部品メーカー側に再度広がっていた。この部品メーカー側の「暗々裡の共通認識」をうけて、日本自動車部品工業会は 2007 年時点で会員に対して再度、旧型補給部品用金型問題についてアンケート調査 (8) を実施した（回答社数 110 社）。アンケートに対する回答では、納入者の立場から見て、自動車メーカーの担当者自身の

自社の金型廃棄のルールについての認識・意識が高まってきているとの評価はなされた。さりながら「(旧型補給部品用金型問題は) 現在問題が解決している」との認識を示した社は回答 110 社のうち 4.3％に過ぎず、62.1％の企業が「改善に取り組んでいるが効果が表れていない」との認識を示すばかりでなく、26.7％の企業が「課題として認識しているが具体的な取り組みを行っていない」と回答をした。さらには「改善に取り組んではいるが効果が現れていない」とする社が 6.9％を占めており、旧型部品用金型保管問題事態が改善の方向に向かって進展していないことが明確に示された。

この様な事態が発生する理由としては「新規金型点数が増加しており、廃棄が追いつかない」(38.9％)、「金型廃棄の情報を入手しても、廃棄手続きが複雑で手が回らない」(18.3％)、「金型の廃棄情報が入手できない」(15.1％)、「自社の金型管理が十分でない (判断がつかない)」(12.7％)、「(自動車用だけに使途を限定しない) 汎用部品が増加している」(10.3％) 等が挙げられている。このアンケート調査からは、

① 新規金型の点数増加が金型の廃棄可能と判断された点数を遙かに超えている実態。

② 金型実物が持っている実物情報の重要性についての暗黙的な共通認識があり、仮に廃棄が許諾されても、現場が「捨て難い。」と感じている事実。

③ 旧型補給部品用金型保管コストの再生産品価格への転嫁・配分ルールが必ずしも確立していない。

④ 量産ラインからはずれ、原価償却期間が徒過しても使用されない状況が長期化した金型は、管理コストのみ必要とする「ロスセンター」であるため、金型保管にかける金型管理コストを極小化したいという意識が管理サイドで強くなる。

という点が明らかになっている。

これらの要素が相まって「今後なお使用するかしないかの不明な金型ではあるが、生産時の現場の暗黙知が盛り込まれており、再生産のタイミングでその暗黙知が現場に残っているかも含め技術的対応が可能かどうか自信も持てない。此処に置いておくと発注先と縁がつながり続けているのだから捨てるのもなぁ……」と言う漠然とした恐怖感を支えとして、「発注者との約束事が明確

にならないまま受注者により金型が保管され続ける。しかしながら、管理状態は千差万別である。」という管理構造が発生したものと考えられる。

これは前回共同レポートの時点から取られた状況解消のための本来は自動車メーカー、部品メーカー共同して行われるべき努力が必ずしも十分には進展していないと言う理解が部品工業会側には広まっていた。

7 「取引慣行」問題対応の潮目の変化

4で指摘した金型の管理に関する認識が部品メーカー間蔓延しつつあった時期（2006年末時期に当たることは既に述べた）に、経済産業省は「自動車取引適正化研究会」を発足させ、金型のみならず自動車関連企業の調達慣行全体に注目して、自動車メーカーの特に部品調達担当セクション、部品メーカー、部品メーカーに対する供給者として、あるいは自動車メーカーへの直接の納入者としての素形材メーカー、学識経験者を委員として各種検討が行われた。

これは自動車関連産業の出荷額が約46兆円と我が国製造業の出荷額の16％を占め、関連業界を含めた就業人口は全就業人口の7.7％に達すること、就中、自動車メーカーが自らをトップにしたピラミッド型の分業構造（メーカーと取引のある一次サプライヤーにはより多数の二次サプライヤーが取引関係を持ち、二次サプライヤーはさらに三次サプライヤーが取引関係を持つといった数次にわたる重層的な取引関係）を通じて外製率が高いこと、また自動車メーカーと部品メーカーとの長期継続的取引が存在することに着目した結果である。

この研究会には、当然のことながら自動車部品メーカー側の持つ問題意識もかなり尖鋭に持ち込まれ，広範囲に活発な議論が行われた。

この結果、自動車メーカーと各部品メーカーの当事者間で製品の原価低減や品質向上に向けて、課題・目標を共有し両者の創意工夫や相互研鑽を促す慣行の存在が確認され、これを敷衍して次のような認識が確認された。

① 「（このような）自動車産業の調達慣行を「協調的投資」を促す調達慣行（いわば「協調的投資促進型調達慣行」）として改めて位置づけ、公正競争と競争力強化を同時に促す仕組みとして更に洗練させ、広く浸透を図っていくべきである」とされた。

② 「ただし、こうした関係が効果的に機能するためには、メーカーとサプライヤーの間において、成果をシェアするインセンティブを与えるような仕組みが構築されなければならない。特に、取引関係が開始される前に、あらかじめ成果のシェアに関する約束が明確化し、取引条件に関する不確実性を可能な限り除去しておく必要がある」

これらのポイントに加え、適正化するべき調達慣行の類型と、望ましい取引実例をとりまとめた「自動車産業取引適正化ガイドライン」が 2007 年 6 月に公表された。

ガイドラインの詳細については次節で述べるが、同ガイドライン上、補給品生産に関しては「量産の終了した補給品の製造委託契約を結ぶ場合、原材料費及び型製造費等について量産時とは異なる条件を加味しながら、委託事業者・受託事業者が十分に協議を行い、合理的な製品単価を設定することは、我が国製造業の競争力の観点から見て望ましい。この場合、量産終了後、速やかに補給品支給期間、価格改定の協議が行えるよう、委託事業者が生産状況を明確に伝えることが重要である。また、こうした望ましい取引を実践するためには、量産時における当初の契約の際に、補給品支給期間、量産終了後の価格決定方法等について、あらかじめ具体的に内容を合意して取り交わしておくことが望ましい」と指摘された。

また、金型保管に関しては「型の保管は、柔軟な生産体制の構築のためにメリットがある面もある。委託事業者は、型の所有権が委託事業者・受託事業者のいずれに帰属するかを契約上明確にした上で、必要に応じ、受託事業者と協議の上、型の保管に必要なコストを負担し、製品製造終了から一定期間経過した型は委託事業者が引き取るか、廃棄費用を負担した上で受託事業者に破棄させるような取り決めを、製品発注時点で結ぶことが望ましい。また、取り決めがない型についても、受託事業者は、製品製造終了から一定期間が経過した型について委託事業者に引き取りまたは破棄を要請し、委託事業者は型の必要性を十分考慮した上で、引き取りまたは破棄、若しくは必要なコストを負担した上での継続保管要請を行うことが望ましい。なお、金型保管・破棄については、各社ごとにルールが存在しているものの、部品メーカーでは不満も多いことから、適正な運用を図るため、業界の基準となる基本モデルを作成することが望

ましい」と記述し、補給品問題，補給品に関する金型問題は協調的投資慣行を共有する関係者が今後なお解決に向けて相当の注力をしなければならない分野であるとの認識が官民挙げて共有された。

　旧型補給品金型保管の問題は、その解決のために 2002 年段階では「廃番情報の流通」という事業者間のインターフェイスの改善による事案の解決に焦点が当てられた。

　2007 年取引適正ガイドラインでは、「廃番情報の流通」に加え、「適正なコスト負担」という観点が解決のための手段として明示的に付加された。2002年以前の状態から見れば確かに、一歩ずつ解決策が積み上げられてきている。

　しかしながら、先にも述べたように大量に同じ物を生産する時に生かされる金型の特性は、限定個数をたまにしか作らないで良い需要に応える為の生産方式としては基本的に相性が悪い。 にもかかわらず、廃番金型点数を新規作成金型の点数が凌駕している現状は、新規金型の製作にこそ優先順位が与えられており、再度生産現場に返り咲く可能性が皆無と思われるものを含めて膨大な点数の金型を逐次廃棄していくような、いわば儲けに直結しない作業は軽んじられ、結果として常に受注側に旧型用の金型が滞留し続ける構造は変わらなかった。流動初期に比べて圧倒的に小さくなった需要に答える方法としては相性が悪い金型を用いた専用ラインが工場の隅で生き残らざるを得ないという歪みは解決されていない。

　このように、相当の交渉の歴史がある金型、なかんずく旧型補給部品金型問題は自動車メーカーと自動車部品メーカー（Tier 1）との継続的且つ重要な論点として残った。

8　官主導によるガイドラインの見直し

　以上に見た金型問題に加え、為替変動による OEM 側からの一層の原価低減の要求、原材料価格の上昇によるコスト増に対する対応の陳情など、取引にかかる基本問題について、基本的に個別の議論は個別会社同士でと言う前提の下に、自動車部品工業会と自動車工業会、自動車部品工業会と素形材関連団体との間では現状認識の共有のための定期的な意見交換会がもたれていた事につい

ては既に触れた。

　この意見交換は競争法を意識して、集団による交渉ではなく、個々の購入者と納入業者の、個別の交渉によって事案は解決されるというスタンスで動かされており、実際の契約交渉では購入者と納入業者の力関係で物事が決まるという流れは動かしがたい岩のごとき存在であった。このような交渉環境の中で自動車業界と自動車部品業界は膨大な取引慣行を形成していた。

　これに一石を投じたのが先述した「適正取引ガイドライン」である。同ガイドラインは「自動車産業の調達慣行を「協調的投資」を促す調達慣行（いわば「協調的投資促進型調達慣行」）としてポジティブに位置づけ、公正競争と競争力強化を同時に促す仕組みとして更に洗練させ、広く浸透を図っていくべき」との考え方の整理を行い、これに基づき経済産業省の主唱の下、部品工業会、自動車工業会と素形材関係団体の協議などを経てとりまとめられたもので有ることは既に述べた。

＜参考：19年自動車取引適正ガイドライン＞

　平成19年6月にとりまとめられた「自動車産業適正取引ガイドライン」（以下『ガイドライン』と呼ぶ）」（20年12月改訂）は協調的投資の実効性を保つためのガイドラインであって、下請け中小企業振興法などとのの強い関連付けは行われていなかった。

　このような19年ガイドラインのポイントを上げると以下の通りである。

✧　ポイント1

　　今後とも、サプライチェーン全体にわたる「協調的投資」を促し、自動車産業全体としての効率性を高め、競争力の強化に活かしていく。

　　このために、サプライチェーンを構成する自動車メーカーと部品メーカー等の間において、

①　取引の予見可能性を最大限に確保し、

②　共同で中長期の目標を設定・共有した上で、

③　協調的投資を行いつつ、

④　新規開発やコスト低減に伴う成果を共有する

という関係が確保される必要がある。との認識が明示された点。

◇　ポイント2

　そのため、自動車メーカー及び部品メーカーは、以下の五つの原則を自らの調達方針として明確に約束（コミット）すべきである。

　また、こうした調達戦略を経営戦略の基本に据え、様々な手段を通じて対外的にも明らかにし、サプライチェーン全体に浸透を図るべきであるとされた。

　第一に、開かれた公正・公平な取引の原則。

　調達相手先の選定にあたっては、国籍や企業規模等にとらわれず、広く機会を与えて、公正かつ透明な対応に努めるべきである。

　第二に、調達相手先と一体となった競争力強化の原則

　調達相手先を競争力強化のためのパートナーとして位置付け、イコール・パートナーシップの考え方のもと、調達担当者だけでなく、開発担当者や生産技術担当者も広く関与した上で、新製品の共同開発やコスト低減活動を一体となって行うべきである。

　第三に、調達相手先との共存共栄の原則。

　主要な部品・素材を調達している取引先の経営が傾けば、完成品の品質やコスト等に直結することを認識すべきである。特に、主要な中小調達相手先については、必要に応じて経営指導等を行うべきである。

　第四に、原価低減活動等における課題・目標の共有と成果シェアの原則。

　新製品の開発や原価低減の活動は、事後において一方的な値引き要求を行うものではなく、調達相手先と課題や目標を共有した上で、新製品の開発や材料の変更等が達成される以前の段階における事前の共同作業として位置づけるべきである。また、達成された成果物やコスト削減の成果は、貢献の度合い等に応じて、調達相手先との間で適切にシェアされるべきである。

　第五に、相互信頼に基づく双方向コミュニケーションの確保の原則。

　新製品の共同開発や原価低減活動を行うにあたっては、調達相手先との間で、課題や目標を共有するために必要な情報を可能な限り開示し合うとともに、あらかじめ十分な相互協議を行い、相互に納得した上で作業を進めることを心がけるべきである。

◇　ポイント３

　我が国の自動車産業においては「協調的投資促進型調達慣行」が広く観察され、５つの原則に従った調達慣行に基づき、他業界に比べると相互協議に基づく取引が浸透している蓋然性は高いと考えられる。しかしながら、グローバル化の進展に伴う世界的な競争の激化、国内市場の成熟化による成長の頭打ちといった状況下、総体として取引環境は厳しくなる傾向がある。このため、個々の現場においては、具体的な取引を巡る課題（特に、成果の分配など）をめぐって、自動車メーカー、部品メーカー、素形材メーカー等のサプライチェーンにおけるそれぞれの立場に応じて、意見の食い違いが見られる。

　指摘事項に共通する「期待値からの乖離」

　これまでの調査結果によれば、いわゆる「買いたたき」のような価格面での取引条件について問題を指摘されることが多い。例えば、補給品の値付け、金型保管費用の負担、ジャストインタイム生産での輸送費用の分担、原材料費高騰の価格転嫁、一方的な原価低減率の提示などである。

　また、自動車産業においては、問題視されやすい 11 の具体的な行為類型があることがガイドライン作成の作業から明らかになった。

　すなわち、ⅰ）補給品の価格決め、ⅱ）型保管費用の負担、ⅲ）配送費用の負担、ⅳ）原材料価格等の価格転嫁、ⅴ）一方的な原価低減率の提示、ⅵ）自社努力の適正評価、ⅶ）不利な取引条件の押しつけ、ⅷ）取引条件の変更，ⅸ）受領拒否・検収遅延、ⅹ）長期手形の交付・有償支給原材料の早期決済、ⅺ）金型図面及び技術ノウハウ等の流出、である。

9　取引適正ガイドラインの変質　政府の影響力行使への傾斜

　平成 26（2014）年 4 月の消費税 5%→8%への値上げ時に政府は消費税転嫁対策特措法を制定した。法の趣旨は消費増税の順調な価格転嫁を求め、転嫁のためのガイドラインなどを制定、一部には価格転嫁カルテルの結成を認めるなど、税の取り扱いをきっかけに企業間の価格形成（＝私契約）に積極介入する態度を取りだした。

特に下請取引については、政府は発注元が消費税の転嫁を認めない価格を押しつけることに強い危惧を示した。このため従来は下請け保護のため支払時期、支払い方法については干渉していたのに加え、価格形成についてまで税をレバレッジにして積極的に介入する事になった。

　この段階での価格決定にまで介入する経験を政府が積んだことが、取引の根幹である価格形成に政府介入が可能だと自覚するきっかけになった。これに対し自動車メーカーは問題が税の転嫁であり特に政府に対立的であることにメリットが無かったことから、自動車工業会も私契約に対する過度な介入といったニュアンスの反対の論陣を特に張ることはしなかった。政府側が契約、特に価格交渉に干渉してもあまり業界から反発が出なかったことを改めて学習したことがこの法律の裏側から見た特色である。

　ガイドラインのベストプラクティス集については、明確な法律違反の案件を反面教師として紹介する一方で、相互の信頼関係を醸成し、ウィン−ウィンの関係の構築に成功している事案を累次蓄積しつつ平成 26 年 1 月に改訂が行われた。その後、特に消費税の価格転嫁問題と一律の原価低減活動の強要と受け取られるプラクティスの存在などを憂慮した経済産業省の意向もあり、同年 12 月再度ガイドラインの改定が行われ、以来平成 28 年、29 年、30 年 1 月と高頻度で見直しが行われるようになった。

　更に、アベノミクスの効果の末端までの浸透のために「付加価値のトリクルダウン」の必要性が強調されるようになると、中小企業の「交渉力」全体の「かさ上げ」に政府が注目するようになり、消費税転嫁の円滑化に向けての諸措置から発展して、中小企業に代表されるサプライチェーンの末端に位置する企業の価格交渉力、特に過去からの宿痾である「金型保管費（特に使用しなくなって時間が経つ旧型補給部品用）の負担問題」、「下請法対象企業を中心に代金支払期限問題」など、下位企業の上位企業（OEM との関係、Tier 1 企業との関係）との交渉力のかさ上げに政府が直接介入するようになった。

　具体的には平成 27 年 12 月〜総理官邸に「下請等中小企業の取引条件改善に関する関係府省庁等連絡会議」を設置（世耕経済産業大臣は当時内閣官房副長官として参加）し、ここで大規模調査やヒアリング等を実施し、取引上の問題を整理することとされた。

更に内閣改造の結果経済産業大臣に就任した世耕大臣が平成 28 年 9 月 15 日、親事業者と下請事業者双方の「適正取引」や「付加価値向上」、サプライチェーン全体にわたる取引環境の改善を図ること等を目的とした「未来志向型の取引慣行に向けて（世耕プラン）」[9] を策定し、この中では特に重点的に取り組むべき課題として価格決定方法の適正化、コスト負担の適正化、支払い条件の改善の三点が挙げられた。業界団体にはこれらの三点を盛り込んだ自主行動計画の策定を要請するに至った。

これに合わせて、平成 28 年 12 月に下請法運用基準、下請振興法振興基準の改正、手形通達の見直し等を行い関連法令の運用を強化が図られ、例えば下請けへの支払いは原則現金決済とすべき事などが定められた。

厳しい言い方をすれば、契約の根幹をなす価格の形成などに矛盾点、問題点が存在していることに当事者が気づいていたにもかかわらず、当事者が安易にそれまでの慣行に流され自主的な問題解決に努めなかったことにより「官による『自主行動計画の策定』の呼びかけ」という、産業としての自立性に疑問を投げかける行為を呼び寄せてしまったと言える。

10　現況

現実に自主行動計画その他がどのように作用しているかと言えば、自動車部品工業会を例に取ると、この「未来志向型の取引慣行に向けて」及びその一環である下請中小企業振興法に基づく振興基準等の改正を踏まえて、適正取引をさらに一歩進めるために、「適正取引の推進と生産性・付加価値向上に向けた自主行動計画」を平成 29 年 3 月に取りまとめた。

これを取りまとめたと呼ぶか取りまとめさせられたと呼ぶかは微妙なニュアンスが残る。部工会は、この自主行動計画において、ガイドラインに掲げられている調達 5 原則（**8** で既述）を適正取引推進宣言として表明し、サプライチェーン全体の取引適正化に向けた姿勢を示すとともに、この自主行動計画を部工会会員会社が望ましい取引慣行を普及・浸透し定着させていくための行動規範とする、としている。

その取りまとめ後、自動車部品工業会は同年秋にフォローアップ調査を実施

し、平成 30 年 3 月に改めて自主行動計画改定 [10] を行っている。このような自主的な行動を促す政府からの圧力の存在は言うを待たないであろう。

このようなマニフェストは部工会のみで完遂できるものではもちろん無くサプライチェーン全体がカバーされなければ意味をなさない。この為、自工会においても同様の自主行動計画 [11] が策定され、実施されている。

また、特に金型については、平成 29 年 7 月 24 日、「未来に向けた「型管理・三つの行動」〜減らす、見直す、仕組みを作る〜（型管理の適正化に向けたアクションプラン）」 [12] を政府側が公表し、旧型補給部品の型管理の適正化等が進められている状況にある。

おわりに

取引の上流・下流を通じて、最終製品の生み出す付加価値をどの段階の企業がより多く獲得するかの競争を行っている、いわば利害相反関係にあるサプライチェーンであっても、共通の問題については、情報の共有・認識の共通化レベルまではある程度自力で到達することが出来ていたことは、2005 年までの自工会・部工会の交渉史で示したところである。ところが、緩やかな認識を共有できた双方にとって必要な事項を共同して実行に移すことができて来なかった。これは特に当事者間の企業規模の差、発注元、発注先の立場に違いなどを背景にした取引慣行の慣性力の強さによるもので有り、業界内で自主的に是正することに限界が有ることを示していた。

そのような業界構造がある以上、外部の干渉により交渉力の補完を行うガイドラインの存在、そして策定されたガイドラインを尊重し、自主行動計画として協調的投資行動の妨げとなる取引慣行を改め続けてゆくことは自動車関連産業の得意とする『改善活動』の亜種として意義がある。しかし、ガイドラインに依存したままになり、自主行動計画が特定時点の取引実態に固着し、時を追って形骸化することは、効率的な協調的投資行動を推進し、動態的な、より高いパフォーマンスを示す取引慣行の創発を目指したガイドラインの本義に照らして厳に避けるべきである。

注

⑴　2015 年帝国データバンク調査「第 2 回トヨタ自動車グループの下請企業実態調査」、（https://www.tdb.co.jp/report/watching/press/p150808.html）

⑵　http://www.japia.or.jp/japia/teikan.html

⑶　家庭電気製品製造業における表示に関する公正競争規約、同施行規則別表 3。（http://www.jfftc.org/rule_kiyaku/pdf_kiyaku_hyouji/047.pdf）

⑷　http://www.toishi.info/car/toyota_service_parts.html。

⑸　藤本隆宏（2003）『能力構築競争』中公新書 p.28

⑹　高橋武秀（2008）「旧型自動車部品用金型の保管がもたらす問題点とその解決方法についての試論：「川上川下連携フォーラム」における検討を題材として」早稲田大学自動車・部品産業研究所『早稲田大学日本自動車部品産業研究所紀要』第 11 巻　pp11-36

⑺　この調査は、JKA からの補助事業として財団法人 中小企業総合研究機構が「平成 18 年度中小企業の IT 活用に関する調査研究等補助事業」の一環として実施した調査事業（https://hojo.keirin-autorace.or.jp/shinsei/document/list/kikai/h18/pdf/18-067.pdf 参照）であるが、現在調査成果物へのリンクは切れており、上記の拙著執筆時には本文を直接参照できたが、本稿執筆時点では新たに報告書にアプローチすることはできなった。

⑻　部工会内部資料

⑼　http://www.chusho.meti.go.jp/keiei/torihiki/2016/161221miraimukete.pdf

⑽　http://www.japia.or.jp/info/180315_jisyukoudoukeikaku.pdf

⑾　http://www.jama.or.jp/release/topics/pdf/20180330.pdf

⑿　http://www.meti.go.jp/policy/mono_info_service/mono/sokeizai/katakanritekiseika.html

Ⅲ
新興国市場の行方

第11章　日本自動車産業の現状と将来

小枝　至

はじめに

　私の報告は、自動車産業の現状と課題を明らかにする中で自動車部品産業の将来に関しても言及することにあります。話としては、①世界の自動車産業の規模、②世界の自動車産業が拡大するであろう根拠、③日本の自動車産業と部品産業の現状、④自動車産業の生産方式の変換、⑤日本の自動車産業・部品産業の将来予測、⑥日本の自動車部品産業のチャンスの順で、私の見解を述べてみたいと思います。

1　世界の自動車産業

(1)　世界の自動車産業の規模

　まず、世界の自動車産業の規模をおさえておくこととしましょう。世界の自動車産業の売り上げ規模は約 300 兆円といわれていますが、近い将来 400 兆円規模に膨れ上がるだろうといわれています。その根拠は後で申し上げるとして、これがどれくらいの規模かと申しますと、産業規模の第一位は、石油、ガス、電気といったエネルギー関係でその売上総額は約 1,300 兆円、第二位は医療関係で約 560 兆円、そして第三位が自動車関係で約 300 兆円です。これが将来約 400 兆円まで拡大するというのですからその規模の大きさは想像できると思います。

(2)　世界自動車産業の拡大理由

では、なぜ自動車産業が拡大するのか、という理由ですが、それはいくつか考えられます。

　第一は自動車を利用する人たちが今後増大し続けることが確実だからです。世界全体の人口が 2010 年の 69.2 億人から 2050 年には 98 億人へと 1.4 倍に拡大すると予測されています。しかもその増大を担う国々は世界最大規模の人口を抱える中国とインドです。中国は一人っ子政策の影響もあってこの間 13.6 億人から 13.8 億人とその伸びは 2,000 万人にとどまりますが、インドは 12.1 億人から 16.2 億人へと一挙に 1.4 倍近く増加し、中国を抜いて世界第一の人口大国となります。しかも、欧米日といった先進国には自動車は比較的行き渡っているのに対して、中国、インドはこれからで、人口 1,000 人当たりの自動車保有台数を見れば、アメリカ 598 台に対して中国 115 台、インド 33 台で、まだまだ将来拡大する余地が大きいのです。

　クルマの電動化や自動運転などの知能化の動きがもたらすパラダイムシフトも自動車需要を高めます。クルマの電動化は電動パワートレインとバッテリーをコア技術にバッテリー EV（以下、BEV とする）、e-Power、FCEV、バイオ FC など多様なバリエーションがあります。e-Power は HEV で EV の一種です。電動車に入れるべきかどうか議論が残るところです。次の FCEV は理論的には一番実現可能性が高い車です。水素自身は密閉したところで爆破させない限り危険はありませんから、その点は問題が少ないのですが，問題は燃料スタンドです。現在国内のガソリンスタンド数は全国 20,000 ヶ所程度ですが、EV は急速充電で 7,000 ヶ所、普通充電 15,000 〜 16,000 ヶ所ですが、水素は 107 ヶ所に過ぎません。最後のバイオですが、これはバイオ燃料を水素の代わりに使うものです。サトウキビやトウモロコシなど人間が食べるものを燃料にしてしまうわけですから、ブラジルみたいな農業大国を別にすれば、ほかの国では普及しにくいのが現状です。

　いずれにせよ、何から電気を作るかが大きな問題になるでしょう。世界的にみれば CO_2 を輩出する化石燃料が 66.5％で、原子力は 10.6％、再生エネルギーは 23％にとどまっています。日本だけ取れば化石、原子力、再生はそれぞれ 82.2、0.9、16.9％で化石燃料への依存率は異常に高いことが判ります。現在のエネルギー源の主力である化石燃料を再生エネルギーの主力である太陽光＆風

力がコスト面で追い越すのはいつかを調べてみますと2035年前後ではないかといわれています。また現在各国でソーラーロードの実験が行われ、走行中のワイヤレス充電の実験なども行われています。

　ここで電動化拡大の理由に関しても言及しておきましょう。ポイントの一つに知能化の動きがあります。ダイムラーが言い出した言葉だと思いますが、いわゆる知能化「CASE」の実現がそれです。CASE のうち最初の C は Connected、つながるクルマ、次の A は Autonomous、自動運転を、S は Shared、共有、つまりは配車サービスを、最後の E は Electric、つまりは電動化です。これはダイムラーが言い出したことですが、私の私見では3番目の S は Safety を含むと思っています。というのは交通事故の死亡者数は2013年を見ると全世界合計で125万人に達するからです。日本は4,000人ですが、中国などは同年で26.1万人に達しているのです。

　電動化拡大の理由として、各国の電動化推進政策があります。英国やフランスは2040年をめどに、ノルウェーやオランダは2025年をめどにガソリン、ディーゼル車の販売禁止を宣言しました。また、米国や中国はゼロエミッション車の一定比率販売規制を2018年から発効させました。EV の各国シェアはノルウェー（28.8%）、オランダ（6.4%）、スウェーデン（3.4%）のような国もありますし、フランス（1.3%）、イギリス（1.4%）、アメリカ（0.9%）、ドイツ（0.7%）、日本（0.6%）のような国もあります。EV も用途で使い分けが出てきているようです。

2　日本の自動車・部品産業の課題

(1)　日本自動車産業の現状

　次に日本の自動車・部品産業を概観しておきましょう。日本には乗用車メーカーだけでも8社あります。各社いずれも現時点（2018年）での業績は良好です。日本の自動車保有台数は7,800万台（2017年3月末）で米、中に次ぐ第三の市場ですが、市場はほぼ飽和状態にあると言ってよいでしょう。したがって、今後は、円高修正後の各社の準備もあり、輸出は拡大することが予想され

ます。各社の平均海外生産比率は 66％と日本国内を凌駕しておりますし、日産は 84％と平均を上回っています。また、国内市場問題を考えるとき、軽自動車をどう発展させるかは大きな問題となりましょう。いずれにせよ、この間日本企業の海外生産比率は高まりました。2016 年の国内外生産動向を見れば、2016 年現在で国内 920 万台、海外 1,898 万台で、合計 2,818 万台です。同時期の世界自動車生産台数は 9,498 万台ですから、日本車のシェアは 29.7％となります。20 年前の 1996 年の自動車生産は国内 1,035 万台、海外 578 万台で合計 1,613万台ですから、生産台数が増加すると同時に海外生産比率の飛躍的増加がお分かり頂けるでしょう。

(2) 課題と対策

では、こうした状況下で日本の自動車・部品企業が世界で打ち勝つ条件はいったいなんでしょうか。

まず、日本ブランドの維持、強化が世界で勝つ条件の第一です。そのためには基本開発は日本で行い、それを維持するためには日本で一定量の生産をする必要があります。さらに、日本人より多い世界中の日本自動車企業に勤める非日本人従業員を日本ブランドの推進者にする必要があります。

第二に先進技術でリードする必要があります。世にいう「CASE」で 世界をリードすることです。その際、技術面だけでなく世界の標準づくりを如何にリードするかも重要でしょう。また、こうした先端技術を開発し、競争力に生かしていくためには「産・官・学」三者の連携も不可欠でしょう。そのいい例がアメリカでの無人運転車レースでしょう。これは軍（DARPA = Defence Advanced Research Project Agency）が主催し、大学・企業が一体となってプロジェクトを推進しています。2005 年にはスタンフォード大学メンバーが優勝しましたが、Google がチームごとスカウトし、現在 Google の子会社である Waymo が自動運転車やライドシェア（相乗り）システムを開発中です。

第三には運転する楽しさを向上させることです。FR、4WD の技術はもとより、EV の要素は重要です。

第四には市場の拡大が予想される新興国への対応です。文化、習慣、宗教、

法規に基づく顧客のニーズに合った商品の提供が必要となります。また、低価格市場ですので、いかに利益を確保するかが重要な問題になります。

　第五には自動車メーカーと部品メーカーの連携です。自動車メーカーと部品メーカーの間の連携の強さが日本自動車産業の強みですから、その強みは今後も一層磨いていく必要があります。しかも部品メーカーが IT 企業と連携して電動化、自動運転化、車内外の情報連絡の技術をそれぞれに確立できれば、逆に部品メーカーのほうが自動車メーカーをリードできる可能性も生まれてくるわけです。

(3)　日本生産維持の必要性

　ここで日本の自動車生産を維持していく必要性に関して述べておきたいと思います。それは第一に日本にとって自動車産業は依然として巨大な輸出産業であることがあります。2016 年をとってみても 13 兆円の貿易黒字を生んでいるのが、この自動車産業なのです。海外事業からの収益への寄与も日本の経常収支に大きく寄与してきています。

　第二には雇用への寄与があります。自動車関連の就業人口者数は約 534 万人に上ります。確かに日本を取り巻く環境は厳しいものがあります。いわゆる「日本の 5 重苦」を挙げれば① TPP・ERA・FTA の遅れ、②高い法人税、③環境制約、④労働規制（たとえば解雇が難しいことなど）、⑤高い電力料金などがあります。しかし、「5 重楽」もあることを忘れてはなりません。「5 重楽」というのは、①資金コストの安さ、②水、空気、安全享受、③敵対的買収の少なさ、④日本商品に忠実な消費者、⑤労働争議の少なさです。ここでは水の資源としての重要性に注意を喚起しておきましょう。国土の 70％が森林の先進国は、日本、フィンランド、スウェーデンの 3 ヶ国しかありません。

3　自動車の生産方式の変換

　この間の大きな変化は自動車の生産方式が垂直統合型から水平統合型に変わってきていることです。周知のように、これまでは組立メーカーがタクトを

振ってきたわけですが、世界の市場のあらゆる要求に対応したり、電動化、自動運転をはじめとする機電統合（いわゆる CASE）に対応するには限界があります。それに対応するにはこれまでの組立メーカーを頂点とするヒエラルキー的構造から部品メーカーの強みを生かした水平統合に変わる必要があります。これがさらに進むと自動車業界の主導権を部品メーカーが握る可能性も高まるわけです。もっともそうした道を歩むためには部品メーカーの一層の努力が必要なわけで、一部の部品メーカーの間では機電一体、モジュール化への提案力強化のための M&A 機能の強化・拡大がはじめられています。

この動きが最も顕著なのはドイツ部品メーカーではないでしょうか。ドイツのみならず世界を代表する部品企業の Bosch や売り上げでは Bosch、デンソーに次いで世界第三位の ZF，同第 7 位の Continental などを見ているとそうした動きが顕著なように思います。駆動系で売ってきた ZF は TRW を買収して総合部品メーカーの色合いを一層強くしていますし、Continental は 100 社以上を M&A で獲得し、タイヤメーカーから総合部品メーカーへの道を歩んでいます。ドイツに限らず世界中の主要部品企業は M&A を使って部品生産領域を拡大しながら総合部品企業への変身にしのぎを削っています。

4　日本の自動車・同部品産業の将来予測

次に私が考える日本の自動車・同部品産業の将来予測を語ることとしましょう。私は、日本の自動車メーカーは現在の 12 社から 3 〜 4 グループに集約される可能性が高いとみています。世界シェアの約 30％はこれらのグループで占められると思います。したがって、各部品メーカーの皆さんは、こうしたグループとの取引が必要となりましょう。

また私は、今後発売される車で PHEV や BEV の増加率が高まることは事実ですが、現行の車も増加していくだろうと予想しています。シンクタンクの 2016 年ベースの調査を見てみますと 2016 年と 2035 年の世界自動車生産予想を見てみると現行の車も 1.5 倍に拡大すると予想しています。また、HEV も 2.5 倍程度増えると予想しています。

おわりに – 「変革期」は日本の自動車部品産業飛躍の機会 –

　実は、「百年に一度の変革期」と称されている 2018 年は、部品企業にとっては「百年に一度の飛躍の機会」でもあるのです。私はその理由を以下の 6 点にまとめて申し上げましょう。

　第一は日本の部品企業が持っている「摺合せ」技術が生かせる時機が到来したということです。なぜかといえば、現在世界の部品企業は、M&A などを活用して機電一体化と規模の拡大を推し進めています。機電一体化というのは故障しない機械部品と制御システムの一体化のことです。したがって、機電一体化には異なる知の「摺合せ」が絶対的に必要となります。ここで日本の部品企業は、長年培ってきた「摺合せ」技術力を発揮することが可能となります。

　第二はバーチャルエンジニアリングの重要性が増すということです。自動車の電動化、自動運転化を進めるためには試作でモノを作って確認する方法では間に合いません。というのは確認すべきことが幾何級数的に増加するからです。自動車メーカーは部品メーカーと一緒に、あらゆる場面のバーチャルな試作や確認が必要となりますが、これをこなしていくには欧米流の役割を明確にした契約では限界が出てきてしまうことです。

　第三には日本の部品企業は量産化準備に強い点があげられます。日本の部品企業は、新車の生産開始までに、日程を守り、金型、治工具を準備、調整し、計画通りに量産を開始する技術、ノウハウに優れています。そしてこの技術やノウハウを活用すれば、日本の金型メーカーや治工具メーカーは欧米の組立メーカーがデザイン、設計した車の量産化支援（量産できる金型、治工具の準備など）で利益率の高い仕事を確保できるのではないでしょうか。

　第四には自動運転などと関連して Google などに代表される IT 産業の自動車部品産業への参入の動きがあります。参入を試みる北米の代表的な IT 企業としては、GAFA ＋ M ＋ U といわれるように G（Google）、A（Apple）、F（Facebook）、A（Amazon）、M（Microsoft）、U（Uber）などがあります。これらの企業の参入の目的は自動車の生産ではなく、自動運転の基盤となるプラットフォームの提供や独占、さらにはカーシェア、ライドシェアなどの新しいサービス事業の想像ですので、参入 IT 企業に対し自動車部品企業としては、この

参入は歓迎すべきこととして、目的を明確にしてウィンウィンの関係を作ることが必要であると考えています。

　この業界を概観しておきますと Intel/Mobileye と NVIDIA は自動運転技術で激しい主導権競争を展開しています。3次元地図では Here や Google が競い合っています。Here というのはフィンランドの Nokia の子会社をドイツの3社が共同で買収して設立された会社です。日本ではゼンリンが強いですが、グローバルではありません。

　第五として日本の電子部品産業は競争力があるということです。半導体市場は45兆円規模といわれていますが、そのうち電子部品（デバイス）産業は25兆円といわれています。そのうちの40％は日本のメーカーが抑えています。各分野で著名なメーカーを挙げますとコンデンサーでは村田製作所や TKD、イメージセンサーではソニー、パワー半導体では三菱電機や東芝を挙げることが出来ます。

　第六に EV の基幹部品であるリチウムイオン電池ですが、これはこれからも進歩しつつけると思いますが、この分野で日本の部品企業は実力を持っているということです。電池本体の生産順位ではパナソニック、LG、BYD の順になっていますが、正極財、負極財、セパレーターといった材料の面では日本企業が圧倒的な力を持っています。

　まだいろいろお話ししたいこともありますが、時間がまいりましたので、これで私の話は終わりたいと思います。

質疑応答　（質問者：小林英夫）

小林：

　大変包括的なお話ありがとうございます。重要な論点提示がされていますが、時間の関係で、はしょられた点が多々あろうかと思います。以下、聞き手を代表して、司会の小林がいくつかご質問させていただき、それを以て端折られた点の補足を願えれば幸いです。最初は世界自動車産業の今後の見通しという点ですが、小枝先生は、引き続き新興国である中国、インドを中心に拡大し続けるだろうと予測されています。しかし最近のトランプ政権との貿易戦争の激化などに象徴される中米対立状況を勘案すると中国での経済成長には不安が

あるし、インドの成長もインフラ整備やその他で必ずしも明るい展望は見いだせないように思うのですが、その辺はいかがでしょうか。

小枝：

自動車という人やモノを運ぶ道具は、道路などのインフラ整備と相まって世界中に広まってゆくと思います。もちろん、政治的、経済的理由により、その伸びは直線的ではないと考えますが、中国、インドはその周辺国を巻き込みながら拡大を続けると思います。今後の大きな市場としてはアフリカ諸国が考えられます。

小林：

中国との関連で、もう一つ質問なのですが、中国の EV 推進策はこのままいくとお考えでしょうか。それともこれまたトランプ政権のプレッシャーを受けて変更を余儀なくされると想定されるでしょうか。何しろ中国の EV 政策は、「中国製造業 2025」の中核産業の一つですから、中国とてそう簡単にはトランプ政権に譲れない線だと思いますが、トランプ政権はかなり厳しい対応を実施しているように思われるのですが、いかがでしょうか。

小枝：

多くの自動車メーカーが中国での EV の生産を計画しています。米中のいわゆる貿易戦争が何時まで続くかわかりませんが、中国の EV 政策は、進捗に前後があるものの進むと思います。また、EV といっても自動運転に対応できるものから実用に的を絞ったものまで幅が広いことも考慮する必要があります。

小林：

小枝先生は、この報告の中で部品企業の役割の重要性とその立ち位置の変化、もっと言えば部品企業が自動車企業と同一の位置に立つ可能性を示唆されていますが、それはドイツ部品企業では可能でも日本の場合にはむりがあるのではないでしょうか。ドイツ自動車産業はその生い立ちからして部品企業の自立性が強かったように思いますが、日本の場合は自動車企業から分社化したケースが多いように思いますし、系列といった問題も強ように思いますが、いかがでしょうか。

小枝：

系列に依存して生きていける部品メーカーはほとんどないと思います。取引

量の大きい自動車メーカーとの連携の強みを活用しながら、他の部品メーカーより競争力のある製品を開発し、世界の多くの自動車メーカーと取引を拡大しないと、今後、増大する研究、開発費を賄うことはできないと思います。

小林：

もし可能だとすれば、どんな努力や工夫が求められるでしょうか。

小枝：

部品メーカーは各々の強みを生かしながら、IT 産業他といろいろな形で連携して、電動化、自動運転、車内外との情報連絡技術を強めることや、合併、M&A により規模の拡大に努めることが考えられます。

注

本章は 2018 年 8 月 1 日に行われた早稲田大学自動車部品産業研究所夏期講座での小枝至氏の講演「自動車部品産業の現状と将来」をもとに作成したものである。

第12章 ポスト・グローバリゼーションの時代の到来と自動車産業の将来

西村英俊・小林英夫・岩崎総則

はじめに

　最近起きてきている様々な現象を大きくひとくくりにしてポスト・グローバリゼーション現象と位置付けることとしよう。グローバリゼーションを否定してナショナルな権利や利益を主張する「一国主義」や「一地域主義」の動きを指して一応そう呼んでいるわけであるが、アメリカのトランプ政権の動きや中国の習近平政権の一連の動き、さらには欧州のフランスやイギリスの自国第一主義的主張の高揚、メキシコのロペスオブラドール大統領、ブラジルでのボルソナロ大統領の出現などはその動きの一端として理解することが出来よう。

　この一連の動きは一時的なものなのか、それとも長期にわたって続くものなのか、という問いは、世界各国の企業がグローバリゼーションを前提として活動している中において、重い問いになろう。したがって、多くの識者がこの問いに対する見解を展開しているが、その発言は現状の動向から分析しているだけに詳細ではあるが、説得的で深みのあるものは少ない観がする。ここでは主に歴史学的視点からこの現象をどうとらえ、どう対処すればいいのかを論ずることとしたい。

1　「世界ルール」の変更

　冒頭から「世界ルール」などという耳慣れぬキーワードを提示する唐突さをお許し願いたい。14世紀から21世紀まで実は世界史はその時期の世界帝国の覇者のルールに従って動いてきた。ごく大雑把にいえばその最初は15世紀末から始まる大航海時代の到来とスペイン・ポルトガルによる世界分割競争であ

る。その後世界の支配権は 17 世紀に入りオランダ、フランスが台頭するが、最終的には 18 世紀頃からイギリスの世界支配の時代が到来した。その後は、大きく言えば第一次世界大戦が終結する 1910 年代末まではイギリスの世界支配の時代だった。この時期はイギリスが「世界ルール」を作り、それを運営した時代だった。イギリスの「世界ルール」を支えた政治・経済体制とは、近代的王政を頂点にした議会制を基盤とし、世界に先駆けた産業革命の達成による繊維・鉄鋼業に裏付けられた「世界の工場」としての能力を可能とする産業力・輸出力と、世界市場を制覇し世界的展開を遂げた植民地体制を維持する海軍力・鉄道力とその起点を成す世界的規模での海軍基地群であった。海上ルートの安全を確保するための「制海権」の確保は絶対的条件だった。王政を頂点とする議会制民主主義と海軍力と鉄道力、そして文化的には英語と貴族的スポーツのシンボルである競馬を世界的に押し広げた。こうしてイギリスを頂点とする西欧国家を模した疑似西欧国家が世界中に展開されたが、19 世紀中盤に開国のうぶ声を上げた日本もその例外たりえず、西欧に模した明治政府が形作られた。明治政府がとった政策は、当時の世界の覇者たるイギリスと同盟関係を結んで極東地域における勢力拡大を図ることであった。日清戦後の 1902 年にイギリスと締結した「日英同盟」がそれであった。日本はその後もその時々の独、米といった「超大国」と同盟関係を結びながらその威光のもとで「極東の覇者」たらんとする政策を志向してきたが、その「伝統」は今日の日米安保条約にまで及んでいるといえよう。ところで第一次世界大戦後超大国イギリスの黄昏とアメリカの台頭のなかで長く続いた日英同盟は 1923 年で終わりをつげ、ここからは「ワシントン体制」の時代に移行する。英米協調体制下で日本はその両国の同盟国として極東での勢力圏拡張の行動に出る。この時期は英米が「世界ルール」を作り上げた時代だった。イギリスの「世界ルール」時代と大差はないが、アメリカが加わることで「世界ルール」を構成する政治・経済・文化領域がグローバル化した。筆者は、1929 年の世界恐慌で終焉を迎えるこの 1920 年代を「第一次グローバル化時代」と呼んでいる。実は、この 1920 年代から 1945 年までというのは「世界ルール」の次なる覇権国をめぐり各国が激しい競争を演じた時代であった。老大国イギリスを含めてアメリカ、ドイツ、ソ連といった国々が激しい競争を展開した。したがって、イギリスからア

メリカへの覇権の移行は、必ずしもスムーズに展開されたわけではない。この間 1923 年のワシントン体制から 1929 年の世界恐慌までが「第一次グローバル化時代」だったとすれば、1929 年から 1945 年までは第二次世界大戦を含む文字通り次の「世界ルール」の覇者の座をめぐる熱い戦争の時代だった。西からのドイツの欧州膨張とイタリアの参戦、スペイン内戦の戦火から欧州大戦、独ソ戦、東からの満洲事変と日中戦争、の東西の戦争の火が合体して大戦へと発展していった。日本は、ドイツ、イタリアと同盟を結び、極東の覇者たらんとして「大東亜共栄圏」の実現を目指したが、第二次世界大戦に敗北し、覇権争いから脱落した。日本は明治から、欧米の超大国と同盟関係を結び、その「世界ルール」を受容する中で極東での地位を保持してきたが、第二次世界大戦に敗北してその地位をもまた失うこととなった。

　戦後は 1945 年から 1952 年まではアメリカ占領下に置かれていたが、1952 年にサンフランシスコ講和条約（サ条約と省略）締結と同時に独立を遂げる。しかし、サ条約と同時に締結されたのが日米安保条約であった。この条約により、日本は第二次世界大戦後の世界の覇者となったアメリカという超大国と同盟関係を締結することで、極東で立場を新たに模索し始めたのである。そしてこの関係は現在まで継続している。2018 年から米中経済摩擦が激化してきている。軍事・経済・政治面での中国のアメリカ追い上げは急を告げており、アメリカの対中政策はこれまた激しさを増してしてきている。次の「世界ルール」の担い手はアメリカに代わる中国なのか、それともアメリカが引き続き「世界ルール」の運営国なのか。この問題に答えるためには、各時期の「世界ルール」の中身とその交代劇のプロセスを再度吟味し、その歴史的経験を踏まえて、将来を占うこととしよう。

2　「世界ルール」を規定する軍事力

　では各時期の「世界ルール」を規定する条件の一つが軍事力であるとすれば、それぞれの時期の軍事力の特徴を見ておくこととしよう。まずはイギリスが世界の覇者だった時期、日本との関係でいえば日英同盟時期に該当するが、その時期の軍事力を見ておこう。この時期は海軍力が主要な軍事力であった。イギ

リスの海軍戦略は、第二位、第三位の海軍国が同盟を結んで立ち向かってきて
も、それに打ち勝てる海軍力を保持し得るということであった。イギリスの制
海権思想を理論的に裏付けたのはアメリカの海軍軍人アルフレッド・マハン『海
軍戦略』（1911 年）だった。

　しかし、イギリスの世界支配が陰りを見せ新しい「世界ルール」の模索が始
まるなかで露土戦争（1877 - 1878）から第一次世界大戦（1914 － 1918）を戦訓
としてイタリアのドゥーエやドイツのルーデンドルフが登場する。ドゥーエは
空軍力による制空権の重要性を、ルーデンドルフは国家総力戦の必要性を提唱
する。海軍力に代わる空軍力、陸上機動力の意義付けである。空軍力と総力戦
体制構築の成否が第二次世界大戦での英米ソと日独伊の勝敗を分ける結果とな
り、戦後体制は英米ソの「世界ルール」構築競争となる。1945 年から 1990 年
までの 45 年間は「世界ルール」の主導権をめぐる米ソの対立であった。核兵
器や大陸間弾道ミサイルといった新兵器の開発競争が展開された。この戦いは
1989 年の米ソ冷戦の終焉、ソ連解体でアメリカの勝利のうちに終結を迎えた。
その後のアメリカの軍事展開はテロ活動への対応やサイバー戦争への対応な
ど、多方面にわたる軍事課題への解決が求められる段階へと進んできている。
このアメリカの軍事力に中国は挑戦し得るのか。この行方がどうなるかは、今
後の「世界ルール」の担い手がどこになるのかと密接に関係しているであろう。

3　「世界ルール」を規定する経済力

　軍事力の成長や方向を決定する重要な要素は、いうまでもなく経済力であ
る。イギリスを世界の覇者たらしめた経済力の源泉は、産業革命に裏付けられ
た綿・毛織の繊維産業、鉄鋼業を基礎とした造船業、鉄道中軸の運輸業であっ
た。植民地化と 7 つの海の支配はその産業覇権の象徴であった。しかし、この
経済覇権も仏独米といった後発資本主義国から挑戦を受け次第に危ういもの
となっていく。それは、20 世紀に入って以降進行し、第一次世界大戦を経過
する中で顕在化し、1929 年の世界恐慌をもって明白となった。イギリスは、
1925 年に復帰した金本位制を、1931 年 9 月に離脱し、32 年 7 月にはオタワで
英帝国経済会議を開催し、「世界ルール」の運営者の位置を降りて「アングロ

サクソン・ファースト」の「ブロック経済」の道を選択していった。1930年代のブロック経済の道は第二次世界大戦へとつながっていったが、この大戦に勝利したのは戦時経済力で世界を圧倒したアメリカだった。アメリカは、1930年代以降イギリスに代わって新しい「世界ルール」の構築に乗り出したが、特に第二次世界大戦後、石油と原子力によるエネルギー支配と自動車・航空機・宇宙産業・電機電子ハイテクによる技術支配を基盤に、ドルによる通貨支配を完成させていった。こうしてアメリカは1950年代には世界の工業生産やエネルギーの約半分、世界の富の約50%を手中に収めることとなるのである。

4 「アメリカの世紀」としての20世紀

　20世紀は言うまでもなく、「アメリカの世紀」であったということが言えよう。1950年代の当時のアメリカは、世界人口の6%、国土は7%を占めていたが、世界の工業生産の約50%、世界エネルギー消費の約50%、GNPは2,850億ドルから5,000億ドル、全米家庭の75%が自家用車を、87%がテレビを、75%が食器洗い機を所有、アメリカの金保有量は世界全体の50%、という、まさしく世界経済のほとんどをアメリカが担っていた（川口　1980）。第二次世界大戦後に作られたブレトンウッズ体制（IMF-GATT体制）も、アメリカが世界経済に対してドルと自由貿易という「公共財」を提供することで、他国の戦後復興と経済成長を後押しし、アメリカの工業製品を購入してくれる市場へと成長させるという発想が存在した。そのために、第二次世界大戦終結後より始まった冷戦構造の中において、アメリカは西側諸国を軍事力と経済力を持って囲い込むことによって、戦後世界の経済成長を牽引してきた。

　1970年代にはニクソンショックといわれる、金とドルの交換停止が宣言され、その後ドルと各国通貨は変動相場制へと移行した。日本は高度経済成長を謳歌した時代、1ドル360円という円安が維持されていたが、次第に円レートは切り上げられ、1985年のプラザ合意によって、この流れは決定的となり、戦後アメリカやヨーロッパを中心に輸出加工貿易で大きな利益を上げてきた日系企業は、その企業戦略を大きく見直す必要性に迫られることとなった。このとき日本は世界第2位の経済大国[1]にまで成長していたが、アメリカやヨー

ロッパから貿易戦争をはじめとする「構造改革」を迫られ、(軍事力を持たない)日本はそうした一連の要求を最後は呑むこととなった。まもなくソ連が崩壊して東西冷戦が終結すると共に、軍事力および経済力の脅威を排除したアメリカは、超大国として1990年代以降も世界に君臨することとなった。

5 アジアに重心は移るのか?

　前節では、アメリカは紆余曲折を経たものの、今日に至るまで世界の超大国の地位を維持してきたことを述べた。確かにアメリカは今日に至るまで世界のGDPの約25％を占めており、その比率は1980年代から変わっていない。約40年間にわたってその地位を維持してきたという評価もできよう。しかし一方で、アメリカ国内で「アメリカ衰退論」が唱えられてきたのもまた事実である[2]。アメリカにとってキャッチアップする存在として立ち現れてきたのが、日本をはじめとするアジア諸国であった。1980年代の激しい貿易戦争を経て、日系企業は根本的な戦略の変更を迫られたが、円高により容易になった海外直接投資は、中国や東南アジアに向かい、アジア諸国の成長を後押しした。今日の状況を鑑みるに、その成長の旗手は中国であろう。1971年にアメリカとの国交を回復し、国際連合の代表権を獲得した中華人民共和国政府（以下中国）は、鄧小平の下で改革開放政策を積極的に展開し、沿海都市の対外開放など、現代化政策を強力に推進させた。その後1980年代後半より、冷戦構造の終焉と相まって民主化の動きが活発化し、天安門事件の発生を見たが、社会主義の体制の下での海外直接投資の誘致を積極的に推進する、改革開放政策の継続と強化が強調された。中国経済はそれによって急激に経済成長が回復した。1990年代には社会主義市場経済の具体策が決定され、中国製品の輸出競争力の強化も図られた。そうした中において90年代の後半には、年率10％を超える経済成長を実現した。いうまでもなく、こうした経済成長を下支えしたのは、日系企業からの投資によるところが大きかったということを付け加えておきたい。
　1997年に発生したアジア通貨危機によって、年末には香港で株価が大暴落するという事態が発生した。しかしながら1998年に朱鎔基が首相となると、人民元の安定維持を公約として、国有企業改革、金融改革、政府機構改革を遂

行し、アジア通貨危機を乗り切ることに成功した。2000 年 11 月には ASEAN 中国首脳会議の場で、朱首相は中国と ASEAN との FTA 構想を発表した。そして 2001 年に中国は正式に世界貿易機関（WTO）に加盟することになった。この WTO 加盟に付された条件を中国は忠実に遂行することとなった。それによって、法体系の整備や、外国企業の国内販売活動に対する規制緩和等が着実に遂行され、2006 年までの間にアジア通貨危機で一度は減少した中国への投資が拡大することになった。2002 年には FTA 包括的枠組み合意が完成し、2003 年には東南アジア友好協力条約（TAC）に中国が署名し、東南アジアとの関係も深化させた。

　その後の中国は目覚ましい経済発展を遂げ、2010 年には日本の GDP を追い抜き、世界第 2 位の経済大国として、アメリカに肉薄するようになっている。かつて 1980 年代に日本が占めていた世界の GDP の比率を、今は中国が代わって占めているのみならず、数十年以内にアメリカを追い抜くといった試算もなされている [3]。上述のとおり、「世界ルール」を規定するのは軍事力と経済力であり、中国はその両者を備えている。もちろん過度な経済成長の反動が国内で起きていること、すでに高齢化がかなりの程度進展していることなど、不安定要素があることも認められるが、この 21 世紀において中国が主要な地位を占めることは間違いないのではないかと考える。

　他方でアジア地域の発展を考えるときに欠かすことができないのが、東南アジア、ASEAN 地域である。東南アジア諸国連合（ASEAN）は、1967 年に当時 5 カ国（インドネシア、マレーシア、フィリピン、シンガポール、タイ）で創設された国家連合であり、その設立の理由としては、ベトナム戦争に対する反共産主義の防波堤としてなど、様々な解釈が存在するが、中小国の連合としての ASEAN が大国によって引き起こされる不確実な紛争を避けるためであったと理解することができるであろう。そうした ASEAN と日本との関係は、まさに相互理解を通じた「心と心」の関係を構築することに結実した。1974 年に田中角栄首相が ASEAN を歴訪した際に起こった反日暴動は日本の ASEAN に対する態度を考え直す上で重要な契機となった（Nikai　2017）。その後 1977 年に福田赳夫首相が、マニラにおいて「福田ドクトリン」として知られる重要な演説を行い、日本の ASEAN 諸国に対する「心と心」の関係を基調とする、

根本的な外交政策の方向性を規定した。その翌年、日本は ASEAN の対話国としての地位を正式に得ることになった。

1980 年代から 1990 年代にかけての次の 20 年間は ASEAN にとって、初期の経済共同体に向けた萌芽の見られる時期であった。1987 年第 3 回 ASEAN サミットにおいて、ASEAN 諸国はそれまでの「輸入代替政策」から外資を活用した「輸出志向政策」へと舵を切ることになった。そうした ASEAN の決断と世界経済の流れは機をいつにしていた。1985 年のプラザ合意によって、上述のように日本にとっては大幅な円高に見舞われ、日本としてはこれまでの輸出志向の産業構造からの転換が迫られ、海外直接投資が大幅に増加した。そのときの 1 つの投資の目的地となったのが ASEAN であった。BBC（Brand to Brand. Complementation）［ブランド別自動車部品相互補完流通計画］スキームや AICO［（ASEAN Industrial Cooperation）［ASEAN 産業強力］スキームといった自動車産業をはじめとする民間企業の取り組みが、ASEAN 域内での部品の融通を可能にし、1992 年の ASEAN 自由貿易地域（AFTA）の創設に向けての重要な契機となった[4]。

1989 年の冷戦終結に伴い、地域主義の波といわれる現象が生じた (Baldwin 1993; Milner 1999)。北米自由貿易協定（NAFTA）やヨーロッパ連合（EU）の創設が相次ぎ、AFTA が創設されたのもそうした時代背景から、ASEAN が集団として先進国の地域主義に対抗するという姿勢を示す一つであった。日本は 1992 年に日 ASEAN 経済大臣会合（AEM-METI）を創設し、ASEAN の経済産業政策を強力に支援した。特に日 ASEAN 経済協力委員会（AMEICC）のもとに、技術開発や裾野産業、地場産業育成のためのキャパシティービルディングが実施された。AEM-METI のもとにインドシナワーキンググループ（後に CLM ワーキンググループ）が創設され、カンボジア、ラオス、ミャンマー、ベトナムの CLMV 諸国の市場経済の活性化、ASEAN への加盟支援が行われた（前田 2003）。

1990 年代には地域と地域を結ぶ構想も現れ、アジア太平洋経済協力（APEC）やアジア・ヨーロッパ会合（ASEM）などはアジアが世界の中心に躍り出てくるものであった。1997 年のアジア通貨危機を契機に、「東アジアの奇跡」は一時後退するものの、ASEAN は 1997 年の ASEAN 首脳会議において「ASEAN

ビジョン 2020」を発表し、将来の共同体創設に向けての方向性を示した。

　21 世紀に入ると共に、ASEAN はその共同体創設への動きを加速させた。2003 年には「バリ協和宣言 II」を発表し、2020 年までに ASEAN 共同体創設を宣言した。日本はそうした ASEAN の共同体創設に向けた動きを、2003 年の「新千年期における躍動的で永続的な日本と ASEAN のパートナーシップのための東京宣言」のなかにおいて明確に支援を表明し、パートナーシップの一層の深化を宣言した。2008 年には日 ASEAN 包括的経済連携（AJCEP）が署名された。

　この時期 ASEAN は、域外の大国を巻き込んだ形での制度的プラットフォームを構築、発展させた。特に 2000 年以降急速に発展を遂げている中国を巻き込んだ形での、ASEAN ＋ 3 サミット、東アジアサミット、そして東アジア地域包括的経済連携（RCEP）といったフレームワークは、ASEAN を中心として東アジア地域の安定と経済発展を議論するものとして展開してきた。ASEAN は自身の統合をさらに加速させ、2007 年には、共同体創設を 2015 年へと前倒しすることを決定した。その後世界からの ASEAN への投資額は、先行していた中国に匹敵するほど急成長することになった。

　ASEAN は 2015 年末に共同体を創設させ、更なる統合深化に向けて 2025 年までのブループリント（行程表）を策定した。日本からの ASEAN への投資は 2010 年代に入ってさらに伸び続け、ASEAN 先進 5 カ国のみならず CLMV 諸国への関心も高まってきている。特に環太平洋パートナーシップ（TPP）の締結や、RCEP 交渉の進展に伴い、同地域の更なる経済発展が期待されている。

6　「世界ルール」の行方

　こうして考えてみるとアジアへのシフトはかなり確実性があるにしても、アジアの中で次なる「世界ルール」の担い手がどこになるのか、に関しては中国と ASEAN という 2 つの地域的可能性が浮かび上がってくる（その後はインドという読者もいるだろう）。もちろん、アメリカは引き続き、その力を保持するだろう。現時点では、中国の発展が先行しているが、ASEAN のさらなる発展の可能性もまた看過できない。その理由は、米中貿易戦争のなかで中国の中核

産業の発展スピードが後退する可能性があること、とりわけ製造業の中核産業でもある自動車・部品産業の発展スピードが後退する可能性があることである。逆にそれまで中国に集約されていたサプライチェーンの最終結束点が漸次ASEAN をはじめとするその周辺地域へと移動する可能性があることである。換言すれば、アジア諸国の産業的重心が ASEAN にも拡大する可能性が高まってきているということである。

おわりに

　以上、「世界ルール」の展開と今後の見通しに関してその歴史的経緯と現状に関する素描を試みた。21 世紀のアジアをリードするのは、中国と、それに次ぐ人口を擁する ASEAN であり、ASEAN を中心とする政治的、経済的、文化的な枠組みがさらに拡大していく可能性が高いと考えられる。我々がASEAN に着目し、その動きを追跡する所以もそこにある。

注
(1)　世界の GDP のうちアメリカが 25 ％、日本が約 15 ％を占めていた（川口1980）。
(2)　ケネディ（1988）を参照。原著は 1980 年代後半の時代認識を反映している。こうした考え方は「覇権安定論」を前提にしている。覇権安定論の説明によると、覇権国の提供する経済力や軍事力が公共財として国際システムを安定化させるのであり、逆に言うと覇権国の衰退は国際システムの脆弱化を意味する。(Gilpin 1981; Keohane 1984; Modelski 1987) などを参照。もちろん、アメリカは衰退していないという反対の指摘も存在する（Brooks and Wohlforth2009）。
(3)　GDP の推移に関しては、IMF の World Economic Outlook Database April2019 を参照。https://www.imf.org/external/pubs/ft/weo/2019/01/weodata/index.aspx.（2019 年 6 月 25 日閲覧。）
　　中国はアメリカの GDP を追い抜くという推計に関しては、Bloomberg（2018 年 9 月 25 日）の記事を参照。https://www.bloomberg.com/news/articles/2018-09-25/hsbc-sees-china-economy-set-to-pass-u-s-as-number-one-

by-2030（2019 年 6 月 25 日閲覧。）

(4)　清水一史（2011）「ASEAN 域内経済協力と自動車部品補完— BBC・AICO・AFTA と IMV プロジェクトを中心に—」産業学会研究年報、第 26 号、65-77 頁、https://www.jstage.jst.go.jp/article/sisj/2011/26/2011_26_65/_pdf、（2019 年 6 月 25 日閲覧。）

参考文献

石川幸一、清水一史、助川和也編（2016）『ASEAN 経済共同体の創設と日本』文眞堂。

大矢根聡、大西裕編（2016）『FTA・TPP の政治学——貿易自由化と安全保障・社会保障』有斐閣。

川島真・服部龍二編（2007）『東アジア国際政治史』名古屋大学出版会。

川口融（1980）『アメリカの対外援助政策：その理念と政策形成』アジア経済研究所。

小林英夫（2011）『日本の迷走はいつから始まったのか』小学館。

清水一史（1998）『ASEAN 域内経済協力の政治経済学』ミネルヴァ書房。

清水一史（2011）「ASEAN 域内経済協力と自動車部品補完— BBC・AICO・AFTA と IMV プロジェクトを中心に—」『産業学会研究年報』第 26 号、65-77　頁、https://www.jstage.jst.go.jp/article/sisj/2011/26/2011_26_65/_pdf、（2019 年 6 月 25 日閲覧）

西村英俊、小林英夫、浦田秀次郎（2016）『ASEAN 統合の衝撃』ビジネス社。

西村英俊（2014）「東アジア経済統合と進むべき ASEAN の道」『早稲田大学アジア太平洋討究』No. 22、69-145 頁。

西村英俊編（2018）『アセアンライジング：ASEAN 共同体の未来』勁草書房。

ポール・ケネディ（鈴木主税訳）（1988）『大国の興亡』草思社（原著 1987 年）。

前田充浩（2003）「通商産業省『1990 年代型』対 ASEAN 諸国政策に関する『統合価値』モデル分析」（「地域経済アプローチを踏まえた政策の一貫性分析」第 6 章）、国際協力銀行。

Acharya, A. (2017), 'The Myth of ASEAN Centrality?,' Contemporary Southeast Asia: *A Journal of International and Strategic Affairs*, 39(2), pp. 273-79.

ASEAN Secretariat (1997), 'ASEAN Vision 2020,' https://asean.org/?static_post=asean-vision-2020（2019 年 3 月 29 日閲覧）

ASEAN Secretariat (2015), 'ASEAN Economic Community Blueprint 2025,' https://asean.org/?static_post=asean-economic-community-blueprint-2025.（2019 年 3 月 29 日閲覧）

Baldwin, R. (1993), 'A Domino Theory of Regionalism', *NBER Working Paper*, No.4465, National Bureau of Economic Research. http://www.nber.org/papers/w4465. (2019 年 3 月 29 日閲覧)

Brooks, S. and W., Wohlforth (2009), 'Reshaping the World Order: How Washington Should Reform International Institutions,' *Foreign Affairs*, Vol. 88, No. 2, pp. 49-63.

Gilpin R. (1981) *War and Change in World Politics*, Cambridge University Press.

Keohane, R. (1984), *After Hegemony: Cooperation And Discord In The World Political Economy*, Princeton University Press.

Mansfield, E.D. and H.V. Milner (1999), 'The New Wave of Regionalism,' *International Organization*, 53(3), pp.589-627.

Ministry of Foreign Affairs of Japan (1997), Japan' s ODA Annual Report (Summary) 1997.https://www.mofa.go.jp/policy/oda/summary/1997/14.html. (2019 年 3 月 29 日閲覧)

Modelski, G. (1987), *Long Cycles in World Politics*, Seattle: University of Washington Press.

Nikai, T. (2017), 'Celebrating the 50th Anniversary of the Foundation of ASEAN', in S.Pitsuwan, H. Nishimura, P. Intal, Jr., K. Chongkittavorn, and L. Maramis (eds.), in *ASEAN@50, Volume 1 The ASEAN Journey: Reflections of ASEAN Leaders and Officials*, Jakarta: ERIA, pp. 241-248. http://www.eria.org/asean50-vol.1-38.toshihironikai.pdf (2019 年 3 月 29 日閲覧)

Nishimura H., 'Snapshots of the ASEAN Story: ASEAN's Strategic Policy Needs and Dialogue Partners' Contributions,' in *ASEAN @ 50 Volume 1: The ASEAN Journey: Reflections of ASEAN Leaders and Officials*, ERIA, 2017.

Nishimura H., M. Ambashi, and F. Iwasaki (2019), ' Strengthened ASEAN Centrality and East Asia Collective Leadership: Role of Japan ASEAN Centrality and ASEAN － Japan Cooperation as Development of Heart-to-Heart Diplomacy,' in *ASEAN Vision 2040: Stepping Boldly Forward, Transforming the ASEAN Community*, Jakarta: ERIA.

Ravenhill, J. (2010), 'The "new East Asian Regionalism" : A political domino effect,' *Review of International Political Economy*, 17(2), pp.178-208.

第13章　トランプ政権下の貿易政策と自動車産業の対応

–米中貿易戦争とUSMCA を中心として–

小林英夫・植木靖・岩崎総則

はじめに

　明らかに時代の潮目の変化を感じさせる動きの一つが、トランプ政権が2018 年春から動き出した米中貿易戦争の激化である。物品貿易の主体を占めるのが自動車や電機及びそれらの部品であることを考えれば、そして米中貿易でそれらの比率が高いことを考えれば、両国産業に与えるこれらの影響は計り知れない。リーマンショック以降のこの 10 年間のアメリカの重要課題の一つは対中国貿易赤字をどう処理していくかにあったことはその証左である。

　本書第 12 章でも言及されているように、第二次世界大戦を経て後に世界の覇権国がイギリスからアメリカへと移行したように、やがては緩やかにスムーズにアメリカから中国に覇権国が移行するのではないかと思われもしたのが、2010 年代前半であった。しかしトランプ大統領の就任以降、そして 2018 年春以降、状況は一変した。アメリカは中国のみならず、日本やヨーロッパ、カナダ、メキシコといった貿易相手国に対して、貿易不均衡を主張し、その是正を迫っている。対中貿易戦争においては、それは関税戦争から知的財産権や技術を巡る「5 G 戦争」にまで拡大し、その厳しさは時間の経過とともに度合いを増している。メキシコ・カナダとの北米自由貿易協定（NAFTA）の見直しも同時並行的に進行している。これらの貿易戦争が短期では終わらないと判断した各国企業は、緩やかではあるがそのサプライチェーンの再編に動き始めている。その動きは自動車、部品産業でも表れ始めている。本章では、カナダ・メキシコを中心に、アメリカと諸外国との貿易関係と、その展開を見ておくこととしたい。

1 トランプ政権の挑戦

(1) 米中貿易戦争とサプライチェーンの変更

　2017年初頭にトランプ政権が誕生したとき、多くの著名なジャーナリスト
は、トランプ政権の登場を「意外の感」を持って迎えていたが、今から振り返
ればいかに我々がアメリカ議会や国民の「危機感」に対して鈍感であったかを
思い知らされる。オバマ前大統領の「Make Change」が美しい言葉でのそれ
であったとすれば、トランプ大統領の登場は、それ自体が「Make Change」
であり、変化を求めるアメリカ国民の願望は、連続したものとして把握しても
間違いないものであった。トランプ政権による変化は就任1年後からはっきり
し始めた。就任直後の「オバマケア」否定の動きはその片鱗に過ぎなかった
が、2018年に入ると中国との貿易戦争の問題が最重要課題として表面化した。
2018年7月の制裁関税第一弾に始まり、今日まで4次にわたる関税の掛け合
いによって、貿易戦争が激しさを増している。

　そもそも中国が将来に覇権国になるかもしれないという可能性は、アメリカ
においてもかなり前から指摘されていた。ミアシャイマーは2001年の著書の
中で、中国の急速な経済成長が続けば、北東アジアの覇権国となり、周辺国が「包
囲網」を築いたとしても、その拡大を抑えることはできないだろうという1つ
のシナリオを提示していた（ミアシャイマー 2001）。またキューバ危機の研究
で有名なアリソンは、最近の著作の中で米中の経済戦争が軍事戦争になる可能
性を、「可能性は低いが、ないとは言えない」と述べている（アリソン 2017）。

　2019年6月のG20サミットの際に開かれた米中首脳会談においては、アメ
リカによる制裁関税のさらなる発動がいったん見送られることとなった。しか
しながら今後の方向性は必ずしも明らかに見通せるとは言い難いだろう。

　今日、米中が当面している課題は、1920年代のアメリカがヨーロッパとの
間で直面した問題から教訓を得られよう。その歴史的教訓とは、以下のような
ことである。周知のように第一次世界大戦でドイツは敗北し、ベルサイユ講和
条約で天文学的数値の賠償額が英仏から要求された。ドイツはアメリカからド

ルにより資金援助を受けると同時に産業復興に着手し、1920年代を通じて合理化で国際競争力を身に着けて、貿易黒字を増加させた。この貿易黒字は、そのまま対英仏賠償金の支払いに使われ、そしてこの賠償金は、そのまま第一次大戦中の英仏の対米負債支払いとしてアメリカに還流したのである。この資金循環構造が1920年代いっぱいの欧州経済復興と世界経済の繁栄の原資となった。しかし経済復興過程で生み出されたとどめを知らぬ商品の過剰生産と欧州（特に敗戦国ドイツ）での貧富の差の拡大と消費のゆがみが、アメリカでのバブル（株）経済の進展と信用破綻として1929年の世界恐慌を生む源泉となった。そして1929年の世界恐慌は、さらに新たな世界覇権をめぐる闘争を加速度化させ、第二次世界大戦の引き金ともなったのである（安保 1984、石見 1999、古川 1971）。

　米中貿易戦争は、企業のサプライチェーンに大きな影響を与えている。1950年代の米ソ対立の時代のように、現在の米中貿易戦争が米中両国の経済や企業活動に限定されているのであればその影響する範囲は限られているが、1990年代以降のグローバル・サプライチェーンの拡大は、2国間の関係が2国間にとどまらず世界的規模に広がる点にその特徴がみられるのである（ボールドウィン 2016）。つまりは、この対立は勢い世界的にならざるを得ない。中国で作られた製品がアメリカに輸出されるからといって、中国製の製品がすべて中国の素材で作られているわけではなく、日本、韓国、アセアンといった周辺各国からの中間財の組み合わせも含まれており、中国はそれらの最終組み立て国となっている。したがって、この場合米中関係は、日・韓・アセアン各国へと伝染していくこととなる。サプライチェーンはアメリカ内にも伸びているわけだからその影響はアメリカ本体にまで及ぶこととなる。影響する範囲の大きさは、1920年代や1950年代と比較すると2000年代以降は比較にならないほど広く、かつそのスピードは速い。米中貿易戦争は、いま世界中の企業にそのサプライチェーンの見直しを迫っているのである。

　したがって、多くの識者がすでに指摘しているように、米中貿易戦争は、今後激化し長期化するであろうことは間違いない。2018年暮れの中間選挙までが勝負で、その後は何らかの形で終息するだろうといった見通しやロシア・ゲートで任期半ばにしてトランプ政権は崩滅するだろうという見通しがなかったわ

けではない。しかし、例えばハドソン研究所における 2018 年 10 月 4 日のマイク・ペンス副大統領の演説に見られるように、米中貿易摩擦問題は、トランプ政権だけが抱えている問題というよりはアメリカ全体が抱えている問題であると次第に認識されつつある。したがって、ポスト・トランプ政権でもこの問題は継続する可能性が高いといえよう。

貿易をめぐる問題は単に米中間にとどまらず、日米間でも起こり、さらには NAFTA の見直しをめぐってメキシコ、カナダとの間でもすでに発生している。メキシコとは 2018 年 7 月末に一定の妥協を見て交渉はカナダを含めた第 2 ステージへと移行し、同年 10 月にはカナダを交えて USMCA の締結を見たが、各国での批准過程は平たんではない。アメリカはねじれ国会で民主党が USMCA の修正を求めているし、カナダでは署名与党の支持率低下のなかで、批准は 2019 年 10 月の総選挙後にずれ込む可能性が高い（「日本経済新聞」2019 年 3 月 28 日）。いずれにせよ、その妥結内容は、メキシコ、カナダに投資している多国籍自動車・同部品企業にとってはサプライチェーンの抜本的変更を迫る問題を含んでいる。この点に関してはのちほど改めて触れることとしよう。

(2)　米中貿易戦争と生産移管

この問題に関する結論は、これが米中無制限戦争へと突入し得る可能性があるということである。したがって、多国籍企業は、サプライチェーンの見直しをできる限り早急にせねばならない事態に追い込まれているし、それをせねば、相当大きな打撃を企業は受けざるを得ないという点にある。すでに米国産大豆の対中輸出の激減とブラジル産大豆の対中輸出の激増、米国産 LNG の対中輸出の減少とオーストラリア産の代替など農産物や資源面での影響は出てきていたが、製造業もその例外としてはいない。

製造業各社は相当の犠牲を払ってもサプライチェーンの組み直しに取り掛かっているし、それはすでに相当の範囲で展開されているのである。

対米輸出拠点の中国離れ、他地域への生産移管は徐々にではあるが、確実に進行している。2018 年秋頃からアメリカの対中政策措置を避けて中国以外の地域へ生産移管する動きは出始めていたが、すでに 10 月の末頃には日本電産

が車載向けモーターやエアコン部品をメキシコへ、パナソニックは車載用の
カーステレオ機器をタイ、マレーシア、メキシコへ、ヨコオは車載アンテナ部
品をベトナムへ、住友電気工業は車向け電線をアセアンへ、ダイキン工業は圧
搾機生産をタイとマレーシアへ移すなど、供給網の見直しが進められた（「日
本経済新聞」2018 年 10 月 24 日）。日本電産の永守重信会長は米中摩擦が業績を
直撃したが、これは「尋常でない変化」（同上紙　2019 年 1 月 18 日）だとそ
の影響の深刻さを表明していた。2019 年に入るとアイリスがそれまで中国で
生産していたサーキュレーター（送風機）の一部を新たに新設した韓国の仁川
工業に移管し、ここから対米輸出を行うという体制に改めたという（「日本経済
新聞」2019 年 3 月 23 日）。

　生産移管の動きは、単に日本の一部の企業だけに出てきている動きではな
い。中国企業でも同じ動きが生まれている。テレビを生産し対米輸出を展開し
てきた中国の TCL 集団はその生産拠点をメキシコへ移転させるし、自動車タ
イヤメーカーの山東玲瓏タイヤはその生産をセルビアへ移転させる。また、ポ
リエステルを生産する浙江海利得新材料はベトナムへの移転を考えている（同
上紙　2018 年 10 月 24 日）。

　本章冒頭で使った言葉をそのまま結論に再度使用するとすれば、潮目は大き
く変わりはじめているのである。

2　FTA 交渉の結末とメキシコ・カナダ自動車産業・国内政治の変化

(1)　USMCA 協定の締結

　2018 年 10 月 1 日米国・カナダ・メキシコ 3 か国で USMCA が合意に至
り、同年 11 月 30 日に署名した。名称も NAFTA（North America Free Trade
Agreement）という表現をやめて「米国メキシコ・カナダ協定（USMCA）」と
命名されたように「Free Trade 自由貿易」という表現は姿を消した。新協定
の内容も、自動車産業に絞れば、「関税撤廃」「非関税障壁撤廃」「知的財産権
の保護」「原産地規則 62.5％」を内容としたクリントン大統領時代の 1992 年に

締結された（発効は 1994 年）「NAFTA」とは著しく異なっていた。このたび締結された USMCA では、「関税撤廃」「非関税障壁撤廃」「知的財産権の保護」実現の条件として、「原産地規則」を 62.5％から 75％へ引き上げ、時給 16 ドル以上の地域で製造した部材を 40 ～ 45％使用することを義務付け、米・メキシコ産の鉄鋼やガラスの使用を拡大することをうたっていた（福山 2019）[1]。メキシコの自動車部品労働者の平均日給は 4 ドルから 7 ドル程度といわれているから、16 ドルというとアメリカとカナダ国内の部材を使用することを義務付けていると理解できる。つまりは、全体的にアメリカ製品の利用を義務付けているのである。カナダとの交渉はメキシコより遅れて 2018 年 10 月 2 日に妥結した。アメリカ・カナダ・メキシコ 3 か国での新合意事項は、新たに数量規制が加わったことである。乗用車の対米輸出はカナダ・メキシコともにそれぞれ 260 万台まで（ただし小型トラックは対象外）、自動車部品はカナダが 324 億ドル、メキシコは 1080 億ドルとされた（「日本経済新聞」2018 年 10 月 2 日）。この USMCA 実施法案の議会への提出に先駆けて、ライトハイザー米国通商代表は、USMCA 実施にかかる行政措置声明を議会に提出した。2019 年 5 月 30 日のジェトロビジネス短信によると、ライトハイザー代表がペロシ下院議長や、マッカーシー共和党院内総務に送った書簡の中で、「USMCA は米国の通商政策のゴールドスタンダードであり、米国の競争力のあるデジタル貿易や知的財産、サービス分野などの条項の現代化とともに、米国の企業、労働者、農家に公平な競争環境を作り出す点で、協定はメキシコとカナダとの貿易関係の抜本的なリバランスを示している」としている（ジェトロ 2019）。また書簡の中では、2019 年 5 月 1 日のメキシコ労働法改正に言及し、同改正がアメリカとメキシコとの間の賃金格差是正に寄与するとし、USMCA によってアメリカの自動車産業の雇用増加が見込まれると特筆している。他方で自動車関連企業各社は、この新ルールを前提にサプライチェーンの再構築を図ることを余儀なくされているのである。

　以下では、(1)メキシコ・カナダ両国の自動車産業の実情と特徴、(2)今度の新協定がこの実情に与える影響そして、(3)これがメキシコ・カナダ両国の政治状況に与える影響、の順序で論じてみることとしよう。

(2) メキシコ・カナダの自動車産業

i) メキシコ自動車産業

　まず、メキシコの自動車産業の実情を見ておこう。メキシコは政治的には1940年以降現在までPRI（制度的革命党）とPAN（国民行動党）の二大政党下で安定した政治条件を活用して工業化路線を推し進めてきた。1953年から1962年までは中間財生産に主眼を置いた輸入代替路線を、1962年から1982年までは機械、電機、自動車などの資本財、耐久消費財産業主体の同政策路線を推進してきた。ところが1982年以降は対外債務拡大を契機に輸出志向工業化へと転換した（星野　2014）。そして各国とFTAを締結しつつ国際市場との連携を拡大してきた。その最大の成果の一つが1992年調印、1994年発効のNAFTAであった。

　これ以降メキシコの対米自動車および同部品輸出が加速される。しかもリーマンショック後の2009年以降この動きは外資主導で顕著となる。図1に見るように、リーマンショック前に200万台を記録したメキシコ自動車生産（乗用車・商用車。以下、同様）は、リーマンショックでいったんは150万台に落ち込んだが、以降急速に生産台数を増加させて2015年には350万台に達している。また、図2に見るように、2015年段階で販売は約135万台である。2015年の輸出台数は約276万台で、そのうち乗用車、商用車ともに対米向けが圧倒的で、乗用車、商用車（小型トラック）合計で、約200万台、72％が対米輸出で占めている（INEGIデータベースより）。次に自動車部品を見てみると2015年で輸出総額は251億ドル、輸入総額は234億ドルとなっている。そのうち輸出先の88％、輸入の63％がアメリカ向けである（VN Comtradeデータベースより）。つまりは部品の輸出入はほぼ均衡しているが、その中身を見れば輸入の大半はメキシコでのCKD生産部品であり、輸出の大半は労働集約部品である。

　外資系自動車企業の対メキシコ進出は、メキシコ自動車産業が産声を上げた1960年代から始まる。当初の進出目的は輸入代替工業化に対応したメキシコ市場でのシェア拡大で小規模生産だった。ところが1983年以降メキシコ政府が輸出志向工業化に転ずるとメキシコを対米輸出基地と位置付ける外資系企業が増加した。GM（1981）、Ford（1982）、Chrysler（1983）、日産（1984）、

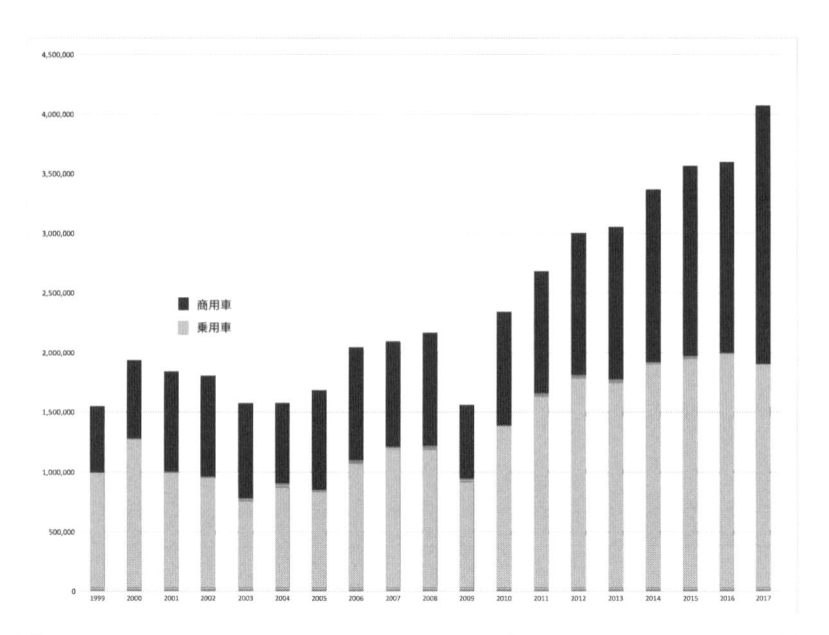

出典：Organisation Internationale des Constructeurs d'Automobiles (OICA) データより。

図1:メキシコ自動車生産

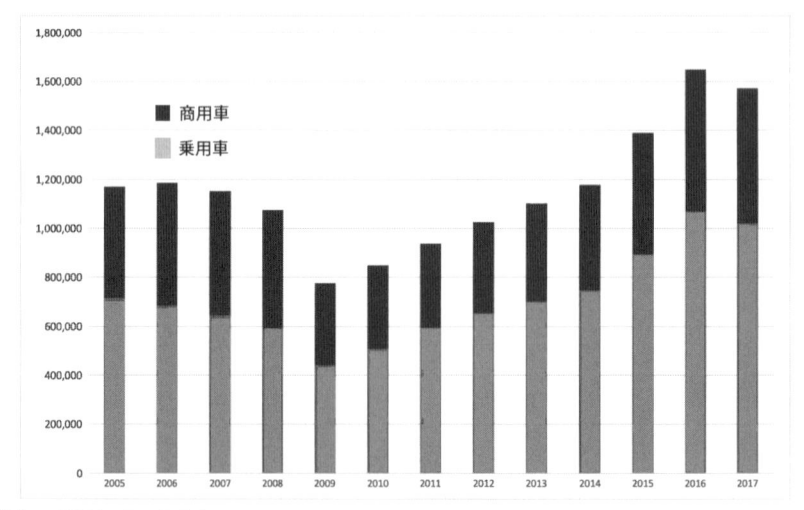

出典：OICA データより。

図2:メキシコ自動車販売

Ford・マツダ（1986）と進出が続いた。アメリカの当時のビッグ・スリーの意図はメキシコを低価格の小型車輸出基地とする計画だった（星野　2014）。1992年にNAFTAが調印され94年に発効すると自動車メーカーのメキシコ進出は加速された。VW（1992）、日産・Renault（1993）、BMW（1995）、ホンダ（1995）、Mercedes-Benz（1995）、トヨタ（2002）と進出が重なった。

ii）カナダ自動車産業

では、カナダはどうか。まずカナダ自動車産業の概況を見ておこう。メキシコ同様カナダもアメリカに隣接しているが、自動車産業に焦点を絞れば、メキシコが、当初はアメリカ国境からはるか離れた首都中心に自動車企業が集中していたのに対し、カナダ自動車産業の中心のオンタリオ州はアメリカの自動車産業の中心地があるデトロイトを擁するミシガン州に近接している。ホンダ（1986）、トヨタ（1988）、CAMI/GM（1989）と相次いでカナダ進出を行っ

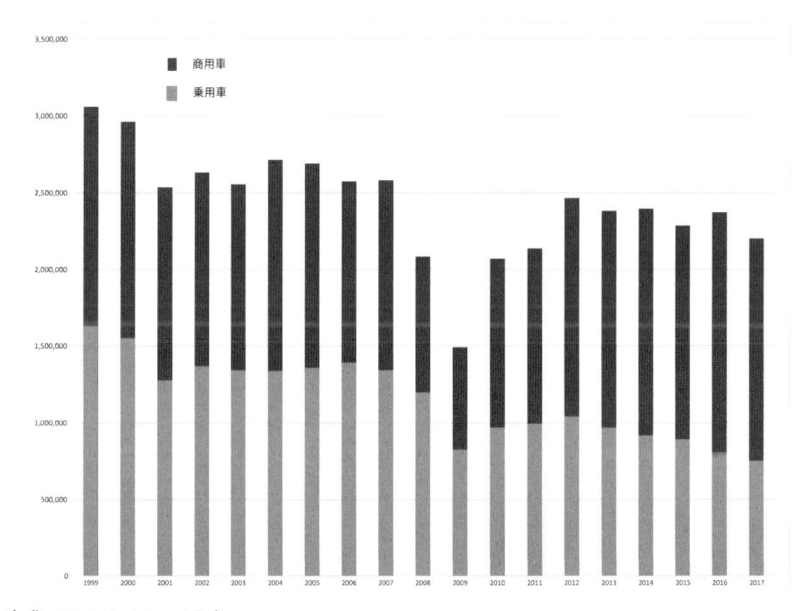

出典：OICAデータより。

図3:カナダ自動車生産

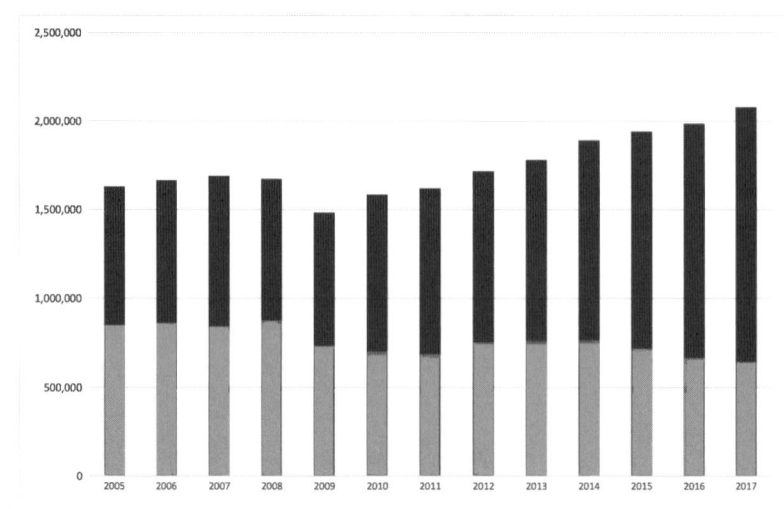

出典：OICA データより。

図4:カナダ自動車販売

たが、拠点は何れもオンタリオ州であった。アメリカとカナダの賃金格差が
10 ～ 20％カナダ側に低いことを利用して 1989 年締結された米加 FTA を活用
する目的で上記各社はカナダへ進出したのである。ところが 5 年後の 94 年に
NAFTA が発効すると賃金がより低いメキシコに低価格車生産が移行したた
め、カナダはより高付加価値のクルマ生産を探求し始めた。トヨタは 2004 年
にカナダ工場で高級車種の生産を開始した。

　次にカナダの自動車生産・販売動向を概観しておこう。図 3 に見るように、
生産では 2000 年代に入ってから 乗用車、商用車ともに 100 万台から 150 万台
の間を上下し、自動車合計で 250 万台から 300 万台の線をフロートしていたが、
2009 年にはリーマンショックで乗用車、商用車生産はともに激減、両者あわ
せた自動車生産はいっきに 140 万台ラインに落ち込んだ。しかしその後の回復
は早く 2010 年以降乗用車、商用車ともに 100 万台から 150 万台に回復し、両
者合計でも 200 ～ 250 万台ラインに戻り、自動車生産は世界第 10 位の地位を
保持している。ちなみにメキシコのそれは第 7 位をキープしている。次に販売
動向に目を転じてみよう。カナダ国内販売は乗用車、商用車ともに 60 万台か

ら 80 万台のラインを保持しており、アメリカ市場とは異なりシェールガスの輸出の好調に支えられてリーマンショックでアメリカほどの落ち込みを見せなかった。そして商用車部門では LCV（ピックアップトラック・SUV・バン）の好調な売れ行きを反映して 2013 年以降商用車の売行きは 100 万台を突破した。さらにカナダ自動車産業の輸出入状況を見ておこう。ごく簡単に概要を述べれば、金額ベースで見るとカナダ自動車の 85％は輸出に向けられ、うち約 95％は対米向けである。輸入はアメリカからのそれが 60％以上を占めるが、残りはメキシコ、韓国、日本、ドイツなどが続いている（VN Comtrade データベースより）。

ⅲ）メキシコ・カナダの政治状況

トランプ政権主導の USMCA の成立は、その後のメキシコ・カナダの国内情勢にいかなる影響を与えたのであろうか？まず、メキシコから見ておこう。メキシコの場合は 2018 年 7 月の総選挙でロペスオブラドールが新大統領に決まった。2018 年 12 月に就任して間がないので、新政権の政策動向の詳細を論ずることはできないが、いくつかの点で従来の政権との違いが垣間見られる。新空港建設中止問題で新しい動きがないではないがもっとも注目されるのは対米姿勢の変化である。そもそもロペスオブラドールを大統領に押し上げたメキシコ民衆のパワーの源泉は前年の 2017 年に誕生した米トランプ政権の「国境の壁構築・メキシコ移民阻止・NAFTA 見直し」に象徴される対メキシコ強硬政策にあった。NAFTA の見直し交渉の骨格自体は、ニセト前政権が担ったわけだから、問題は発足後のロペスオブラドール政権がこの実施をどう受け止めて進めるかにかかっていよう。しかし、カナダは 2019 年の選挙をにらんだ条件交渉を継続する構えを崩してはいない。こうした中で 2018 年 11 月の米中間選挙の結果、下院が民主党で過半数を占められたことが新条約の批准にどんな手直しを求めるかはこれまた予断を許さない状況にある。

しかし、今のところ USMCA の構図は大きな変更がないことを前提にして自動車・同部品企業は動かねばならないということになるだろう。

ⅳ）日本自動車企業と USMCA

　今回の USMCA によってメキシコやカナダに拠点を持つ自動車・同自動車部品企業は、大きな影響を受けることとなるだろう。各社ともにこの対策に苦慮しているというのが現状であろう。もし USMCA 下においてメキシコでの操業にかかる費用が採算点を大幅に上回るなら、おそらく当該企業はメキシコでの操業にこだわるかといえば、その答えは「否」であろう。むしろ自国からの生産輸出に切り替える可能性を選択するかもしれないのである。また、メキシコでの部品調達率が高い企業の場合、今回の賃金条項の縛りを受けてメキシコでの生産を断念してアメリカ本土かカナダでの生産に振り替える可能性も模索されよう。また、部品によっては中国製の製品を使用している企業の場合には、今後の米中貿易戦争の影響を考慮して中国以外からの部品調達を考える必要が出てこよう。いずれにせよ、日本自動車企業にとってはこれまでのサプライチェーンでは想定できなかった問題を抱えて、新たな部品供給体制の構築が急がれているのである。

おわりに

　以上、トランプ政権下の米中貿易戦争の問題と、そして USMCA をめぐる諸問題に関してその推移と現状そして将来的見通しの概略を説明してみた。実はこの 2 つの問題はいずれも切り離された別個の問題ではなく、戦後の自由貿易体制の見直しという問題では深く連動しており、その行方は、産業分野を超えてその行く手に大きな方向性の変更を与える可能性を秘めている。

新聞情報

「日本経済新聞」（2018 年 8 月 26 日、2018 年 10 月 2 日、2018 年 10 月 14 日、2018 年 10 月 26 日、2019 年 1 月 18 日、2019 年 3 月 14 日、2019 年 3 月 23 日、2019 年 3 月 28 日）

データベース

Instituto Nacional de Estadística, Geografía e Informática (INEGI)、https://www.

inegi.org.mx/（2019 年 8 月 1 日閲覧）

Organisation Internationale des Constructeurs d'Automobiles (OICA)、http://www.oica.net/（2019 年 8 月 2 日閲覧）

UN Comtrade Database、https://comtrade.un.org/data/（2019 年 8 月 2 日閲覧）

参考文献

安保哲夫（1984）『戦間期アメリカの対外投資－金融・産業の国際化過程－』東京大学出版会。

石見徹（1999）『世界経済史：覇権国と経済体制』東洋経済新報社。

グレアム・アリソン（船橋洋一、藤原朝子訳）（2017）『米中戦争前夜──新旧大国を衝突させる歴史の法則と回避のシナリオ』ダイヤモンド社。（原著 2017 年）

ジェトロ（2019）「USTR、USMCA の行政措置声明草案を議会に提出」、ジェトロビジネス短信。（2019 年 5 月 31 日）https://www.jetro.go.jp/biznews/2019/05/993e8520f43ac447.html（2019 年 6 月 25 日閲覧）

ジョン・ミアシャイマー（奥山真司訳）（2007）『大国政治の悲劇』五月書房。（原著 2001 年）

福山章子（2019）「NAFTA 改定が日本企業に与える影響：工業製品を中心に」『世界経済評論』702 号（Vol. 63, No. 3）、文眞堂、34-44 頁。

古川哲（1971）「大恐慌と資本主義諸国」『岩波講座世界歴史 27：現代四、世界恐慌期』所収、岩波書店。

星野妙子（2014）『メキシコ自動車産業のサプライチェーン──メキシコ企業の参入は可能か──』アジア経済研究所。

三井物産戦略研究所（2016）「成長を続けるメキシコ自動車産業の課題と展望」三井物産戦略研究所。https://www.mitsui.com/mgssi/ja/report/detail/__icsFiles/afieldfile/2016/10/20/160502i_nnishin.pdf（2019 年 6 月 25 日閲覧）

メヒココンサルティング（2016）「メキシコ工業団地：最新動向（2016/02/08）」http://www.mexblz.jp/2016/02/19/439/（2019 年 6 月 25 日閲覧）

リチャード・ボールドウィン（遠藤真美訳）（2018）『世界経済大いなる収斂：IT がもたらす新次元のグローバリゼーション』日本経済新聞出版社。（原著 2016 年）

Rutherford T. and Holmes, J. (2008), "The flea on the tail of the dog": power in global production networks and the restructuring of Canadian automotive clusters, Journal of Economic Geography, Vol. 8, Issue 4: pp. 519-544.

Rutherford, T. and Holmes, J (2013), (Small) differences that (still) matter? Crossborder regions and work place governance in the Southern Ontario and US Great Lakes automotive industry, Regional Studies, Vol. 47, pp. 116-127.

Rutherford, T. and Holmes, J (2014), 'Manufacturing resiliency: economic restructuring and automotive manufacturing in the Great Lakes region,' Cambridge Journal of Regions, Economy and Society, Vol. 7, pp. 359-378.

Sturgeon, T. et al. (2009), The North American automotive value chain: Canada's role and prospects, International Journal of Technological Learning Innovation and Development, Vol. 2, Issue 1, pp. 25-52.

United States International Trade Commission (2019), U.S.-Mexico-Canada Trade Agreement: Likely Impact on the U.S. Economy and on Specific Industry Sectors, Publication Number 4889, (April 2019), https://www.usitc.gov/publications/332/pub4889.pdf（2019 年 6 月 25 日閲覧）

Yates, C., Holmes. J (2019), The Future of Canadian Auto Industry, Canadian Centre for Policy Alternatives, https://www.policyalternatives.ca/sites/default/files/uploads/publications/National%20Office/2019/02/Future%20of%20the%20Canadian%20auto%20industry.pdf（2019 年 6 月 25 日閲覧）

座談会

パネリスト

小林英夫（早稲田大学）司会

植木靖（ジェトロ・アジア経済研究所）

岩崎総則（ERIA）

小林　「トランプ政権下の USMCA 協定と自動車産業の対応」の実態を見てきましたが、これは単に、メキシコ・カナダだけの問題に限らず、トランプ政権の対外経済政策に通底する問題だと思います。そこで、まず、トランプ政権の性格をどう考えればよいでしょうか？　その辺から議論を始めることとしましょう。まず岩崎さんからご意見いただきたいのですが、トランプ政権の性格はどのように捉えればよいでしょうか。

岩崎　トランプ政権の性格を一言で表すと、私は「ポピュリズム」と言えると思います。しかしそれは民衆を扇動するといったことや、国内に亀裂を生み出すといったマイナスのイメージが先行しがちですが、2017 年末の法人税の大規模減税や、国内への産業回帰、中国をはじめとした貿易戦争など、どれも選挙時に言っていた公約を忠実に実現しようとしてるともいえると思います。そうした姿勢が、2018 年の中間選挙の結果でも、上院では多数派を確保したように国内で根強い「岩盤」支持層を固めているのではないでしょうか。

小林　実行する「ポピュリスト」というのはご指摘の通りだと思いますが、植木さん、岩崎さんのご意見に付け加えることや異なる視点でのご指摘はありませんか？

植木　「ポピュリズム」やアメリカ政治について知りませんので、厳密な議論はできませんが、日本の流行語を使えば、トランプ流政治は SNS を使った「劇場型政治」という印象を受けます。日本政治では政治家の主張をマスコミが煽ったという感じもありますが、トランプ大統領はマスコミと対峙する意見を広めるために巧みに SNS を使われています。「劇場型政治」は物事を単純化する傾向がありますので、Twitter というのは便利なメディアではないかと思います。また、経済政策の議論の仕方としては、ある意味でプラクティカルな印象を持っています。移民を例にすれば、人道的な観点から移民保護の必要性

を訴えたり、移民による経済的メリットを主張したりする「べき」論がある一方で、「移民は自分の雇用や生活環境を脅かす」と感じている市民もいることでしょう。「べき」論の背後にある現実的な負の側面を、トランプ大統領は素直に分かりやすく問題として提起した面があります。こうした議論は「ポピュリズム」と見なされるかもしれませんが、ネットには溢れていますし、議論に参加されている方々の社会的背景も様々ではないでしょうか。ですから、トランプ大統領の個別政策についての主張は「分からないでもない」という面があります。一方で、政策全体の整合性について言えば、理解するのが難しい場合が多々あります。トランプ大統領は何を目指しているのでしょうか。

　小林　たしかにトランプ政権の政策には岩崎さんが言う意味での行動の「ポピュリズム」ゆえに植木さんが指摘されるように政策全体の整合性に問題が出てくるともいえるのではないですか。しかし、対中国政策という面ではブレは少ないし一貫していますよね。それは国家戦略＝アメリカの世界覇権に対する中国の挑戦を跳ね返すという課題と関連しているからです。ただ、こうした路線変更をするには国営企業の改革を含めた抜本的な改革が必要であり、低成長の痛みを長期間耐えなければならないことになります。

　岩崎　2017 年 10 月の第 19 回共産党全国代表大会において第 2 期目に突入した習近平政権は、2018 年には国家主席 2 期 10 年の制限も撤廃しました。汚職防止の統制や、プラスチック（輸入）貿易の禁止といった環境面への対策、さらに科学技術の発展にも積極的で、一人当たり GDP が 1 万ドルに迫る中で、民衆の生活の質の向上にも積極的に取り組みを見せているといえると思います。「一帯一路」や「中国製造 2025」等といったスローガンは国内向けに中国の政策方針を示すという効果がある一方で、周辺国にさまざまな意味で不安と期待を抱かせるようになっているということでしょうか。

　小林　トランプ政権や中国の性格が明らかになってきたところで、USMCA問題を議論することにしましょう。まずメキシコですが、日系企業を含めた外資系企業が多数生産拠点を構え、対米自動車・部品輸出基地に転換してきている現状の中で、今回の USMCA はその動きに相当の影響を与えるでしょう。日系企業を含めた外資系企業の生産移管の現状と展望をどのように考えますか。

植木　この間、旧 TPP の効果も見込んでか、日系を含む外資系企業の対メキシコ進出が進展しました。メキシコ政府も中小企業を含むメキシコ自動車部品企業の誘致を積極的に推し進めました。その結果メキシコは対米自動車部品供給基地としての地盤を強固なものにしている最中でした。ところがそこにUSMCA が新たに締結されたわけです。現在進行中なので、詳しいことは今後の動きを待たねばなりませんが、日産がエンジン工場をメキシコからアメリカに移転させるというような情報も聞いているので、それに付随した部品企業の対米移転もこれから想定されてくるでしょう。

小林　おそらく同様の問題がアメリカとカナダとの間でも生ずるのではないでしょうか。カナダの場合には、五大湖周辺を中心としてその地理的近接性から、メキシコ以上にアメリカ自動車産業との一体化が進んでいる現状では、アメリカへの（からの）生産移管に限られないでしょう。すなわち、メキシコからカナダへ、といった流れです。植木さんも指摘したように、USMCA 締結前の状況では、GM の例に見られるように、トランプ政権の雇用政策の動向を注視してか、アメリカの工場よりもむしろカナダの工場からのメキシコ移管といった情報もありました。USMCA 締結後は、メキシコからアメリカのみならず、カナダへの生産移管という動きも出てくることでしょう。その際に、多くの自動車関連企業がアメリカへの生産回帰を考えているであろう中において、どのような部材生産にカナダ工場を選択するのかという動向がきわめて注目されます。

岩崎　今小林先生が指摘されたことは，自動車関連企業各社が注目していることであるのみならず、学問的にも興味深い点であるようにも思われます。USMCA の賃金条項でも、アメリカとカナダはそれほど差が大きいわけではありませんので、雇用やその他の優遇政策、また企業のグローバルな拠点戦略によって，この立地選択が左右されるのだと考えています。

小林　最後のサプライチェーンの変更の問題ですが、これは現在進行中の問題だと思います。すでに植木さんが指摘しているように日産はメキシコでのエンジン生産をやめてアメリカへとシフトさせる計画でいますし、中国での部品生産をベトナムやアセアンの他国に移行させる動きもあります。その意味では戦後体制の見直し、あるいは大きなシステム変更を内包した問題だと思いま

す。こうした観点から各企業の戦略が見直される必要が出てきているともいえます。この点は、また日を改めて議論を続けたいと思います。

第14章　マレーシア自動車産業の現状と将来

穴沢　眞

はじめに

　マレーシアの自動車産業は国民車計画のもと、Proton、Perodua という二大国民車メーカーを中心に発展を遂げた。国民車計画は自動車産業の発展に寄与する一方、国民車メーカー及び地場の部品メーカーの保護を伴うものであった。しかし、2000 年代に入り貿易自由化が進み、政府、そして個々の企業が環境変化への対応を迫られている。以下、**1** ではマレーシアの自動車産業の発展の経緯を概観し、これに続き、**2** では自動車産業の現状をみる。**3** ではマレーシアの自動車政策に触れ、**4** では最近の動向をもとに自動車産業の将来についても言及する。**5** は結語である。

1　マレーシアにおける自動車産業の発展

　マレーシアでは 1957 年の独立以後、1960 年代に入り、まず欧米系企業による乗用車のノックダウン生産が開始され、次いで 1970 年代に入ると日系企業の新たな参入がみられた。これらは地場企業との合弁の形態をとっており、輸入代替産業として関税などの保護を受けて発展してきた。日系企業の生産の形態もノックダウンであり、一貫生産は行われておらず、国民車メーカー誕生までは日系企業が国内市場の 7 割以上のシェアを占めていた。

　しかし、このような状況は国民車計画 [1] により一変する。マレーシア政府は 1980 年代に入り、重工業における輸入代替を開始する。ただし、同国の製造業は外資系企業と地場の華人系企業が中心であり、同国の新経済政策 [2] との関連でブミプトラ [3] の製造業部門への進出が企図され、これを推進するため 1970 年代以降、政府系企業が台頭するようになった。重工業においては

1980 年に設立されたマレーシア重工業公社がその推進役となり、国民車計画に基づき、Proton が 1983 年に設立された。同社の設立当時の資本金は 1 億 5,000 万リンギ [4] であり、そのうち 70% をマレーシア重工業業公社が出資し、残る 30% は三菱自動車と三菱商事が折半する形となった。Proton は政府の要請もあり、地場の部品メーカー、特にブミプトラ企業の育成を進めることとなるが、Proton 自身が政府の保護のもとで育成されており、さらにブミプトラ企業の保護と育成が重なり、保護の連鎖ともいうべき状況が Proton を中心に形成された [5]。

　当時、人口が 3,000 万人に満たなかったマレーシアは国内市場が狭隘で、規模の経済を享受するほどの生産規模に達しないという状況にあった。さらに政府による Proton とそのベンダーに対する各種の保護が導入され、国際競争力を持たない自動車産業が温存されることとなった。

　他方で、Proton の誕生はマレーシアのモータリゼーションを促進したことは事実であり、続いて、1993 年に第 2 国民車メーカーである Perodua がダイハツ、三井物産との合弁で設立され、1994 年から軽自動車の販売を開始した。Perodua の参入により、マレーシアのモータリゼーションはさらに加速され、自動車の普及が一気に進んだのである。

　図 1 は 1980 年から 2018 年までのマレーシアの乗用車と商用車の生産台数を表している。同図から明らかなように、過去 30 年以上の間に乗用車の生産台数は 10 万台弱から 50 万台を超えるまでに増大した。1980 年代半ばの経済不況と 1997 年のアジア経済危機を除くと、生産台数が順調な伸びを示しているが、近年、鈍化傾向にある。一方、商用車については乗用車を大きく下回り、ピーク時の 2005 年でも約 14 万台にすぎず、2007 年以降は約 5 万台で推移している。このようにマレーシアの自動車市場は乗用車が圧倒的なシェアを持つという点で、他の ASEAN 諸国と大きく異なっている。

　また、紙幅の都合で省略するが、同国の販売台数の推移もほぼ生産台数と同じ傾向を示している。乗用車、商用車ともに近年輸入が増加し、特に商用車において輸入車の比重が 3 分の 1 程度にまで上昇している。

　図 2 は国民車メーカーとその他自動車メーカーの市場シェアの推移を示したものである。図からも明らかであるが、近年、特に 2003 年以降 Proton の市場シェ

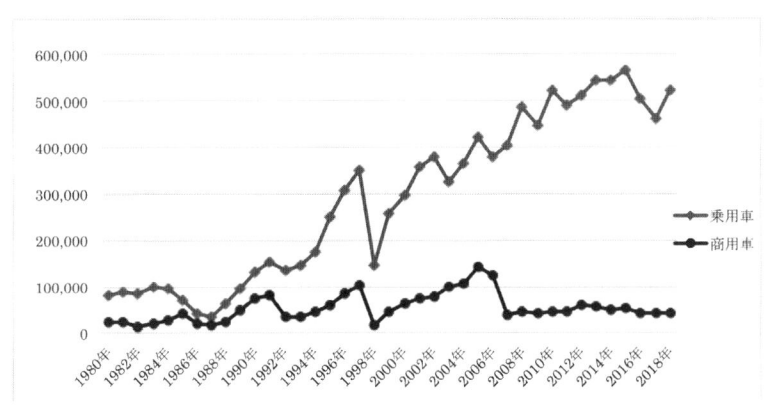

出典：1980年から1985年まではマレーシア工業開発庁資料。1986年から2004年までは
FOURIN（2006）。2005年から2016年まではFOURIN（2017）。2017年、2018年はMAA（2019）
より筆者作成。

図1:マレーシア自動車生産台数の推移（単位:台）

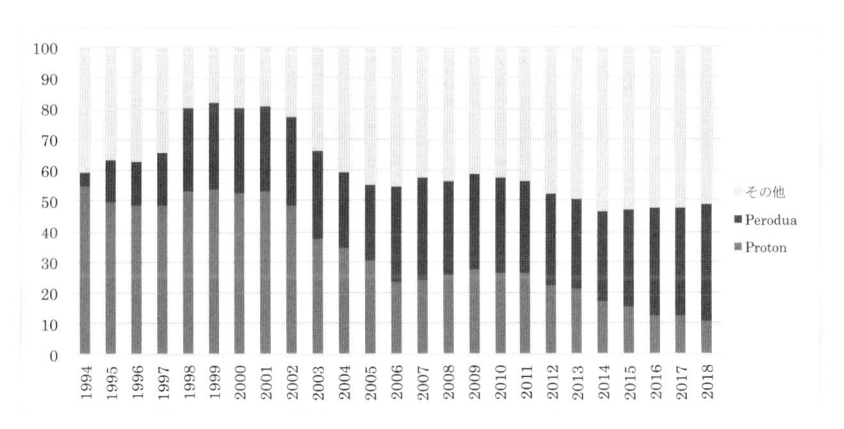

出典：Proton、Perodua社内資料、FOURIN(2017)、MAA(2019)より筆者作成。

図2:国民車メーカーの市場シェアの推移（単位:%）

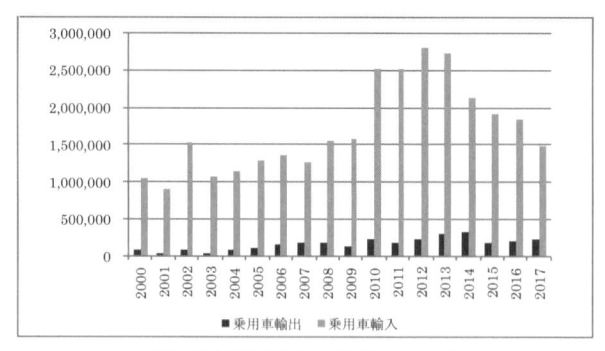

図3:乗用車の輸出入（単位:1,000US$）

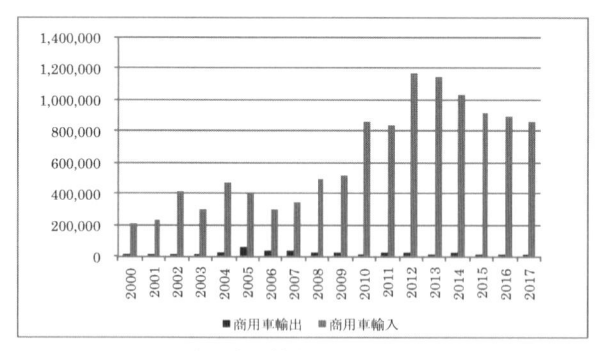

図4:商用車の輸出入（単位:1000US$）

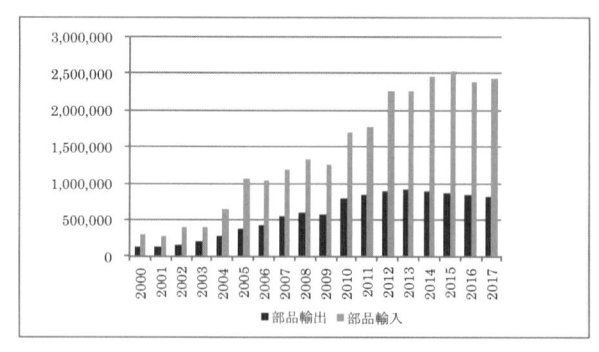

出典：United Nations COMTRADE より筆者作成（図 3、図 4、図 5）。

図5:自動車部品の輸出入（単位:1,000US$）

アが急落し、一方で Perodua は堅調にシェアを拡大させている。国民車以外の自動車メーカーの市場シェアは Proton のシェアを奪い取る形で増加している。最大でほぼ 8 割近い市場シェアを握った国民車メーカー 2 社合計のシェアは 2013 年には 5 割を切るに至った。その後も、Proton のシェアは低下の一途をたどり、後述するように 2018 年には市場シェアは 10.8% ととなり、第 4 位に転落した。

　次に貿易についてみてゆく。マレーシア政府は国民車メーカーと彼らに部品を供給する地場の部品メーカーを長く保護してきたが、AFTA のもとでの共通有効特恵関税（通称 CEPT）スキームにより、同国は 2002 年までに関税を 0.5% に引き下げなければならなかった。一旦は、自動車をこのスキームから外したが、2004 年に関税率の引き下げを行い、さらに国家自動車政策（NAP= National Automotive Policy）の策定に伴い 2006 年にさらなる関税の引き下げを行った。ただし、関税の引き下げをほぼ相殺するように物品税を課すことにより、急激な輸入車の増加を抑えた。なお、一般の自動車部品の ASEAN 域内での関税は完成車やノックダウン部品に先立ち引き下げられており、2003 年までにはほぼ全品目が 5% 以下となっていた [6]。

　2006 年の日本との EPA の締結はさらなる自由化を進めるものであった。自動車産業は日マ EPA の締結の際も交渉が難航した分野であった。最終的にマレーシアの国民車などと競合する 2000cc 未満の完成車については段階的に 2015 年までに関税を撤廃することとなった。

　図 3 から図 5 はマレーシアの乗用車、商用車、自動車部品の 2000 年以降の輸出入を示したものである。これらの図から、マレーシアは完成車（乗用車、商用車）においては大幅な輸入超過であることがわかる。特に商用車はマレーシアでの生産自体が少ないこともあり、輸入超過が際立っている。一方、自動車部品については完成車ほどの大幅な輸入超過ではないが、輸入額は輸出額の 2 倍から 3 倍となっている。ただし、いくつかの研究が示しているように、マレーシアからの自動車部品の輸出の多くは日系企業などの外資系企業によって行われており、地場企業による輸出は限定的である [7]。

2　マレーシア自動車産業の現状

　前項でみたように、マレーシアの自動車産業の発展は国民車メーカーの発展と軌を一にしていた。ところが、この傾向が 2003 年以降変化し始め、Proton の市場シェアの急落と非国民車メーカーの台頭という構図が現れてきた。

　図 6 は 2018 年のマレーシアの主要自動車メーカーの市場（乗用車＋商用車）シェアをみたものである。同年の市場シェア第 1 位は Perodua であり、市場の 4 割近くを占め、38.0％までシェアを伸ばしている。数年前の約 30％のシェアから順調にシェアを伸ばしていることがわかる。Perodua に続き、第 2 位のシェアを維持しているのがホンダである。このところホンダは第 2 位の地位を堅持しており、シェア自体も上昇傾向にある。第 3 位にはトヨタが入ったが、トヨタの場合は乗用車のみならず、商用車も販売しており、乗用車のみではかろうじて Proton が第 3 位に入るが、その差はないに等しい。かつて圧倒的なシェアを誇った Proton は現在、市場シェアにおいては第 4 位にまで転落してしまっている。日産はほぼ 5％のシェアを堅持している。

　Perodua の市場シェアが堅調であることは同社が導入しているコンパクトカーが省エネ車でもあり、市場での人気があることによる。ホンダについては根強いファンがいる一方、新しいモデルの導入もシェア拡大の要因の一つであろう。これに引き換え、Proton の低迷は人気モデルの欠如や三菱自動車の撤退による品質の低下などによる。いわゆる、Proton 離れが進んでおり、これを阻止するだけの力は今の Proton にはない。多くのユーザーによる Proton から非国民車への乗り換えが進んでいると思われる。なお、2017 年に Proton の株式の 49.9％を取得した中国の吉利が梃入れを行うと思われるが、これについては次項において言及する。

　貿易動向については前項で乗用車、商用車、自動車部品全体について概観した。ここでは主に近年の貿易相手国に注目しながら議論を進める。

　乗用車の輸出自体が大きな数値ではないが、そのなかではかつてはオーストラリア、中国、イランなどが主要な輸出先であったが、いずれも金額が大幅に減少している。一方で、直近ではタイへの輸出が全輸出額の 8 割以上を占めている。乗用車の輸入は、かつては日本、タイからの輸入が圧倒的であったが、

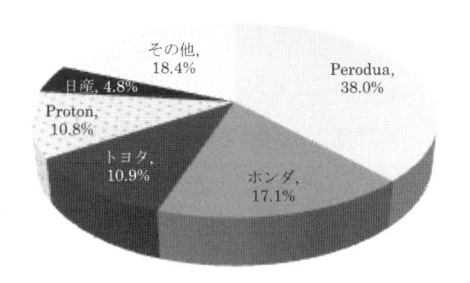

出典：MAA（2019）より筆者作成。

図6:マレーシアにおける主要自動車メーカーの市場シェア（2018年）

2017年ではドイツが約45％と最大となり、日本が約38％でこれに続いている。

　次に商用車であるが、前述のように輸出はほとんど行われていない。一方で輸入はタイ（50.7％）と日本（36.0％）に偏っている。タイからの輸入も、同国での日系自動車メーカーの動向から、その多くがこれらのメーカーからのものと推測される。

　自動車部品の輸出は分散しており、第1位が中国、次いで、タイ、シンガポール、インドネシア、日本と続くが、1位の中国でさえ全輸出の10％強を占めるにすぎない。日本への輸出もある程度維持されているが、これを含め、地場企業よりも日系企業を含めた外資系企業によるASEAN域内、さらには東アジア域内での相互補完によるものが多いといえる。輸入はタイが全体の3分の1強を占めてトップであり、ASEAN域内ではこれにインドネシアが7.2％で続いている。東アジアでは日本からの輸入が最大で、21.0％あるが、中国からの輸入も全体の13.9％を占めている。

3　マレーシアの自動車政策

　マレーシアの工業化政策の基本は工業マスタープランであり、現在は「第3次工業マスタープラン（2006 - 2020）」の期間中である。同マスタープランは自動車産業の現状分析に続いて、2006年3月に公表された「国家自動車政策

（NAP）」を掲載している。以下ではこの NAP とそれ以降の 2009 年 10 月の「新 NAP」[8]、「NAP 2014」について考察する。最後に 2019 年に公表が予定されている「NAP 2019」にも言及する。

　2006 年に公表された NAP の内容はこれまでの自動車政策を踏襲するものであり、競争力強化、ASEAN 域内でのハブ化、ブミプトラの参加拡大などがあげられていた。マレーシア政府は 2009 年 10 月に上記の NAP を見直し、「新 NAP」を公表した。これは変化する環境のもとで既存の NAP をより効果的なものにすることを意図していた。「新 NAP」のキーワードは "People First" である。また、貿易自由化が進むなか、さらには環境に配慮した HEV や BEV の生産を視野に入れた政策となっていた。一方で、国民車メーカーの生き残りをかけた外資との戦略的提携やブミプトラの参加拡大など、これまで同様の保護も継続されるものであった。より具体的な戦略のなかには高級車、ピックアップトラック、HEV 生産への外資参入の自由化、輸出競争力の強化のための輸出増に対する税制上の優遇措置など、踏み込んだものも含まれていた。

　2014 年 1 月に公表された「NAP 2014」は、より競争的な自動車産業の育成を目指し、域内での EEV [9] 生産の中心となることや自動車及び自動車部品の輸出拡大、ブミプトラを中心とした雇用の促進、自動車価格の低減などを盛り込み、数値目標も提示されていた。これまでの NAP が理念の提示に終わっていたことと比較すると、より具体的な内容となったといえる。しかし、乗用車の生産台数を 125 万台とし、そのうち 25 万台を輸出するとしたことや、商用車の生産を 10 万台に、部品の輸出を 100 億リンギに、さらに 15 万人分の雇用を創出するとするなど目標が野心的に過ぎ、これまでみたようなマレーシアの自動車産業の実態を反映したものとはなっていなかった。

　2018 年に公表されるはずであった「NAP2018」を引き継ぐ形で 2019 年の第 2 四半期に「NAP2019」が公表される予定である。各種報道によれば「NAP2019」は今後の技術的なトレンドを取り込み、自動車産業の競争力を高めるものであり、次世代型自動車、モビリティ・サービス、Industry 4.0、AI 等を含むものと思われる。「NAP2019」については今後の動向を注視する必要がある。

4　マレーシア自動車産業の今後

　表1にあるように、マレーシア自動車工業会（MAA）の予測によれば2019年の販売予想台数は、乗用車が534,000台、商用車が66,000台の計60万台であり、ほぼ、2018年の販売台数と同レベルとみている。2019年は年率4.9%と2018年とほぼ同レベルのGDP成長率が予想される一方、米中間の貿易摩擦など世界経済における不確定要素があり、慎重な予想となっている。また、マレーシア自動車工業会による2023年までの今後の予想は次頁表1の通りである。2020年から2023年までは平均2.3%の販売成長率を見込んでいる。中所得国になり、かつてのような高成長率が期待できないなか、現実的な成長率の予想であるといえる。

　AFTA、日マEPAにより、マレーシアの自動車産業は貿易自由化に踏み切らざるを得なかった。2000年代にAFTAのもとでの自由化を開始したが、一定の保護は継続されてきた。日マEPAでも時間的猶予が与えられ、並行して部品メーカーなどの支援も日本側から提供された。さらに、AECやTPP 11への参加もあり、マレーシアの自動車産業は新たな環境に直面するであろう。

　図3から図5で示したように、マレーシアの自動車産業関連の貿易は乗用車、商用車、自動車部品のいずれをとっても大幅な輸入超過となっている。さらにASEANと日中韓のFTA等の枠組みのもと、吉利の参入により今後、特に中国との貿易が拡大することが予想される。当面は後述するように、吉利のSUVのマレーシアへの輸出が増大するであろう。また、将来的に吉利がマレーシアでの生産を拡大する場合でも中国からの輸入部品の増大、さらには中国部品メーカーのマレーシア進出とそれに伴う原材料等の中国からの輸入拡大が予想される。一方でTPP 11のもとでのさらなる貿易自由化が進む場合でも、日本との貿易はすでに日マEPAにより自由化が進んでいるため、大きな変化はないものと思われる。なお、TPPからの米国の離脱は、もともとマレーシアの自動車産業にとって米国との貿易自体が少ないため、米国の離脱が与える影響は少ないといえる。

　マレーシア国内に目を向けると、まず、昨年の総選挙において元首相のマハティール氏が政権の座に復活したことにより新たな動きがみられる。Proton、

表1:今後5年間のマレーシアの自動車販売台数（予測値、単位:台）

	2019 年	2020 年	2021 年	2022 年	2023 年
乗用車	534,000	544,680	556,120	568,360	581,425
商用車	66,000	67,320	68,730	70,240	71,865
合計	600,000	612,000	624,850	638,600	653,290

出典：MAA（2019）より筆者作成。

Perodua の生みの親である同氏は日本企業との協力により、輸出を目指す新たな国民車の立ち上げを企図している[10]。今のところ、これに賛同する姿勢を示した日本企業はなく、情勢はマハティール氏の構想にとって厳しいものとなっている。自動車産業に重きを置こうとする同首相の意図を実現できるか否か、障壁は高いが、今後の動向を見守る必要はある。

　現実的に今後のマレーシアの自動車産業に影響を及ぼすものが、Proton を実質的にコントロールしている中国の吉利の存在である。吉利はスウェーデンの Volvo の筆頭株主でもあり、Proton の株式取得の目的は Proton が所有する英国の Lotus の支配ではないかとの観測もあった。実際、吉利は Lotus の株式の 60% を取得し、同社を傘下に収めている。

　しかし、吉利は経営陣を送り込み、Proton の立て直しに意欲を示している。吉利による Proton の再建は新たなモデルの投入という形ですでに始まっている[11]。吉利は Proton が手掛けてこなかった SUV をマレーシア市場に導入し、市場シェアの拡大を目指している。当初は中国からの輸出によりマレーシア市場への供給を行うが、いずれは Proton の工場において生産を行う予定である。価格についても競合するモデルよりも低価格での供給を予定しており、新たな市場の開拓が期待される。他方で、吉利の進出はマレーシアの地場部品メーカーにとっては、これまでのような国民車メーカーとの共存やもたれあいを排除するものでもある。我々の地場部品メーカーでの調査でも吉利の求めるスペックや価格への対応に対して不安を持つ企業がみられた。また、将来的に吉利と取引のある中国の部品メーカーがマレーシアに進出することも予想され、地場部品メーカーの淘汰が進む可能性もある。

　国内市場シェアトップの Perodua についてはダイハツとの合弁であり、生

産に関してはダイハツが主導することとなろう。工場の拡張やエンジン工場の稼働など、マレーシア国内での生産、販売に力を注ぐだけでなく、トヨタグループの一員として ASEAN 域内でのトヨタグループの戦略のなかで一定の役割を果たすものと思われる。

トヨタ、ホンダ、日産などの日系企業にとって、マレーシア市場はその大きさからして決して重要な市場ではない。また、輸出などへの貢献も一部の部品を除けば大きなものではない。合弁企業であるため、これまでの輸入代替時代と同様、国内向けを中心に生産、販売を継続するであろう。また、ASEAN 域内ではタイ、インドネシアが日系企業の生産の中心であり、マレーシアがこの地位を奪うことは難しい。産業の集積という観点からもマレーシアが劣っていることは明らかである。

地場の部品メーカーにとっても先行きは予断を許さない。長年に渡って育成が行われてきたが、国際競争力を持つ地場の部品メーカーは非常に少ない。我々の調査では海外進出を果たした部品メーカーは 10 社に満たない。地場の部品メーカーは比較的歴史が長く、規模の大きな企業と国民車メーカーに大きく依存するブミプトラ系の中小企業に二極分化しており、特に後者は市場シェアを拡大している非国民車メーカーとの取引拡大も容易ではない。

外資系部品メーカーにとって、マレーシアはその狭隘な国内市場ゆえにもともと有望な市場ではなかったが、国民車メーカーの立ち上げに伴う国内企業への保護が本国からの輸出を不利にさせ、外資系企業はこれに対応するためにマレーシアに進出したといえる。貿易自由化とその枠組みの強化はマレーシア国内市場のみならず ASEAN 域内、延いてはその他の国や地域への輸出を促進するものであり、各社の国際戦略、アジア戦略のなかでマレーシアの子会社は位置づけられていくであろう。

5　結語

マレーシアは ASEAN 域内ではシンガポール、ブルネイに続き一人当たり GDP が高く、その数値は約 1 万米ドルではあるが、現在でも人口は 3,200 万人と少なく、そのため国内市場も決して大きくはない。国内市場を中心に発展

を続けてきた国民車メーカーは政府の保護を受け、一方で彼らは地場の部品メーカーを育成するなどマレーシアの自動車政策の中に組み込まれていることも事実である。

国民車メーカーのうち、Proton については市場シェアが急落し、今後、吉利の支援を受けながら再生をはかることになる。しかし、これは Proton のみならず、Proton のベンダーにとっても痛みを伴うものとなるであろう。三菱自動車の撤退以来、生産現場の力が落ちていることが懸念される。一方、Perodua はダイハツの協力のもと、シェアの拡大が続いている。2つの国民車メーカーの間の明暗を分けた要因の一つは海外のパートナーによる支援である。

トランプ政権下で米国が自国中心主義の政策をとっているが、ASEAN 域内では AEC により、また、環太平洋地域では TPP 11 により貿易自由化が進められている。これまでの AFTA 及び日マ EPA、ASEAN と日中韓の FTA などによりマレーシアの貿易自由化も否応なしに進められてきた。自由貿易への対応は既にみたように自動車メーカーごとに、また部品メーカー間では外資系と地場企業の間で大きく異なる。さらに、地場の部品メーカーも二極化が進んでおり、中小企業、特にブミプトラ系の企業は厳しい状況に直面する可能性がある。

2017 年の吉利による Proton への資本参加は今後のマレーシア自動車産業に大きな変化をもたらすものであろう。中国企業の ASEAN 進出、より広い視点でいえば中国自動車産業の海外進出の先駆的な事例となりうるもので、吉利のみならず、中国の部品メーカーの海外進出とも連動するものといえる。引き続き、今後の動向について注目していきたい。

また、マハティール首相の復活により、マレーシアの自動車産業に変化が生じる可能性がある。国民車メーカーの生みの親である同氏が今度、自動車産業の発展に向けどのような政策を打ち出すか注視する必要がある。新聞などに公表された新たな国民車計画は現時点では日本企業の協力を得ることが難しいが、輸出志向型企業の設立自体は、外国企業の協力があれば可能性はあるであろう。

マレーシアが長期的な観点から現状の「NAP 2014」から次の「NAP 2019」

においてどのような方向に自動車産業を誘導するか、不透明なところはあるが、基本的に同国は政府が作成する各種政策を比較的忠実に遂行する国であるため、新たな政策の公表が待たれる。ただし、これまでのような、国民車メーカーを中心に自国企業の保護育成を継続する環境にはなく、ASEAN 域内においてどのように独自性を発揮し、先行するタイや潜在的に大きな国内市場を有するインドネシア、ベトナムなどと対峙して行くかも問われている。

注

(1) 国民車メーカーは Proton、Perodua 以外に3社あるがいずれも生産規模が小さいため、本稿ではこれら2社を中心に議論を進める。

(2) 新経済政策（NEP=New Economic Policy）は貧困の撲滅とブミプトラの商工業部門への進出を促進し、人種間の経済的格差是正を目指した。

(3) ブミプトラとはマレー語で「土地の子」を意味し、マレー人と他の先住民を含む。政府はブミプトラ優先政策をとっている。

(4) リンギ（ringgit）はマレーシアの通貨単位である。

(5) プロトンによるベンダー育成の詳細については穴沢（1998）を参照のこと。

(6) 穴沢（2010a）を参照のこと。

(7) 加茂（2006）を参照のこと。

(8) 正式には Review of National Automotive Policy であるが、公表前から New NAP と呼ばれており、これにならった。

(9) EEV（Energy Efficient Vehicle）には HEV や BEV だけでなく、ガソリン車、ディーゼル車でも燃費基準を満たせば認定される。

(10) 日本経済新聞「マレーシア、日本と国民車」（2018 年 6 月 12 日）。

(11) 日本経済新聞「プロトン再生、吉利頼み」（2018 年 11 月 28 日）。

参考文献

FOURIN（2006）『アジア自動車産業 2006』FOURIN。

FOURIN（2011）『アジア自動車産業 2011』FOURIN。

FOURIN（2015）『ASEAN 自動車産業 2015』FOURIN。

FOURIN（2017）『ASEAN 自動車産業 2017』FOURIN。

Koo Sian Chu, "Automobile Industry: Can Malaysia Compete in AFTA?", paper presented in MIER National Economic Outlook 2002 Conference, 2001.

Ministry of International and Industry Malaysia (MITI),"National Automotive Policy", 2006, Kuala Lumpur.

MITI, "National Automotive Policy Review", 2009, Kuala Lumpur.

MITI, *Third Industrial Master Plan 2006-2020*, 2016, Kuala Lumpur.

Malaysian Automotive Association (MAA), "Market Review for 2018 and Outlook for 2019", 16, January, 2019, MAA Press Conference.

Malaysia Automotive Institute (MAI),"Malaysia Automotive Roadmap: Highlights", 2014, www.mai.org.my.

MITI and MAI, "National Automotive Policy 2014", 20, January, 2014, (Press Conference).

MITI and MAI, "National Automotive Policy (NAP) 2014 Status Update", 30, January, 2015, (Press Conference).

穴沢眞（1998）「マレーシア国民車プロジェクトと裾野産業の形成－プロトンによるベンダー育成－」アジア経済研究所『アジア経済』第39巻第5号。

穴沢眞（2006）「マレーシアの自動車産業－国民車を中心に－」平塚大祐編『東アジアの挑戦－経済統合・構造改革・制度構築』アジア経済研究所。

穴沢眞（2007）「マレーシア－内閣主導による政策決定－」東茂樹編『FTA の政治経済学－アジア・ラテンアメリカ7カ国のFTA交渉』アジア経済研究所。

穴沢眞（2010a）「貿易自由化とマレーシアの自動車部品メーカー」,小樽商科大学『商学討究』第60巻第4号。

穴沢眞（2010b）『発展途上国の工業化と多国籍企業－マレーシアにおけるリンケージの形成－』文眞堂。

穴沢眞（2016）「マレーシアの自動車・自動車部品産業」西村英俊・小林英夫編著『ASEAN の自動車産業』勁草書房。

加茂紀子子（2006）『東アジアと日本の自動車産業』唯学書房。

第15章 欧州企業の中東欧展開
–中東欧における自動車産業の分散化の進展–

マーティン・シュレーダー

はじめに

　1980 年代後半の鉄のカーテンの崩壊直後、西欧の完成車メーカーと自動車部品企業は、中東欧諸国（CEEC）で足がかりを得始めた。完成車メーカーは主に市場の征服に興味を持っていたが、部品企業は著しく低い人件費から利益を得ることに関心があった。以前、社会主義国だった CEEC が欧州連合（EU）に加わり、それによって欧州が単一市場となることが明らかになった時、欧州企業の東方進出は激しさを増した。

　1990 年代初頭、CEEC への自動車投資は西欧に隣接した地域、すなわちポーランド、チェコ、ハンガリー、そして前記 3 か国よりは少ないが、スロバキアに集中していた。そして 2000 年ごろからは、ルーマニアが労働集約的生産の候補地として人気を高めていた。

　こうした自動車生産ネットワークの東方への拡大は、ブルガリアやリトアニアなどの EU 加盟国や、マケドニア（旧ユーゴスラビア共和国　今後：FYR マケドニアと記す）やセルビアなどの非 EU 諸国にまで広がっている。本稿は、東方諸国のなかでも非 EU 諸国に焦点を当て、貿易データと開発関連の資料を検討することによって、それらの初期統合の特徴を分析することとする。

1　欧州自動車産業の東方シフト

　冷戦終結以来、欧州の自動車産業はその生産拠点を東方にシフトさせてきた。国際自動車工業連合会（OICA）の調査によると、1998 年から 2017 年の間に、西欧の自動車生産台数は 1,730 万台から 1,470 万台に減少したが、同時期の中

東欧での自動車生産台数は110万台から420万台に増加した。この間、トルコでは30万台から一挙に170万台にまで増加した。このように、西欧では依然として自動車生産が好調であるが、全体的な生産台数の大幅な伸びはCEECとトルコによって達成されている。

　自動車の組み立てと同様に、今日ではCEECで大量の部品生産が行われている。部品製造が現地の組立作業を支援している一方で、更に大量の部品が西欧に輸出されている（Domanski/Lung 2009: 5f.）。このように、CEECは西欧諸国よりも低い賃金を活用することによってコストの最適化を可能にする欧州のサプライチェーンの重要な部分となっているのである。

　ところでDomanskiとLungは、中心に該当する欧州自動車産業との統合の度合いで、周辺に該当する区域を5つの異なる地域に分類したのだが（2009: 7）、彼等がこの調査で対象とした国はセルビアだけであった。彼らは、セルビアは現在ゆるやかに統合されているだけだが、もし今後経済発展が進行すれば中心の生産ネットワークにより強く組み込まれる可能性が高いという結論を下した。

　彼等の予測はデータ的には正しいと考える。セルビアは、非EU西バルカン諸国の統合の好例なのである。しかし、統計を見る限り、統合力はまだ脆弱で、現状ではセルビアは労働集約的な部品製造に特化しているのである。

2　東方展開の実現要因と推進要因

　継続的な東方展開または生産ネットワークの東方移転は、主に欧州における政治的主導での経済統合を通じて可能になる。EU内のより低コストの場所に生産を配置することの利点は理解するのは難しいことではないが、なぜEU以外の国々は自動車投資を引き付けるのであろうか。

　一口で言えば、EUは西バルカン諸国に対し二国間自由貿易協定（FTA）の確立を通じて、さらなるCEECの将来的な拡大を準備していることである。これは一般には、安定化・連合協定（Stabilisation and Association Agreement（SAA））と呼ばれているもので、以下の2つの課題を追求するものである。すなわち、それは、第一に、西バルカン諸国の比較的弱い経済の発展を促進す

るためである。経済の安定的発展は、旧ユーゴスラビア内で内戦を導く民族紛争を生んだこの地域の政治的展開を安定させるために EU によって追求されたものである。第二に、この FTA は、西バルカン諸国を EU に積極的に統合するための足がかりとなるはずである。こうして、SAA が旧ユーゴのマケドニア（2004 年)、及びアルバニア（2009 年)、モンテネグロ（2010 年)、セルビア（2013年)、ボスニア・ヘルツェゴビナ（2015 年)、コソボ（2016 年) と締結された[1]。コソボを除くすべての国で、農産物や水産物など、いくつかの例外を除いて自由貿易が実現されている。

　地理的条件も同様に重要である。いくつかの西バルカン諸国は、ブルガリアやルーマニアなどの東部 EU 加盟国よりもフランス、またドイツ、イタリアなどの伝統的な自動車の中核国に近い距離に位置している（表１)。

　西バルカン諸国と西欧中核化諸国の道程と走行時間が東部 EU 諸国のそれらより短いので、したがって輸送時間とコストがルーマニアのような国々より低いので、セルビアのような国々に生産拠点を見つけることは物流の観点からも魅力的である。

　このように、バルカン諸国の中では西側に位置し、西欧諸国に距離的に近い

表1:中東欧の主要都市とミュンヘン間の道程と走行時間

都市名	国名	ミュンヘンとの距離	
		道程	走行時間
ベオグラード	セルビア	939km	8 時間 55 分
サラエヴォ	ボスニア・ヘルツェゴビナ	944km	9 時間 54 分
ポドゴリツァ	モンテネグロ	1,179km	13 時間 7 分
ソフィア	ブルガリア	1,330km	13 時間 27 分
ティラナ	アルバニア	1,341km	15 時間 22 分
スコピエ	FYR マケドニア	1,369km	13 時間 30 分
ピテシュティ	ルーマニア	1,396km	14 時間 11 分
プリシュティナ	コソボ	1,461km	14 時間 42 分
ブカレスト	ルーマニア	1,514km	15 時間 34 分

出典：Google Maps より筆者作成。

ため、ブルガリアルーマニアといった東欧の低賃金国よりはより強い競争力を持っているのである。一言でいえば、彼らは、ヨーロッパの自動車産業の中心地からの地理的優位性を享受しているのである。

　労務費は、生産拠点を西バルカン諸国に決定する重要な要件である。これらの国々はすべて、ドイツ、フランスに近い中東欧諸国と比較してもかなり低い賃金水準にある（表２）。

　セルビアの平均賃金はポーランド、チェコ、スロバキアのそれよりも 30 ％以上低いため、特に労働集約的生産部門が東欧から西バルカン諸国にシフトしているのである。東方に進めば進むほどより低い賃金水準を提供できるので、地理的距離が大きいということはより高い輸送コストと同義となる。それゆえに、自動車部品企業がバルカン諸国の西側を選択するか東側を選択するかは、

表2:2014年の製造業及び建設業、サービス業の月平均賃金（単位:ユーロ）

	製造業及び建設業、サービス業の月平均賃金
ブルガリア	420
FYR マケドニア	490
ルーマニア	512
セルビア	567
リトアニア	640
ラトビア	692
モンテネグロ	717
トルコ	752
ハンガリー	774
スロバキア	908
チェコ	909
ポーランド	948

出典：Euro Stat より筆者作成。

輸送コストと人件費のトレードオフの関係になるのである。

　しかしながら EU は政治統合の前提条件として経済統合を利用する政策をとってきているので、EU の非加盟国でも欧州の生産ネットワークに組み込んできている。これが主な要因で、ドイツ、フランスへの相対的な地理的距離と、東欧諸国や東欧の EU 加盟国の両方が自動車産業への投資を引き付ける要因となっている。したがって、欧州の新たな生産の周辺としてのこれらの CEEC への生産の拡大は、経済的要因によって動機付けられているが政治的要因によって可能にされている。

3　西バルカンの自動車産業

　西バルカン諸国の中で、セルビアは自動車サプライチェーンに参入することにおいて最も成功している[2]。それはまた、現在自動車組立に従事しているこの地の中で唯一の国である。しかし、このセルビアでも労働集約型の部品の生産地として主に利用されていることを強調しておく必要がある（表3）。

　西部バルカン諸国は、車両組み立てよりは部品生産が主体であるという点では、他のヨーロッパ周辺諸国と共通性をもつ。西部バルカン諸国は、車両組み立てよりは部品生産が主体であるという点では、他のヨーロッパ周辺諸国と共通性をもつ。データによれば、この西部バルカン地域は、労働集約的生産に特

表3:2017年西バルカン諸国の自動車製品輸出（単位:USドル）

	輸出額					
HS Code	87.03	87.04	87.08	40.11.10	85.44.30	
国	乗用車	商用車	自動車部品	乗用車タイヤ	ワイヤーハーネス	計
アルバニア	1,115,433	101,314	1,257,854	n.a.	n.a.	2,474,601
ボスニア・ヘルツェゴビナ	3,208,768	5,998,245	144,500,217	222,489	13,388,121	167,317,840
FYR マケドニア	1,353,538	1,282,931	94,309,260	15,738	388,157,464	485,118,931
モンテネグロ	3,663,499	655,319	289,829	3,231	885	4,612,763
セルビア	1,058,123,688	27,562,197	210,579,111	427,442,385	784,034,003	2,507,741,384

出典：UN Comtrade より筆者作成。

化しており、生産ネットワークは拡大し、そのなかで、経費と特定製品への特化（下記参照）のための労働の地域分業の調整が進められているのである。

　他の西バルカン諸国がこれまでセルビアほど上手に自動車生産ネットワークに参加することができなかった理由はいくつかある。第一に、セルビアとボスニア・ヘルツェゴビナの両方が、他の国よりも CEEC と西欧の両方の顧客に距離に近いことだ。しかし、大規模な国際的部品企業による外国直接投資（FDI）は主にセルビアに行き、そしてボスニア・ヘルツェゴビナへは多くは向かわない。確かにボスニア・ヘルツェゴビナは過去自動車産業に強い遺産を持ち、「バルカンのデトロイト」と呼ばれることもあるが、現在では非効率的な行政、政治的不安定、腐敗などの政治的要因が、ボスニア・ヘルツェゴビナへの投資を躊躇させる要因となっている（Zupcevic/Causevic: 2009: 42f.; 48）。また、ボスニア・ヘルツェゴビナの地理的位置は、近隣の EU 加盟国クロアチアよりもさらに西側の中心から離れている。第二に、特にコソボとモンテネグロは人口がかなり少ないため、労働力の供給が長期的な課題となり FDI の決定に悪影響を及ぼす可能性がある。第三に、旧ユーゴスラビアの遺産が地元企業の発展を阻害していることである。国営企業はユーゴスラビア全域に広がる生産ネットワークを有している。したがって、生産能力は通常当時のユーゴスラビアの市場の需要を満たすように設計されていた。しかし内戦が国ぐにの連携の崩壊につながったことで、いくつかの影響が発生した。第一に、生産設備が損傷を受けるか、更新されずにいることである。したがって、機械は時代遅れの旧型となっている。第二に、ユーゴスラビアが個々の国々へ分解されてしまったことで、古いサプライチェーンは寸断されてしまった。したがって、現状の生産規模は、今の市場規模と比すれば大きすぎるのである。従って、生産規模が大きいために費用効率の高い生産を行うことは困難である。現在の生産能力を欧州市場向けに使うためには、地元の部品企業は、品質を高めるために多額の設備投資をする必要が生まれているのである。

4　事例研究：矢崎総業

　矢﨑は、自動車用ワイヤーハーネスの世界最大のサプライヤーとして、労働

集約型の自動車部品の製造業者がいかに中央および東ヨーロッパの生産ネットワークを常に変化させているかを示す好例である（表4）。

　矢崎はシーメンスオートモーティブとの合弁事業に参入することにより、中東欧諸国における事業活動を開始した。矢崎は合弁企業の株の75％を所有し、シーメンスは残りの25％を保有していた。　しかしシーメンスはチェコ及

表4:矢崎総業の国別従業員数（単位:人）

	2003 年	2007 年	2017 年	予定
チェコ	1,000	3,200	470	n.a.
ポーランド	-	-	2,200	n.a.
スロバキア	460	3,000	1,800	n.a.
リトアニア	3,500	1,800	1,000	1,400 (2019)
ブルガリア	-	1,700	5,500	7,500 (2020)
ルーマニア	500	3,400	9,000	n.a.
セルビア	-	-	500	1,700 (2019)

出典：矢崎総業ホームページ、plasticsnewseurope.com より筆者作成。

びスロバキア、リトアニア、トルコ、ブラジル、インドに次々と新工場を設立した（Handelsblatt、26.03.2001）。　そして2003年、シーメンスはその全株式を矢崎に売却した。つまり、矢崎はシーメンスとの合弁企業を買収した。それ以来、矢崎は徐々に生産を東方にシフトさせてきた。2008年に、リトアニアの生産は大幅に減少し、その分はブルガリアとトルコにシフトした[3]。同様に、2010年には、スロバキアの生産高と従業員数が減少し、その生産はブルガリアにシフトした。矢崎は2017年12月、チェコの生産をピルゼン工場からセルビア北部のサバックに移転すると発表した。そして開発、技術、物流などの活動だけがチェコに残された。ニュース報道によるとセルビアの賃金はチェコのそれより60％低いので、移転の主な理由はコスト削減であると推測することができる。また、ブルガリアとリトアニアでの従業員の計画的増加は、労働集約的な部門が中東欧にシフトしていることを示唆している。

　矢崎が コスト削減を目的に戦略的な生産移転を実施するということは矢崎

だけの動きではないことに留意しなければならない。

　住友電工やドイツのレオニも 2000 年代中頃にポーランドで賃金上昇が生じたとき生産を大規模に減産した（Gwosdz/Micek 2010:178;Fn 8）。住友電工はポーランドのラヴィッツとレゾノにあった 2 つの工場を閉鎖し、同時にブルガリアの工場は 1 か所から 3 か所へと拡大した。それゆえ、こうした労働集約的部門の低賃金地域への生産移転はワイヤーハーネス業界では普通に見られる現状なのである [4]。

おわりに

　西バルカン諸国、特にセルビア、そしてそれほどではないがボスニア・ヘルツェゴビナと FYR マケドニアは、欧州の生産ネットワークに統合され始めている。セルビアは、おそらく地理的な近さと比較的よく管理された投資方針により、統合の促進に最も成功している。しかし、セルビアの役割は現在、欧州の中核国に近い CEEC の人件費よりも低い人件費を利用する労働集約的生産に大部分限定されている。他の西バルカン諸国は現在のところさらに統合されていないので、それらはセルビアが 10 年前に占めていたのと同じ立場にあると見なされるかも知れない。しかし、もし全体的な経済発展が進展すれば他の西バルカン諸国にも生産ネットワークへの統合の可能性があるようである。これらの国々の中で、ボスニア・ヘルツェゴビナの金属加工および自動車産業の遺産、ならびに FYR マケドニアの鋳造産業の歴史は、これら 2 つの国をセルビアの足跡を追う最も可能性の高いものにしている。アルバニア、コソボ、モンテネグロについては、産業基盤と遺産の欠如、さらに自動車業界のヨーロッパの中核に対する比較的好ましくない地理的位置が、統合を困難な課題にしている。

　注
(1)　これらの国々の中で、EU はモンテネグロ（2012 年）とセルビア（2014 年）との加盟交渉を開始した。更に、アルバニアとの交渉は 2019 年に開始されると予想されている。旧ユーゴのマケドニアは SAA に署名した最初の西バルカ

ン諸国であったが、加盟交渉はギリシャによってブロックされている：ギリシャにはマケドニアと呼ばれる広い地域があるので、ギリシャは FYR マケドニアがその地域の統制に挑戦することを恐れている。しかしながら、FYR マケドニアが北マケドニア共和国に自分自身を加盟すればギリシャが交渉を許可することに同意したので、この対立は解決されるかもしれない。2019 年 2 月 12 日には、FYR マケドニアは北マケドニア共和国に国名変更された（Guardian, 12.02.2019）。したがって、この名前変更が実施されたのちに交渉が開始されることがある。ボスニア・ヘルツェゴビナとコソボの場合、EU は政治的理由、特に人権侵害のために交渉を開始することに同意していない。

⑵ セルビアは、2008 年に国営の Zastava Automobiles とフィアット（現代：FCA）との合弁会社を設立することに成功した。内戦と西側の介入による損害で、フィアットは 2012 年やっと「500L」モデルの生産を開始した。ボスニア・ヘルツェゴビナに関しては、VW はサラエヴォ工場で 2008 年まで SKD キットを組み立てていた。その後、工場はシャシー部品の製造に移行した。

⑶ しかし、矢崎はダイムラーに供給するためにリトアニアでの雇用を増やすことを計画している（Invest Lithuania、29.09.2017）。従業員数は受注額と深く連動する。西欧と比較して、ほとんどの CEEC の従業員の雇用と解雇は比較的容易であるため、これらの国の生産工場では、企業が雇用を柔軟に受注に合わせることができる。

⑷ ここに記述した東方への生産移転とは別に、ワイヤーハーネス生産は、北アフリカ諸国へと南進しているのである。特にモロッコ (Benabdejlil et al. 2016) への進出が顕著だが、アルジェリアやチュニジアにも見られる現象である。とりわけモロッコのワイヤーハーネス企業は、全自動車企業の 23％に該当する会社が進出しているといわれ、労働集約的製造業の典型ともいわれる (Vidican-Auktor/Hahn 2017: 15)。

参考文献

Vidican-Auktor, Georgeta/Hahn, Tina (2017): *The effectiveness of Morocco's Industrial Policy in Promoting a National Automotive Industry*. German Development Institute (DIE) Discussion Paper 27/2017. Bonn: DIE.

Benabdejlil, Nadia et al. (2016): L'émergence d'un pole automobile à Tanger (Maroc) (The emergence of an automotive cluster in Tangier (Morocco) (in French), Cahiers du GREThA, 2016-04. http://cahiersdugretha.u-bordeaux4.

fr/2016/2016-04.pdf [08.03.2019]

Domanski, Boleslaw/Lung, Yannick (2009): "The Changing Face of the European Periphery in the Automotive Industry", *European Urban and Regional Studies*, 16, 1, pp. 5-10

Guardian (12.02.2019): *Macedonia officially changes its name to North Macedonia*, https://www.theguardian.com/world/2019/feb/12/nato-flag-raised-ahead-of-north-macedonias-prospective-accession [26.02.2019]

Gwosdz, Krzysztof/Micek, Grzegorz (2010): "Spatial agglomertions in the Polish automotive industry", *Przeglad Geograficzny*, Vol. 82, pp. 159-190

Handelsblatt (26.03.2001): *Siemens und Yazaki kooperieren bei Autoelektronik* (Siemens and Yazaki cooperate in car electronics) (in German), https://www.handelsblatt.com/archiv/siemens-und-yazaki-kooperieren-bei-autoelektronik/2052504.html?ticket=ST-827543-P9vVO7SR1h2bDB0iuXtc-ap1 [28.01.2019]

Invest Lithuania (29.09.2017): *Yazaki expands in Klaipeda, looks to hire 400 new employees*, https://investlithuania.com/news/yazaki-expands-in-klaipeda-looks-to-hire-400-new-employees/ [28.01.2019]

Osbild, Reiner/Bartlett, Will (2019): "The Western Balkans on the Road to the EU: An Introduction", in: idem (eds.): *Western Balkan Economies in Transition. Recent Economic and Social Developments.* Cham: Springer.

Zupcevic, Merima/Causevic, Fikret (2009): *Case Study: Bosnia and Herzegovina.* Centre for Developing Area Studies. Sarajevo: McGill University & World Bank.

Appendix

ギリシャと北マケドニア

第16章　国際環境下のアフリカ自動車市場予測

前田充浩・小林英夫・植木靖

はじめに

　今日は、アフリカ自動車市場に関する鼎談を実施したいと思います。テーマは「国際環境下のアフリカ自動車市場予測」と題するものです。ここでは、まずアフリカを取り巻く国際環境に関してアフリカ事情に詳しい前田充浩先生から総論をお願いし、これを受けて小林英夫、植木靖両先生のご意見をお伺いするというそんな形で議論を進めたいと思います。

1　アフリカにおける日中覇権競争と 21 世紀型南部アフリカ発展戦略の模索 - 金融地政学的視点から -

前田充浩

(1)　問題の所在

　地政学（Geopolitics）の立場で見るならば、ともに東アジアの大国として、日本と中国とは、世界各地における勢力圏争奪戦（覇権競争）のライバル関係にあります。この競争は、長らく日本の圧勝にありました。一方 1978 年三中全会における改革開放路線の採用後、中国経済は急速な拡大を続けており、20世紀末以降、各地で激戦を続けております。今日の最大の戦場は ASEAN であり、日々激烈な競争が報道を賑わせております。

　それと並んで、21 世紀における重要な戦場の 1 つがアフリカ大陸です。本

稿の第1の目的は、21世紀におけるアフリカ大陸を舞台とする日本と中国の勢力圏争奪戦の経緯を、金融地政学という新しい方法によって分析していくことです。

　金融地政学とは次のようなものです。大国は、勢力圏争奪戦において、様々な「兵器」（weapon）を使います。軍事力はその典型ですし、外交力もまた重要な「兵器」です。そのような勢力圏争奪戦における「兵器」の1つとして、大国の政府または政府関係機関が供与する開発ファイナンス（Developmental Finance）という特殊なファイナンスを捉えるというものです。早い話、「カネの力」ということです。

　この「カネの力」は勢力圏争奪戦の現場においては相当な影響力を持っているにもかかわらず、通常、開発ファイナンスは、発展途上国の経済成長支援という美しい目的のために供与されるものであるとされているため、従来は、勢力圏争奪戦における「兵器」としての効果については十分な分析はなされてきませんでした。特に、開発ファイナンスの典型の1つがODA（政府開発援助）という開発援助の資金であることが、そのような分析の制約となってきました。これに対して、主として国際関係論の立場に立ち、正面からその「カネの力」を分析していこうという方法論が金融地政学です。

　さらに本稿には、第2の目的があります。それは、今日のアフリカ、特に南部アフリカ諸国の人々が考案している、世界初、全く新しい内容の発展戦略を紹介することです。

　発展戦略とは、国家が経済発展を進めていく上での基本的な考え方のことです。政府は数多くの経済政策を採ります。それらの経済政策はこの発展戦略から導出されたものであり、また全ての経済政策はこの発展戦略と整合的であることが求められます。

　政府が不適切な発展戦略を採用すると、国民の悲劇です。国民がどんなに汗水垂らして頑張っても、経済成長しません。中国は、1978年まで不適切な発展戦略を採用していたために苦しみ、その後、適切な発展戦略を採用して大成功を収めた、ということになります。

　このように適切な発展戦略を構築するということは、大変に重要で、かつ大変に難しいことなわけです。今日の問題は、多くの日本人はアフリカに対して、

アフリカの発展戦略の構築について、つい上から目線になり、「教えてやろう」とか言い出すことです。一方現実はと言うと、アフリカの人々は、自分達で、日本人が発想すらできないような超最先端の発展戦略を自ら構築しつつあるのです。

　なお筆者は、この南部アフリカ地域におけるアフリカ人自身による独自の発展戦略構築作業に参加させていただいており、アフリカ人の優秀さを日々目の当たりにしており、彼／彼女達を大変に尊敬しております。

(2)　アフリカ大陸における日本と中国の勢力圏争奪戦

i）日本の攻勢（TICAD）

　1989 年 12 月のマルタ会談により、約 40 年間続いた東西冷戦は終結しました。東西冷戦の終結は、同時に、旧西側の大国による新たな勢力圏争奪戦の幕開けを意味しました。新たな勢力圏のグリーン・フィールドとして旧西側の大国に提供された地域の一群は、それまで計画経済制度を採用していた旧東側諸国でした。それら諸国は、移行経済圏諸国（Transition Economies）と呼ばれました。

　それに加えて提供された地域が、アフリカでした。アフリカの国々の多くは、東西冷戦中は旧西側のヨーロッパ諸国の勢力圏となっていました。一方、東西冷戦の終結により、ヨーロッパの大国は、ヨーロッパ域内における東側諸国のEU への取り込みに全勢力を割いたため、一時的にアフリカへの開発援助を激減させました。金融地政学の用語で言うと、勢力圏を放棄した、ということになります。

　こうした状況に目を付け、全世界における勢力圏争奪を猛然と開始したのが、当時経済絶好調の日本でした。この時期の日本は、東南アジア等、従来より勢力圏争奪を進めていた地域のみならず、日本国誕生以来初めてとなる地域にも触手を伸ばしました。その典型が、第 1 に中央アジアであり、第 2 がアフリカです。

　中央アジアに対しては、1993 年にキルギス向け、1994 年にカザフスタン向け、1995 年にウズベキスタン向け、1997 年にトルクメニスタン向けの円借款

供与を決定しました。円借款供与はコンディショナリティに関する政府間協議を通じて、日本の影響力を強く行使することができるのです。すなわち、（円借款の）カネが欲しければ、日本の言うことを聞け、となるのです。

さらにアフリカにおける勢力圏争奪のために構築した制度が、TICAD（Tokyo International Conference on African Development：アフリカ開発会議）です。これは、ヨーロッパ諸国からの開発援助が激減して苦しむアフリカ諸国に対して、「日本に来て日本に頭を下げなさい。そうすれば、開発援助資金を供与してあげますよ。」というものであり、「カネの力」を使った勢力圏争奪の教科書的な例であることになります。

日本は1993年に東京でTICAD Ⅰを開催し、1998年に再び東京でTICAD Ⅱを開催しました。アフリカから多くの首脳級が来日し、勢力圏争奪の観点からは大成功であったと言えます。

20世紀中はこのように大きな成果を上げたTICADである一方、21世紀に入ると様子がおかしくなります。筆者は、TICAD Ⅲ（2003年）及びTICAD Ⅳ（2008年）には日本政府の代表として、TICAD Ⅴ（2013年）及びTICAD Ⅵ（2016年）には大学教授として参加しました。

TICAD ⅡとTICAD Ⅲの間には、以下のような重要な動きがありました。

第1は、中国によるFOCACの開始です。日本が順調にアフリカにおける勢力圏争奪を展開するのを中国が看過するはずはありません。当時は日本に比べて経済規模が相当小さかったとは言え、中国は、直ちにTICADと同様の制度、すなわち中国とアフリカの首脳が定期的に集い、中国がカネを供与する一方で中国の影響力を増大するという制度を構築しました。それがFOCAC（Forum on China-African Cooperation）です。FOCAC Ⅰは、TICADに遅れること7年、2000年に北京で開始されました。

金融地政学の基本的な法則の1つに、「勢力圏争奪戦に遅れて参入してきた後発国は、先発国よりも強力な兵器を準備しなくてはならない。」というものがあります。後発国は、先発国による勢力圏争奪の動きを駆逐しなければならないので、当然のことです。なお、開発ファイナンスにおける「より強力」とは、専門用語で、譲許性が高い、と言います。金利が安い、償還期間が長い等で、借り手にとっての条件が良いことです。

国際会議についても同様で、後発国は、先発国の行う会議よりも、参加者にとってより魅力の高いものを用意することが必要になります。実際にFOCACはTICADよりも以下の点でアフリカ諸国にとって魅力あるものとして設計されています。第1に、TICADは5年毎の開催であるのに対して、FOCACは3年毎の開催です。第2に、TICADは毎回日本（I、II及びIIIが東京、IV及びVが横浜）で開催されるのに対してFOCACは中国とアフリカ諸国の相互開催となっています。FOCAC Iは2000年に北京で、FOCAC IIは2003年にアジスアベバ（エチオピア）で、FOCAC IIIは2006年に北京で、FOCAC IVは2009年にシャルム・エル・シェイク（エジプト）で、FOCAC Vは2012年に北京で、FOCAC VIは2015年にヨハネスブルグ（南アフリカ）で、FOCAC VIIは2018年に北京で開催されました。

中国のFOCACという選択肢が生まれたことは、アフリカ諸国にとってのTICADへの対応に決定的な影響を及ぼしたと言えます。分かり易く言えば、相見積もりが取れるようになったため、たとえカネが欲しくとも、唯々諾々と日本の言うことを聞かなくても済むようになったのです。

第2は、2001年のAU（African Union、当時はOrganization of African Unity（OAU））によるNEPAD（New Partnership for Africa's Development）の策定です。

NEPADとは、アフリカ人の手によりアフリカの今後の発展の方向性について取りまとめた総合開発計画のことです。爾後、アフリカの発展に関する計画は全てこれとの整合性を求められるようになりました。内容について、TICADにおいて日本が進めようとしている内容の幾つかはNEPADに記述されている内容と齟齬を生むことになるため、日本はその内容を強行することができなくなりました。

実際に、TICAD III（2003年）では、アフリカ諸国はNEPADとの整合性を強く求め、具体的には、日本の貿易政策に対する厳しい注文が相次ぎました。TICAD I及びTICAD IIの成功を踏まえ、開発援助に関する議題を中心に据えて、貿易政策については殆ど準備していなかった日本政府は苦境に陥り、結局、翌年（2004年）、幕張でTICAD貿易大臣会合を開催するとの結論で凌ぐことになりました。

FOCACとの競争及びNEPAD整合性の要請の中で、続くTICAD IV（2008年）

では、日本政府はTICADの魅力として以下のものを用意しました。

第1の魅力は、日本企業の投資です。多くのアフリカ諸国は、日本企業の投資を切望しているため、それに応えようというものです。

第2の魅力は、知恵、すなわち発展戦略を供与するというものです。

東アジア諸国の経済成長に大きく貢献した、発展戦略構築の面における日本の貢献をアフリカ諸国に適用しようとしたものです。TICAD Ⅳでは、中心テーマが「東アジアの成功体験のアフリカへの移植」と設定され、TICAD Ⅴ及びⅥでも継続されました。発展戦略を中心に、日本政府が東アジア諸国の経済成長のために展開した様々な技術協力制度もまた、そのままアフリカ諸国においても展開しようという提案がなされました。TICAD Ⅵでは、その具体的な例として、KAIZEN（改善）方式の技術協力をアフリカ諸国向けに供与することが会議の目玉として設定されました。

ii) 日本の苦悩

それでは、以上のようなTICADプロセスの試みは、今日、日本のアフリカにおける勢力圏争奪に効果を発揮しているでしょうか。結論は、相当難しい、と言わざるを得ません。

TICADとFOCACの競争を見ると、以下のように、FOCACが優勢にあると見ることができます。

第1に、TICAD Ⅴにおいてアフリカ諸国が日本政府に対して、TICADの運営に関する強い不満を表明し、日本政府がその不満に対応せざるを得ないように追い込まれたという事実があります。

横浜で2013年に開催されたTICAD Ⅴにおいて、アフリカ諸国は、FOCACが3年毎でかつ中国とアフリカ諸国の相互開催であるのに対してTICADが5年毎で毎回日本開催であることに対する強い不満を表明しました。結果として日本はTICAD Ⅵを3年後の2016年にアフリカ諸国のいずれかの都市で開催することを約し、結局2016年8月にナイロビで開催されました。

第2に、会議において供与を約する開発援助資金の額において、TICADは大きくFOCACの後塵を拝しています。

TICAD Ⅰ及びTICAD Ⅱにおいては、当時の日本が供与を約束した開発

援助の額は、アフリカ諸国を満足させることができました。一方2000年に FOCAC が開始されると、金額では FOCAC に対抗することは不可能であることが明らかとなってきました。2018年の FOCAC Ⅶ では、600億ドルを超える数字が提示されています。勿論、ファイナンスですから、総額だけではなく、その条件を見ることが重要ではあります。一方で、総額について、日本が中国と対抗することは不可能な状況になっていることも事実です。

　次に、「東アジアの成功体験のアフリカへの移植」というテーマ設定については、そもそもこのテーマ設定がアフリカの関係者の猛反発を生んでいます。理由は2つです。

　第1に、東アジアとアフリカとでは、初期条件が全く異なるのです。東アジアの経済成長を牽引したのは、主としてアセンブリー系製造業の労働集約部門であり、安い人件費の大量の労働力の存在が前提となります。一方多くのアフリカ諸国では、安い人件費の大量の労働力の調達は、決して容易なことではありません。

　第2に、発展史観の考え方です。このテーマ設定は、いわゆるリニアな発展史観に立つものであり、発展の先頭を先発国が進み、それから少し遅れて新興国が、それから遅れて東アジア諸国が、さらにそれより遅れてアフリカ諸国が進む、ということになります。すなわちアフリカ諸国は、工業化の開始が他の地域よりも遅れたために、21世紀においても工業化については、先発国、新興国はもとより、東アジア諸国の後塵を拝し続けなくてはならない、ということになり、このような考え方は、アフリカ諸国にとっては受け入れがたいものとなります。

　さらに今日では、TICAD プロセスとは別の内容で、日本と中国とがアフリカにおける勢力圏争奪について激烈に競争していることを見て取ることができます。中国が主張する一帯一路構想と、日本、インド等が主張する「自由で開かれたインド洋／太平洋」構想の競争です。中国は、2014年11月に北京で開催された APEC（Asia-Pacific Economic Cooperation）首脳会合で、一帯一路構想を発表しました。陸のシルクロード（一帯）と海のシルクロード（一路）を覆う広域的な経済圏構想です。

　どちらも、アジアとアフリカを含む巨大な領域を覆うインフラ整備を推進す

る、という目的では同様のものと言えます。一方、具体的なインフラ構築が、どちらの構想に立脚して推進されるか、という問題は、特にアフリカに関しては、日本の中国の勢力圏争奪戦に露骨な影響を生むことになります。

(3) 開発ファイナンス・ネットワーク（南部アフリカ諸国の最先端発展戦略）

最後に、今日南部アフリカ諸国が整備を進めている全く新しい発展戦略構築の試みを紹介します。開発ファイナンス・ネットワークというものです。

南部アフリカ諸国においては、各国の経済社会開発の実施のみならず発展戦略の構築においても、開発銀行が重要な役割を果たしてきています。1992年に設立された SADC（Southern African Development Community）は南部アフリカ諸国 16 か国が加盟する国際機関であり、SADC-dfrc（Southern African Development Community - Development Finance Resource Center）は SADC の付置機関として設立された域内開発銀行のネットワークです。

2013 年以降、SADC-dfrc は、全く新しい発展戦略の構築に取り組んでおり、現在はその発展戦略をアフリカ全土に普及させ、SDGs（Sustainable Development Goals）の達成の中心的な方策としようとしています。

この発展戦略とは、発展途上国の経済社会開発において必ず必要となる開発ファイナンスを、各国の政府の財政当局ではなく、国際協調融資を含む開発銀行の国際的なネットワークによって供給しようというものです。

日本、多くの新興国、現在順調な経済成長を進めている東アジア諸国等においても、国際協調融資を含む開発銀行の国際的なネットワークが開発ファイナンスの主たる供給者となり、かつ開発銀行の国際的なネットワークが域内の包括的な発展戦略を構築するという動きは見られませんでした。

SADC-dfrc が最初にこの発展戦略を発表したのは、2016 年 8 月 26 日にナイロビで開催された TICAD VI のサイド・イベント・セミナーとして開催された Towards expanding and Deepening Partnership through DFIs（Development Finance Institutions）by Global and Regional Cooperation というタイトルのセミナーであり、筆者もパネリストとして参加しました。

次いで、ボツワナ政府がボツワナ独立 50 周年行事として 2016 年 11 月 2 〜 4 日にハボロネで開催した The Global CEO Forum of DFIs では、アフリカのみならず多くのアジア諸国の開発銀行総裁を集め、開発銀行としての SDGs 達成のための発展戦略についての議論が交わされました。

　この会合の成果を踏まえ、2017 年には SADC-dfrc を中心とするアフリカ諸国の開発銀行のネットワークは、開発銀行としての SDGs 達成のための具体的な政策を構築する場として、インフラ、農業、産業、中小企業の 4 分野のワーキング・グループを設置し、現在作業を進めています。4 分野とも、第 1 回ワーキング・グループは 2017 年 6 月にヨハネスブルクで、第 2 回ワーキング・グループは 2017 年 7 月にダルエスサラームで開催されました。

　　この試みは、現在も日進月歩の進展を見せております。この発展戦略の有効性については、現時点では判断することはできません。一方これが、これまで日本及び東アジア諸国が注目してこなかった開発ファイナンスの国際的なネットワークというものに重点を置く、アフリカ独自の発展戦略であることは高く評価されるべきであり、今後の更なる発展が期待されます。

2　アフリカ自動車市場の現状

小林　英夫

(1)　はじめに

　前田先生の金融地政学的視点からのアフリカ発展戦略をふまえて、発展戦略を担う有力分野である製造業、とりわけ自動車産業といった視点からアフリカを見てみたいと思います。

　アフリカの新車販売台数を観れば 2015 年から 2017 年にかけて 150 万台から 200 万台の間を推移しています。そしてアフリカの自動車販売台数は、アフリカ最大の自動車生産・販売国である南アフリカ（以下南アと省略）の動向に左

右されます。アフリカで自動車生産を行っている国は、南アを除きますと次に植木先生が報告されるモロッコや地中海沿岸のアルジェリア、エジプトなど限られた国々だからです。そのなかで、南アがずば抜けた自動車生産・販売を誇っているわけです。では、まず南アの自動車生産の歴史と現状を見ておくこととしましょう。

(2) 南アの自動車産業の発展概史

i）1970 年代まで

南ア自動車産業はアフリカ諸国のなかでは相対的に古い歴史を持っています。第二次世界大戦中にはイギリス軍の軍用装甲車などを生産しておりました。1950 年代には VW やメルセデス・ベンツなどが南アで自動車生産を行っていました。1960 年代に入りますと欧州企業に加えて GM やフォードといった米系企業やトヨタや日産といった日系企業が生産を開始します。この時期南ア政府は、輸入代替工業化政策を展開しています。輸入代替政策ですから政府は高い関税障壁を作り国内市場を守りながら工業化を進めていました。主な南アの自動車購入者はアフリカーナーと呼ばれた古くからこの地に移住した欧州系入植者たちでした。生産は多品種少量で、部品を輸入して現地で組み立てる CKD（Complete Knock Down）方式が主流でした。

ii）1980 年代

1980 年代になると南ア政府が 1948 年以降継続してきた黒人差別政策であるアパルトヘイト政策に対する批判が高まり、1985 年以降 EU、アメリカ、日本は南ア政府の人種差別政策に抗議して、同国に対する経済制裁に踏み切ります。同国に進出し現地生産を行ってきた自動車各社は、部材輸出入の困難さから撤退をする企業も現れ、自動車生産は停滞していくこととなります。

iii）1990 年代以降

南アでの反アパルトヘイト運動の高揚と反対世論の国際的高まりの中で 1991 年以降この政策は緩和され 1994 年には廃止されます。この廃止と同時に

自動車産業は南アの基軸産業として生産回復を担うこととなります。この年に「自動車産業開発プログラム（MIDP: Motor Industry Development Program）」が発表され、翌年から実施されていくことになります。このプログラムの特徴は、現地調達の縛りの廃止、輸入関税の段階的減少、輸出量に応じて輸入関税を減免する「輸入—輸出スキーム」の導入です。政策面でいえば、これまでの輸入代替政策から輸出志向政策への変更です。この MIDP は 2007 年まで続けられることとなっていましたが、2012 年まで延長されました。低迷していた南アの自動車企業は、活動を開始し、ドイツの VW、ダイマラー、BMW などが南アを輸出基地と位置付けてここからの輸出を増加させることとなります。1995 年に 1.6 万台（うち乗用車は 9 千台）だった南アからの自動車輸出は 2000 年には 5.7 万台（1 万台）さらには 2010 年には 23.9 万台（18.2 万台）へと急上昇を遂げます（『ARC レポート　南アフリカ共和国：経済・貿易・産業報告書』各年度版から）。南アの自動車輸出を担ったのは VW、BMW といったドイツ系企業でしたが、彼等は「輸入—輸出スキーム」を積極的に活用して輸出増加の主要な担い手となりました。また自動車部品部門でも外資系部品企業が輸出増加の担い手となりました。1999 年には南アは EU と「通商開発協力協定」（Trade Development and Cooperate Agreement）を締結、小型乗用車や自動車部品の EU 輸出を拡大します。

(3)　他のアフリカ諸国の自動車・部品生産

i) SACU（南部アフリカ関税同盟）

　南アの周りには同国と深い経済関係を持つ国々が隣接しています。1970 年に南ア、ボツワナ、レソト、スワジランドの 4 カ国を以て SACU が結成され、これに 1990 年にはナンビアが加盟しました。このなかで経済力では南アが圧倒的な力を有しています。アフリカ南部で、南ア以外で自動車生産をしていたのはボツワナでした。韓国の現代自動車は、ダイヤモンド輸出で一人当たり GDP が 6,000 ドルに達した高いボツアナでも需要とここからの輸出を当て込んで現地生産を始めましたが、生産開始とほぼ時期を同じくして起きたアジア通貨危機の影響を受けて工場を閉鎖しました。このほか、SACU 所属国ではあ

りませんが、モザンビークでは補修市場向けの排気管、バッテリー、タイヤ、ラジエターなどが零細企業で生産されています。

ii) アラブ・マグレブ連合諸国

南ア以外で注目される自動車生産国はアフリカ北部のエジプト、チェニジア、アルジェリア、モロッコでしょう。エジプトを除く3か国はいずれも1989年に発足したアラブ・マグレブ連合所属国です。この3か国のうちチェニジアは一般ノンブランド部品、アルジェリアは商用車、モロッコは乗用車生産国となっています。

近年注目されているのがモロッコです。EUとの距離的近接性やFTAによる関税障壁の低さ、自動車・同部品産業を最重要と位置付けて奨励政策を展開するモロッコ政府の産業奨励政策、治安の安定性や豊富な若年労働者の集積など、いずれもEUの周辺的部品供給国になる可能性を秘めているからです。このモロッコの詳しい自動車事情に関しましては次の植木靖先生の報告に委ねたいと思います。

これ以外のマグレブ国としてはアルジェリアがありますが、ここでも国営企業（SNVI）が商用車やバンの組立生産をやっていましたが、外資系企業の支援なくしてはうまく運営できない状況となっています。最近の報道ではVWが現地企業と合弁でピックアップトラック「アマロック」の生産を開始するといわれています（「国際自動車ニュース」2018年10月25日）し、日産も工場建設を計画しているといわれています（同上、2018年11月7日、「日本経済新聞」2018年11月8日）。

また、チェニジアですが、ここも当初は国営企業（STIA）が商用車のアッセンブリーなど手掛けてきましたが、1995年のEUとのFTA締結を機にEU向け自動車部品生産基地へと変わりつつあります。

iii) エジプト・エチオピア

アラブ・マグレブ以外で自動車生産の実績を持つのはエジプトです。エジプトは1950年代の社会主義体制下で自動車組立が行われていましたが、その後は停滞し、1985年にGMが進出以降BMW、日産、現代自動車などが工場

を設立し、生産を開始しました。自動車生産は 2010 年で 5 万台を超えましたが、その後は漸減を続けています。南アが 30 万台前後ですから、それと比較しますと相当小規模ですし、2012 年以降は生産台数で新興国のモロッコの後塵を拝しています。販売も 2010 年以降で約 20 万台ですが、これも南アの 45 万台の半分以下でアルジェリア、モロッコ、ナイジェリアの急追を受けている状況です。ケニアに関しても若干触れておく必要がありましょう。ケニアでは GM、トヨタ、ホンダ、いすゞ、北汽福田などが CKD 生産でクルマ作りをしていますが、未だに主力は中古車の輸入です。自動車生産はこれからの課題です。

iv) 東欧からアフリカへの生産移管

モロッコなどのマグレブ諸国は、EU の新しい周辺的部品供給基地へと転換しつつあります。第 15 章でマーチィン・シュレーダー氏が言及しているように、独仏といった欧州自動車中心は、かつてルーマニア、ハンガリア、ブルガリアといった中東欧諸国に分担させてきた EU 向け低廉車や部品生産の役割をマグレブ諸国にまで広げてきています。この動向は、今後一層拡大していくことが予想されます。それとともにマグレブ諸国やエジプト、エチオピアとの内的連関も強まることが予想されます。

また、2018 年 11 月にはガーナに日産、VW そして中国の中国重汽が進出計画を発表しており(「国際自動車ニュース」2018 年 11 月 7 日、「日本経済新聞」2018 年 11 月 8 日)、アフリカの経済成長を見越した動きも出始めています。

(4) サポーティング・インダストリーの脆弱さ

アフリカの自動車産業が抱える問題は、サポーティング・インダストリーの未熟さにあります。自動車部品産業は 1990 年代までは南ア各地にそれなりの集積を見せていましたが、2000 年代以降多国籍部品企業が南アに進出したり、あるいはローカル企業と合弁したりして技術を高めるなどして多国籍部品企業の供給力が増加を開始しています。しかし総体的にみれば、まだ裾野産業は脆弱で、安全保安部品を中心とした基幹部品は輸入に頼らざるを得ない状況で

す。南アがそうした状態ですから、他のアフリカ諸国はそのレベルにも到着していない状況だと言ってよいでしょう。ただ、アフリカの希少金属を使用した部品産業には見るべきものがあります。たとえばアンナでの触媒コンバーターなどはその一例で、南アでのこの部品の生産は世界の生産量の12％を占めています。

(5)　おわりに – 注目されるアフリカ市場 –

　最後に結論を述べたいと思います。いろいろな課題を持ってはいますが、このアフリカ市場の魅力は無視できません。そしてこの有望性に着目した各国や各国企業の借款や直接投資の動きも活発になってきています。かつて日本もアフリカへの援助や借款政策を展開してきましたが、このところその勢いは中国にとってかわられている観がします。近年中国自動車企業のアフリカ投資が積極化しています。たとえば北京汽車が南アに、吉利がエチオピアに、奇瑞、力帆がエジプトに、北汽福田がケニアにそれぞれ組み立て工場を設立するなど活発な動きがみられます。これらの企業はまだ本格的には稼働していませんが、これから本格的に動き出すとその力は相当大きくなることが予想されます。一言で申せば、今後は老舗の欧州自動車・同部品企業と日本企業や新興中国企業を交えた自動車国際競争が展開されていくのではないでしょうか。

3　モロッコ自動車・部品産業の現状と課題

植木　靖

　小林先生がおっしゃられているとおり、アフリカは自動車産業にとっての新たな成長市場として注目されています。自動車生産は消費地近くで発展する傾向にあるので、アフリカは生産拠点としてもポテンシャルを有していると考えられます。アフリカ諸国にとっても、自動車関連産業は雇用と所得を生み出し、生活を豊かにする交通手段を提供しますから、その振興は重要な政策課題と言

えるでしょう。前田先生が言及された改善活動の普及といった産業技術協力やインフラ整備は、産業振興の基礎的な手段です。ただし、自動車生産は、開発や販売も含む国際的な分業体制の中で行われていますので、アフリカ諸国や自動車関連企業にとっての課題は、いかにしてアフリカを国際分業体制に組み込んでいくかにあると言えます。こうした観点から、欧州との関係も活用し、急速に自動車・部品生産・輸出を増やしているモロッコに注目しています。2018年6月に初めてモロッコを訪問し、ある日系企業のワイヤハーネス工場を見学させて頂き、欧州拠点との分業関係について話を伺い、ジェトロラバト事務所では現地情勢に関する情報を収集しました。現地調査で得られた情報をベースにモロッコの自動車産業についてご紹介したいと思います。

(1) モロッコの自動車産業

まず完成車生産ですが、モロッコの歴史は意外に古く、1959年にFiatの出資も受けて設立された国有企業によりカサブランカで始められました。この企業は現在、Renaultに引き継がれています。ただし、自動車生産が増加したのはこの10年のことです。生産台数は2000年の1.9万台から2008年に4.2万台を超えましたが、2010年でも2008年と同水準でした。それが2017年に37.6万台に達し、モロッコは南アフリカに次ぐアフリカ第2の自動車生産国になっています。大きな転機になったのは、2012年にルノー・日産がジブラルタル海峡に面する港湾都市タンジェで新工場を稼働させたことです。これによりモロッコの自動車生産台数は10万台を超えました。ルノーに続いて、プジョーがケニトラで工場を建設中です。報道によれば、2019年に年産10万台程度の生産能力で稼働開始予定で、将来的には20万台まで能力が拡大される計画もあるとのことです。またプジョーは、エンジンも現地生産する計画です。このフランスの2社以外では、中国のBYDが、タンジェに電気自動車工場の建設計画を2017年に発表していますが、現地訪問時に進捗状況について情報を得ることはできませんでした。

⑵　モロッコの自動車部品産業

　自動車部品も、モロッコにおける主要製造業のひとつに成長しています。完成車と部品から成る自動車関連製品はモロッコ最大の輸出品目になり、雇用の創出にも貢献しています。特にワイヤハーネスの輸出額は 2016 年には世界第 7 位、アフリカで最大です。自動品企業の現状についての詳細は不明ですが、タンジェ地中海開発庁の資料によると、自動車産業は 8 万 6,500 人を雇用し、170 社以上のサプライヤーが操業しているとのことです。進出企業には、仏系の Valeo や Faurecia、スペイン系の Grupo Antolin、米系の Delphi といった外資系企業に加えて、矢崎総業や住友電装、デンソー、ミツバ、ジェイテクト等の日系企業も含まれます。日系企業のプレゼンスは必ずしも小さくなく、特に住友電装は従業員数で最大の外資系企業として知られています。

　自動車産業の急速な発展を可能にした要因として、政情や治安の安定、政府による事業環境整備と外資誘致、ヨーロッパに近接する立地の良さ等をあげることができます。政府は、1999 年にタンジェフリーゾーンを創設し、優遇税制と補助金も活用しながら、自動車関連等の企業誘致を行っています。矢崎総業がタンジェに進出したのは 2000 年のことです。2012 年には、Renault・日産の工場から 2 km の位置にタンジェオートモーティブシティを整備し、自動車部品関連企業をタンジェ周辺に集積させようと試みています。2012 年には首都ラバトの北 40 km にあるケニトラにアトランティックフリーゾーンが設置されました。ここにはプジョー が入居する予定になっています。完成車企業が立地するこの 2 か所は自動車関連企業にとって重要なフリーゾーンですが、それ以外の場所にもフリーゾーンや工業団地がモロッコ各地に整備されています。

⑶　整備の進むインフラ

　物流インフラの整備も進んでいます。タンジェの東 40 km には第 1 タンジェ地中海港（タンジェメッド港）が 2007 年に開港しました。タンジェには従来から港がありましたが、港の機能の多くが新港に移転されました。第 1 タンジェ

地中海港は現在、北アフリカで最大規模のコンテナ港になっています。またコンテナヤードの横には自動車輸出ターミナルが設置されています。自動車輸出ターミナルに隣接するようにフェリーターミナルが設置されているため、フェリーの乗客も船積みを待つ自動車を見ることができます。また現地調査時には、第2タンジェ地中海港の整備が行われていました。さらに、プジョーが進出するケニトラにおいても新港の建設が計画されています。ケニトラでは既に自動車部品企業が生産を行っていますが、タンジェとケニトラ、ラバト、カサブランカを結ぶ道路が既に整備されています。タンジェからラバトまで車で移動しましたが、実にスムーズでしたので、陸上輸送には支障がないものと思われます。2018年11月には、フランスTGVの技術を採用したアフリカ初の高速鉄道が開通しました。これにより、タンジェ～カサブランカ間の所要時間が4時間45分から2時間10分に短縮される見通しです。

　フリーゾーンや港湾、道路の整備は、自動車産業の発展にとって必要なインフラですが、他国にもできることであり、アジア各国が競って採用してきた産業振興策です。これに対して、ヨーロッパへの近接性は、モロッコにあって他のアフリカ諸国にはない優位性です。タンジェからジブラルタル海峡を挟んだ対岸のスペインまで14 kmにすぎません。他の北アフリカ諸国もヨーロッパと地理的に近いですが、これほど短距離ではありません。さらに公用語のひとつがフランス語である上に、タンジェではスペイン語も通じますので、言語的な距離も近いと言えます。この近接性が故に、モロッコの自動車産業はヨーロッパと密接な関係にあり、輸出の多くがヨーロッパ向けです。ワイヤハーネスの場合は、輸出先の90%以上をスペインとフランスを中心とするヨーロッパが占めています。

　地理的な近接性は、ヨーロッパとのモノのやりとりだけでなく、知識移転も容易にします。ヨーロッパの自動車関連企業の多くは、完成車企業が立地するドイツやフランス、イギリスに本社や地域本社、開発機能を残しながら、生産技術や生産は域内の低コスト国のスペインやポルトガル、東ヨーロッパへ次々に移転させてきました。モロッコでの生産活動は、こうしたヨーロッパの分業体制に組み込まれながら構築され、ヨーロッパ拠点からの支援があって軌道に乗ったものと推察されます。このヨーロッパ域内の分業体制との連結を活用し

て、自動車部品産業のすそ野を広げ、付加価値の高い活動を取り込んでいくことが、モロッコ自動車産業の持続的な発展に不可欠と考えられます。こうした観点から、ヨーロッパとの連結性の強化と、企業からのニーズに対応した人材養成が、モロッコ自動車産業の発展には必要です。

(4) モロッコ政府の動向

モロッコ政府も、自動車部品産業の育成と現地調達率の向上を重視しています。ルノーに対しては、2023 年までに現地調達率を 65% まで引き上げるよう要請しています。政府は、自動車部品製造の競争力が生産規模に依存することを理解しており、部品企業の誘致と同時に完成車生産の規模拡大も促進しています。2020 年までに完成車生産能力を年産 100 万台にすることを目標にかかげ、その達成のために完成車企業のさらなる誘致を試みているものと考えられます。そのためにも、モロッコ政府は、市場を広げていく努力が今まで以上に求められると思います。モロッコは 1 人当たり GDP が約 3,200 ドルですから、国内市場が今後拡大する余地はありますが、人口が約 3,500 万人と大きくはありません。一方で、主要な輸出先である西ヨーロッパの市場は成熟し、将来的に成長はあまり期待できません。今後の成長機会は新興国市場、特にアフリカにあると考えるのが自然です。アフリカ諸国と連結性を強化し、アフリカ域内での人やモノの移動の円滑性を高めていくことも今後の政策課題と言えます。

おわりに

以上、アフリカ自動車産業を南アから見てくことを手始めに、さらにモロッコに考察の目を向け、さらにはアフリカの経済発展そのものに関して、その現状を確認するという作業を行いました。こうした観察を通じていえることは、明らかにアフリカ大陸は新しい時代を迎えてきていることです。かつて 1960 年代は「フリカの世紀」といわれましたが、それは新興独立国が多数生まれ、それらの国々が国連に加盟し、国際的発言権を増加させてきたことでした。しかし、ここにきて、第二の「アフリカの世紀」をむかえようとしていると感じ

ます。今後アフリカとどう付き合うかは、単に日本のみならず世界各国にとって、さらには単に自動車産業だけでなく、世界産業全体にとって避けることが出来ない大きな問題となるでしょう。

参考文献

北川勝彦・高橋基樹編（2014）『現代アフリカ経済論』ミネルヴァ書房

公文博・糸久正人編）（2019）『アフリカの日本企業』時潮社 [29.06.2019]

Barnes, Justin/Black, Anthony/Techakanont, Kriengkrai (2017): "Industrial Policy, Multinational Strategy and Domestic Capability: A Comparative Analysis of the Development of South Africa's and Thailand's Automotive Industries", The European Journal of Development Research, Vol. 29, Issue 1, pp. 37-53

Black, Anthony/Barnes, Justin/Monaco, Lorenza (2019): South Africa's Automotive Supply Chain: Current Position and Prospects for Employment Creation. Final Report for the Japan International Cooperation Agency (JICA). Pretoria: JICA South Africa.

Monaco, Loreza/Bell, Jason/Nyamwena, Julius (2019): Understanding Technological Competitiveness and Supply Chain Deepening in Plastic Auto Components in Thailand: Possible Lessons for South Africa. CCRED Working Paper 1/2019. https://papers.ssrn.com/sol3/papers.cfm?abstract_id=3384027 [29.06.2019]

座談会
テーマ1：アフリカ自動車産業が抱える問題点と今後の方向

小林：

アフリカ諸国の自動車・同部品産業の現状を概観しました。これまでアフリカというと南アが断トツの経済力を有しており、他は資源大国として注目してきたという傾向が無きにしも非ず、ですが、自動車産業に関してみれば、ここにきて南アとともにマグレブ諸国、とりわけモロッコなどが注目されているように思います。今後マグレブ諸国は、EU と連携して、北米の USMCA や南米のメルコスールのような経済連携地域を形成することが出来るようになるので

しょうか。この点に関してモロッコで調査をなさった植木さんのご意見をまず
お伺いできませんか。順繰りにお聞きしたいのですが、まずマグレブと EU の
連携に関して、いかがでしょうか？

植木：

マグレブ諸国と EU との経済連携のポテンシャルについては多いに注目して
います。2018 年 6 月のモロッコでの現地調査の印象から申し上げて、モロッ
コと EU との補完関係は部品レベルで現実のものになっています。実際、国連
統計によりますと、モロッコのワイヤハーネス輸出額は、2016 年にすでに世
界 7 位にあり、そのほぼ全量がスペインとフランスを中心とする欧州に輸出さ
れています。背景には、欧州生産の高コスト化があります。自動車・部品生産
は、完成車メーカーの出身国であるドイツやフランスから、相対的に低賃金で
あったスペインやポルトガルへ拡大してきました。しかし、これらの国々も、
国際的なコスト競争力を失いました。その結果、欧州の生産ネットワークが地
中海を越えて、マグレブ、すなわち北西アフリカ諸国に到達したと言えます。

小林：

では引き続き植木さんにお聞きしたいのですが、ASEAN のロジステックス
問題を長く研究してきた植木さんの目から見て、モロッコと EU のロジステッ
クスはどんな違いがありましょうか？

植木：

個人的には、タイを起点とするメコン地域の経済回廊開発やタイプラスワン
の調査を行ってきたこともあり、モロッコがなぜ欧州向けの自動車部品の生産
拠点になり得たのか、モロッコの工場と欧州の自動車組立工場との間を結ぶサ
プライチェーンを部品企業は如何にオペレーションしているのか、といった点
に関心があります。Google Map で確認しますと、モロッコの首都ラバトとス
ペインのマドリードとの距離は 1,000 km 弱ですが、フランスのパリとの距離
は 2,200 km 強に及びます。これに対して、東西経済回廊経由でバンコクとハ
ノイを結んだ距離は 1,600 km 弱です。しかし、東西経済回廊沿線のタイ、ラ
オス、ベトナムは、相互補完的な生産ネットワークを構築するのに苦労してき
ました。アセアンでは、各国レベルでは生産活動に必要なインフラ整備が進展
してきましたが、モノとヒトの円滑な移動と生産活動を国際的に連結するため

に必要なインフラの改善が政策課題になっています。モロッコが EU との補完関係の構築に成果をあげているのは、モロッコがジブラルタル海峡に面している点が大きいと言えます。欧州との直線距離は 14 km である上、フェリーを 1 時間毎に利用できる利便性は周辺国では実現できません。モロッコは、この立地上の優位性を工業化に活用するため、欧州と FTA を締結し、欧州の対岸にあるタンジェに港湾と工業団地を整備することで、自動車関連企業の誘致に成功しました。企業は、タンジェの他にもカサブランカやケニトラ等に進出していますが、これらの地域とタンジェを結ぶ国内道路網も整備されています。ケニトラにも立ち寄りましたが、タンジェとケニトラ、ラバトの間の車による移動は非常に快適でした。

　小林：

　興味深いご指摘ですが、こうしたモロッコ・EU 関係とメキシコ・アメリカ関係を比べたとき、どんな比較ができるでしょうか？

　植木：

　モロッコとメキシコの比較も興味深いテーマです。メキシコはアメリカ向けの生産拠点として製造業を発展させてきました。モロッコと欧州との関係と同様に、メキシコはアメリカとの地理的近接性、NAFTA、現在は USMCA と言われる北米 3 か国による FTA の締結、マキラドーラと呼ばれる工業団地の整備により、アメリカ向け生産拠点として工業化を推進してきました。一方で、周辺の開発途上国との関係では、モロッコとメキシコに違いも見られます。メキシコは 1960 年代から LAFTA（ラテンアメリカ自由貿易連合）への参加等、ラテンアメリカ地域における自由貿易地域の創設に関与してきました。2010 年代には太平洋同盟を創設し、ラテンアメリカ地域における自由貿易の推進役として重要な役割を果たしています。一方でモロッコは、西サハラをめぐる領有権の問題もあり、アフリカ連合の前身のアフリカ統一機構を脱退した経験もある等、アフリカ諸国との関係は必ずしも単純ではありません。今後の自動車産業の成長可能性は、新興国市場の取り込みに左右されることを考えますと、モロッコは自動車生産拠点としての将来性を高めるためにも、アフリカ地域の自由貿易の推進役になる必要があると考えられます。モロッコのことばかり述べてきましたが、マグレブ諸国の自動車生産の事業環境は一様でなく、モロッ

コは優等生です。アルジェリアは日本人が人質になったように治安の問題から、チュニジアはアラブの春の時期に政治的混乱を経験したことで、工業化や自動車産業振興に遅れをとっています。

小林：

すこし話題が代わりますが、現在アフリカで南アは自動車産業をはじめとして製造業部門では一頭地抜くレベルを有していると考えますが、今後さらなる発展を期待することはできるのでしょうか。

植木：

南アフリカは、一人当たり GDP が 6,000 ドル超とアフリカでは上位にあり、アフリカ最大の自動車市場を擁しているようです。完成車メーカーの進出企業数は多く、完成車生産台数ではアフリカで 1 番にあり、アフリカでも有力な自動車生産拠点になっています。ただし、必ずしも南アフリカ政府が期待したように自動車生産は伸びていません。2020 年までの自動車産業政策は、自動車生産台数を 120 万台まで拡大することを目指していたようですが、近年の生産台数はその半部に留まっています。乗用車に限定すると 2017 年にモロッコに抜かれました。こうした状況が今後も続いていくのか注視していく必要はありますが、事業環境としては必ずしも良好な面ばかりではありません。人口は5,700 万人弱とタイを下回る人口規模ですから、フルセット型の自動車製造業を構築するために必要な市場規模を、国内市場だけでは確保できないかもしれません。実際に、南アフリカの完成車製造の輸出依存度は高く、生産台数の半分くらいは輸出されています。しかし、南アフリカの人件費は、完成車輸出国であるタイやメキシコと比べて相当高いようです。また、ブラジルがそうですが、資源大国での製造業は、資源価格が高まると景気が良くなりますが、為替高になり製造業がコスト競争力を失うという難しさもあります。

小林：

今後南アフリカ自動車産業が成長するためには、どんなことが求められていると考えればいいでしょうか？

植木：

自動車生産における継続的な生産性向上が不可欠です。これは日本企業が得意とする課題です。改善活動の普及などを通じて、日本企業をはじめとする民

間企業が主導的な役割を果たすことが期待されます。そのためにも、自動車産業政策の立案・実施、特に裾野産業の育成が求められます。その前提となる製造業振興に向けた事業環境全般の改善も不可欠です。これらは主に官が担うべき役割ですが、関連政策の立案・実施には官民による協力が求められます。南アフリカの自動車産業政策は、完成車の国内組立と輸出を優遇する一方で、部品の国内生産へのインセンティブが不十分だったと言われています。昨年に公表された自動車マスタープランでは、完成車メーカーによる国内調達を促進するインセンティブが供与されることになりました。今後、新しい政策の効果が出てくることが期待されます。ただし、部品産業の育成はアジアでは当たり前のように推進されてきた政策です。南アフリカは、欧州系完成車メーカーの右ハンドル車の生産・輸出拠点として発展してきましたが、同じく右ハンドル車を生産し、アフリカ市場も狙うタイやインドで生産される自動車に対して、南アフリカ産の自動車が今後も競争力を発揮できるかどうかは未知数です。中長期的には、EV を含む高燃費・低 CO_2 排出車へのシフトや自動運転の普及を含む自動車産業の技術革新や構造変化への対応が求められます。自動車マスタープランは 2035 年までを見据えたものですが、貿易産業省のメディアステートメントでは、そうした課題が明示的に考慮されていないことも気がかりです。

テーマ2：金融地政学的視点からみた 21 世紀型南部アフリカ発展戦略の模索

小林：

これまでと少し話題を変えますが、前田さんにお伺いします。前田さんは、アフリカへの影響度という点での中国の躍進という点が興味深く語られていますが、それまで植民地宗主国としてこの地に君臨していた英、仏などの欧州諸国、さらにはアメリカがこうした中国の出方に関してどう見ているのか、あるいはどう反応しているのか、その辺のご意見を伺いたいのですが。

前田：

私は、欧州諸国によるアフリカ進出と、中国によるアフリカ進出を、情報社

会学の視点から、アフリカにおける近代化 1.0 と、近代化 2.0 すなわち再帰的（Reflexive）近代化として捉えております。19 世紀及び 20 世紀における欧州諸国によるアフリカ進出によって、アフリカは、すでに近代化の推進に必要な制度、すなわち教育制度、医療制度、金融制度等の諸制度を完備しています。さらに、アフリカ全体の発展戦略も今世紀初めに NEPAD として取りまとめられております。勿論、これらの諸制度、NEPAD に基づいてアフリカが近代化を進めていくことは、様々な意味で欧州諸国に大きく利益をもたらすものとなります。一方で、そのようなやり方で、時間は少々かかるかもしれないものの、アフリカは問題なく近代化を進めていくことができるのです。これに対して中国は 21 世紀に、遅れてアフリカに参入してきたわけです。中国のアフリカ進出は、巷間言われているように、むき出しの中国の国益中心、カネ儲け万能、という単純なものではないと私は見ます。中国は、中国なりのアフリカ近代化の思想的枠組みを持って取り組んでいるのです。勿論、その思想的枠組みは様々な意味で中国に大きく利益をもたらすものではあります。しかしながら、アフリカが完全にそれにどっぷり漬かるならば、それはそれで着実な近代化の推進が保証されることもまた確かなようです。問題は、中国によるそのようなアフリカ近代化の試みは、すでに欧州諸国によって近代化の枠組みが整備されたブラウン・フィールドで行われていることであり、中国が何か新しい制度を作ろうと思っても、そこには必ず欧州諸国によって作られた制度がすでに存在しているのです。その結果、中国の働きかけは制度が存在していない分野が注目されることになり、それは「インフォーマル」として捉えられるために、あたかも中国が「インフォーマル」な分野で邪なことをやろうとしていると見られることになりがちです。しかしながら繰り返すと、中国はあくまで独自のアフリカ近代化の包括的な思想を持って対応しようとしており、それがすでに欧州諸国が作り上げた近代化の思想、それに基づいて構築された諸制度に対して「再帰的に」ぶつかっていることが現在だと認識しています。

小林：

　無意識のうちに西洋的発展史観でアフリカを見がちな我々の視角に対して大変有益な示唆深いご指摘、ありがとうございます。ところで日本の政策当事者も同じような弱点を内包しながらアフリカ政策を見ているように思われてなり

ません。前田さんは前掲論文でもその点に言及されていらっしゃいますが、長年の体験を踏まえ今後の方向性という点でのお考えを披歴していただけませんか。

　前田：

　一介の研究者である前田が政策当事者についてコメントするのは荷が重すぎるのですが、折角の機会ですので考えていることを述べます。

　政策当事者を含めて今日の日本人は、今日の日本はもはや決して世界の最先端を走っているわけではないということを正確に認識し、その認識に基づいて、アジア人、アフリカ人等、かつては日本が教えてやる、という態度で臨んでいた人々に対して教えを請うという姿勢が必要なのではないでしょうか。一人当たり GNI で見ると、日本が 1990 年代初頭に世界のベスト 5 に入っていたのが現在では 20 番台の後半だ、ということはさておき、アジア、アフリカ諸国の中にはまだまだ日本に比べて低い諸国が多いことは事実です。ではそれらの諸国における産業エコシステムとか経済社会体制とかは日本よりも「遅れて」いて、日本から教えを請わなければならないか、と言うと、それは微妙だ、と考えます。日本は、20 世紀後半の世界の状況に適した産業エコシステムを世界最高の水準で構築することに成功して、それで 1980 年代末から 1990 年代初頭にかけて世界を席巻したのは事実です。しかしながら、これから国内で産業エコシステムを新たに構築しようとしているアジア、アフリカ諸国は、21世紀の今日の世界の状況に適した産業エコシステムを構築するのです。その産業エコシステムの構造は、20 世紀後半の世界の状況に適した産業エコシステムとは相当異なるものとなります。その新しい産業エコシステムについて、果たして日本は偉そうに他国に教えられる立場にあるのでしょうか。むしろ、遅れている面が少なくはないのではないでしょうか。

　一例が、金融です。日本は、プロジェクト・ファイナンス、証券化、Fintech、AI、ブロックチェインとかが発達する以前の 20 世紀半ばに独特の方法の中小企業金融を含む開発金融制度を構築し、それは日本の経済成長を牽引しました。しかしながら、これからアジア、アフリカ諸国が開発金融制度を構築するのであれば、今申し上げたような最先端の成果を存分に活用できるわけです。それらを活用した上での新しい開発金融制度というのは、日本の中にもな

いわけで、それをアジア、アフリカ諸国の人々と、ともに手を携えて、一緒に作っていかなければならないことになります。先程申し上げたように、南部アフリカ開発共同体ではそういう作業を進めているのですから、その面については、日本はアフリカに教えを請わなければならないと考えます。そういう場にあって、日本人は素直に頭を下げて教えを請えるかどうか、その姿勢の問題が問われていると思います。

例を紹介させていただきます。

私の研究所が 2015 年 3 月にプノンペンで開催したカンボジア中小企業金融セミナーでカンボジア工業手工芸品省の局長から聞いた話です。当時工業手工芸品省は新たなカンボジア独自の中小企業金融制度の構築に取り組み、日本に専門家の派遣を要請しました。ところが日本が派遣したのは政府系金融機関の人で、日本の財政投融資制度を説明して、結論は、郵便貯金をやれ、と言って帰ったそうです。カンボジア側が期待したのは、証券化、Fin-tech 等最先端の成果を使って新しい中小企業制度を構築するという世界最先端のプロジェクトを指揮してほしい、ということでしたのに、そこに郵便貯金、です。

今日アジア、アフリカの人々が構築しようと取り組んでいる産業エコシステムの骨格をなす諸制度は、日本人にとっても未知なものなのです。教えたくとも日本国内にはないのです。日本人は、アジア、アフリカの人々と一緒に、時には教えを請いつつ、ゼロから開発していかなければならず、アジア、アフリカが日本人に期待しているのは、そのプロジェクト・リーダーの役割だと言えましょう。

もちろん日本政府は Society5.0 とか Connected Industries とかの最先端の取り組みを現在進めています。それらが本当に大きな成果を収め、日本がそれらの面で世界のトップを走るという事実が確定すれば、日本はそれらをアジア、アフリカに教えていくことができます。しかしながら、どうでしょうか。見通しは必ずしも明るくはない、とは言えるのではないでしょうか。

小林：

大変厳しいご意見をいただきました。自動車産業の話からアフリカの開発政策やその展望の話へと話題は展開してきました。おそらくアフリカでの自動車産業のありようやつくりようにもアフリカらしい何かが生まれようとしている

のかもしれません。我々も欧米、日本やアジアの経験を前提にアフリカを眺めるのではなく、アフリカを起点に日本やアジアを見直す視点が必要なように思います。それが何かに関しては次回の話題として今回は貴重な問題提起をもっていったん討論を閉めたいと思います。

【著者略歴】

中嶋聖雄（なかじま　せいお）（編著者、第 1 章）

香港生まれ。カリフォルニア大学バークレー校、社会学 Ph.D.。ハワイ大学マノア校社会学部助教授を経て、現在、早稲田大学大学院アジア太平洋研究科教授・同自動車部品産業研究所所長。専門は社会学、メディア論、次世代自動車産業研究。自動車研究関連論文として、「中国自動車産業の現情、問題点と将来展望」『月刊　車載テクノロジー』（2019 年、技術情報協会）、共編著に『自動運転の現状と課題』（2018 年、社会評論社）などがある。

小林英夫（こばやし　ひでお）（編著者、第 9 章、第 12 章、第 16 章）

1943 年生まれ。東京都立大学大学院社会科学研究科博士課程単位取得退学。駒澤大学経済学部教授、早稲田大学大学院アジア・太平洋研究科教授を経て、現在、早稲田大学名誉教授、早稲田大学自動車部品産業研究所顧問。主な著書に『産業空洞化の克服』（中公新書、2003 年）、『アジア自動車市場の変化と日本企業の課題』（社会評論社、2010 年）、共著に『アセアン統合の衝撃』（西村英俊・浦田秀次郎と共著、ビジネス社、2016 年）、『自動運転の現状と課題』（第 6 章、第 7 章担当、社会評論社、2018 年）。

小枝　至（こえだ　いたる）（編著者、第 11 章）

1965 年日産自動車（株）入社、生産、開発部門を歴任し、1990 年英国日産自動車製造会社副社長、1993 年より日産自動車取締役、常務、副社長を務め 2003 年代表取締役共同会長、2008 年相談役名誉会長、2004 ～ 2006 年日本自動車工業会会長、2012 ～ 2017 年日本自動車会議所会長、2005 ～ 2011 年早稲田大学客員教授（早稲田大学自動車部品産業研究所）。

西村英俊（にしむら　ひでとし）（編著者、第 12 章）

1952 年大阪生まれ。1976 年東京大学法学部卒業。通商産業省入省。1981 年 7 月米国イェール大学大学院修了（MA）。海外貿易開発協会アジア太平洋代表、通商政策局南東アジア大洋州課長、愛媛県理事、中小企業庁経営支援部長、日中経済協会専務理事、日中東北開発協力理事長等を経て、現在、東アジア・アセアン経済研究センター事務総長。早稲田大学客員教授。中国広西大学名誉教授。インドネシア・ダルマプルサダ大学客員教授。専攻、東アジア経済統合．産業政策。主要著作、『アセアンライジング』勁草書房、2018 年（編著）、『ASEAN の自動車産業』勁草書房、2016 年（編著）、『アセアン統合の衝撃』ビジネス社、2016 年（共著）、ほか。

高橋武秀（たかはし　たけひで）（編著者、第 10 章）

1953 年生まれ、東京大学法学部第 1 類卒業。1976 年通商産業省（現経済産業省）入省。2006 年社団法人日本自動車部品工業会（2011 年に　般社団法人日本自動車部品工業会に名称変更）専務理事・副会長に就任。同年早稲田大学自動車部品産業研究所客員研究員に就任、現在同研究所上席客員研究員兼早稲田大学客員教授、公益社団法人新化学技術推進協会専務理事・業務執行理事。共編著に『自動運転の現状と課題』（社会評論社、2018 年）。論文として「交通の自働化（特に自動車運行の自働化）続編」早稲田大学自動車部品産業研究所紀要、「自働運転の問題点　運転ロジックへのホスピタリティ視点の導入の必要性」『Hospitality』日本ホスピタリティ・マネジメント学会等多数。

太田志乃（おおた　しの）（第 2 章）

早稲田大学大学院アジア太平洋研究科博士課程満期退学（2007年）、同年より財団法人機械振興協会経済研究所調査研究部研究員。2019年より名城大学経済学部助教、機械振興協会経済研究所特任研究員。主な著作に『図解早わかり BRICs 自動車産業』（編著、2007）、『環境対応 進化する自動車技術』（共著、2008）、『中小企業のイノベーションと新事業創出』（共著、2012）、『自動車メガ・プラットフォーム戦略の進化』（共著、2018）『中国地方の自動車産業：人口減少社会におけるグローバル企業と地域経済の共生を図る』（共著、2019）などがある。

松本　周（まつもと　しゅう）（第3章）

1996年千葉県生まれ。早稲田大学教育学部卒。早稲田大学自動車部品産業研究所研究補助者。小糸製作所勤務。

堤　一直（つつみ　かずなお）（第4章）

東京生まれ。早稲田大学大学院アジア太平洋研究科国際関係学専攻博士課程修了、博士号（学術）。現在、慶熙大学附設国際地域研究員日本学研究所首席研究員など。論文として「ヒュンダイ・グループのエコカー戦略にリーダーシップが与える影響―資料・言説分析を通じての検証―」『早稲田大学自動車部品産業研究所紀要』（2018）など、翻訳として『日本植民地時代の朝鮮経済（数値・証言が語る日本統治下の社会）』（卜鉅一著）桜美林大学北東アジア総合研究所（2017）などがある。

松島正秀（まつしま　まさひで）（第5章）

1970年自動車部品会社入社、その後1977年（株）本田技研工業入社後、（株）本田技術研究所に配属され内装設計に従事、主に「シビック」シリーズの開発を担当。その他ではシートの基礎研究や車のコンセプト企画提案グループで初代「ビート」の原型を提案。4代目「シビック」で内装電装開発プロジェクトリーダー、初代「インスパイア」では開発責任者代行を担当後、研究所車体設計全体のマネージメント責任者。その後研究所の取締役、常務、専務を経て副社長として4輪開発責任者（本田技研工業取締兼任）となる。2000年（株）ショーワ代表取締役となり、2007年退任。その後、経産省、東北経産省、大分県、愛知県幸田町、関東学院大学、国立岩手大学、職業能力開発総合大学、（一法）機械振興協会の各種委員会委員を歴任。現所属は（一社）日本自動車部品工業会技術担当顧問、早稲田大学招聘研究員。
論文として、早稲田大学自動車部品産業研究所紀要「自動車開発システムの変遷と将来についての考察」（2013年11号）「日本自動車部品メーカーのグローバル市場に於ける活動課題」（2013年12号）「自動車部品メーカーによる公的支援を活用した研究開発実態調査」高橋武秀氏と共著（2014年13号）「自動運転への各社の取り組み」（2017年19号）「新しいものづくりの模索」（2017年20号）、『自動運転の現状と課題』（第2章担当、社会評論社、2018年）。

今井英二（いまい　えいじ）（第6章）

1971年東京大学工学部、産業機械工学科卒、日産自動車入社、車両設計部。1989年、米国 Nissan R&D 出向、車両開発 Director、1991年既刊設計部主管、1994年米国 Nissan R&D 出向、商品開発 VP、1997年車両設計部部長、1999年商品企画本部本部長、常務執行役員、2007年日産自動車退職。2012年一般社団法人日本自動車部品工業会技術担当顧問。

石岡亜希子（いしおか　あきこ）（第7章）

早稲田大学大学院アジア太平洋研究科博士課程研究指導終了退学。現在、早稲田大学自動車・部品産業研究所招聘研究員。専門は社会学（文化）、中国研究、障害学。自動車研究として、三友仁志監修・

石岡亜希子作成「文献目録：自動運転車関連」『自動運転の現状と課題』（2018 年、社会評論社）がある。

水戸部啓一（みとべ　けいいち）（第 8 章）

1971 年東京理科大学卒業、同年、本田技研工業（株）入社、（株）本田技術研究所にて商品開発、技術研究、商品企画などに従事、本田技研工業（株）環境安全企画室長、経営企画部長を経て 2010 年退職。その後、神奈川工科大学非常勤講師、専修大学経済学部兼任講師を経て、現在、（特定非営利法人）国際環境経済研究所理事、専修大学社会科学研究所客員研究員、早稲田大学自動車部品産業研究所招聘研究員。著作に「展望　次世代自動車」「グローバル競争下の自動車産業」「2050 年戦略 モノづくり産業への提案」（全て共著）がある。

二木正明（ふたぎ　まさあき）（第 9 章）

1953 年生まれ。早稲田大学理工学部電気工学科卒業。ソニー株式会社勤務を経て、早稲田大学大学院アジア太平洋研究科博士課程単位取得退学。現在、早稲田大学自動車部品産業研究所招聘研究員。主な論文に『世界自動車部品企業の新興国展開の実情と特徴』（小林英夫・金英善・マーティン・シュレーダー編、第 1 章第 3 節担当、柘植書房新社、2017 年）、「バスに乗り遅れた日本企業の現状と将来」『早稲田大学自動車部品産業研究所紀要 18 号』（2017 年）、書評として、逢坂哲彌監修『自動運転』（『早稲田大学自動車部品産業研究所紀要 19 号』、2017 年）、田中道昭著『2022 年の次世代自動車産業　異業種戦争の攻防と活路』（『早稲田大学自動車部品産業研究所紀要 20 号』、2018 年）、『自動運転の現状と課題』（文献目録：自働運転車関連担当、社会評論社、2018 年）

岩崎総則（いわさき　ふさのり）（第 12 章、第 13 章）

1988 年大阪生まれ。2012 年京都大学法学部卒業。2014 年京都大学大学院法学研究科法政理論専攻修士課程修了。日本学術振興会特別研究員（DC1）を経て、現在、東アジア・アセアン経済研究センター（ERIA）シニア・リサーチ・アソシエイト。早稲田大学自動車・部品産業研究所招聘研究員。専攻、国際政治学、国際経営学。

植木　靖（うえき　やすし）（第 13 章、第 16 章）

1999 年アジア経済研究所（IDE-JETRO）入所。国連ラテンアメリカ・カリブ経済委員会（2002 ～ 2005 年）、IDE-JETRO バンコク研究センター（2007 ～ 2012 年）、東アジア・アセアン経済研究センター（ERIA）（2014 ～ 2018 年）勤務を経て、現在、IDE-JETRO 開発研究センター主任研究員。大阪大学博士（国際公共政策）。

穴沢　眞（あなざわ　まこと）（第 14 章）

1957 年生まれ。北海道大学大学院経済学研究科博士後期課程単位取得退学、博士（経済学、北海道大学）。小樽商科大学商学部講師、同助教授を経て 1997 年より同教授。マレーシア国立マラヤ大学経済行政学部客員研究員（1988 年及び 1993 年）。マレーシア経済、同国の工業化政策、自動車産業、エレクトロニクス産業、地場中小企業などを研究。主要著書、『発展途上国の工業化と多国籍企業－マレーシアにおけるリンケージの形成－』（文眞堂、2010 年）、「マレーシア経済－先進国入りを目指す多民族国家」『ASEAN 経済新時代と日本－各国経済と地域の展開』（トラン・ヴァン・トウ編著、文眞堂。2016 年）など。

Martin Schröder（マーティン・シュレーダー）（第 15 章）

ドイツ生まれ。早稲田大学アジア太平洋研究科学術博士。2014 年より早稲田大学自動車・部品産業

研究所客員次席研究委員経て、2017 年より九州大学オートモーティブシステムズ専攻准教授。
『世界自動車部品企業の新興国展開の実情と特徴』（小林英夫・金英善・マーティン・シュレーダー編、
柘植書房新社、2017 年）
マーティン・シュレーダー「Viet Nam's Automotive Supplier Industry: Development Prospects under Conditions of Free Trade and Global Production Networks」（2017 年）ERIA
Tristan L.D. Agustin・マーティン・シュレーダー「The Indian Automotive Industry and the ASEAN Supply Chain Relations」（2014 年）ERIA

前田充浩（まえだ　みつひろ）（第 16 章）

東京大学法学部卒業後、行政官と研究者の「回転ドア」のキャリアを歩む。

行政官として、内閣安全保障室主査、在タイ国日本国大使館一等書記官、経済産業省大臣官房企画官（国際金融担当）、経済産業省資金協力課長等を歴任。研究者として、埼玉大学大学院政策科学研究科助教授、政策研究大学院大学客員教授等を歴任。この間、英国王立国際問題研究所（チャタムハウス）、ジョンズホプキンス大学高等国際問題研究大学院（SAIS）、ケンブリッジ大学でそれぞれ客員研究員。2011 年より産業技術大学院大学教授。

■編　者　中嶋聖雄・小林英夫・小枝至・西村英俊・高橋武秀

早稲田大学自動車部品産業研究所叢書　No.1

「100年に一度の変革期」を迎えた自動車産業の現状と課題

2019年10月20日 第1刷発行　定価4,200円＋税

編　者　中嶋聖雄・小林英夫・小枝至・西村英俊・高橋武秀
装　幀　市村繁和（i-Media）
発　行　柘植書房新社

　　　　〒113-0001　東京都文京区白山1-2-10-102
　　　　TEL03（3818）9270　FAX03（3818）9274
　　　　https://www.tsugeshobo.com　郵便振替00160-4-113372
印刷・製本　創栄図書印刷株式会社

乱丁・落丁はお取り替えいたします。　　ISBN978-4-8068-0730-8　C3033

世界自動車部品企業の
新興国市場展開の
実情と特徴

小林英夫・金 英善・マーティン・シュレーダー[編]

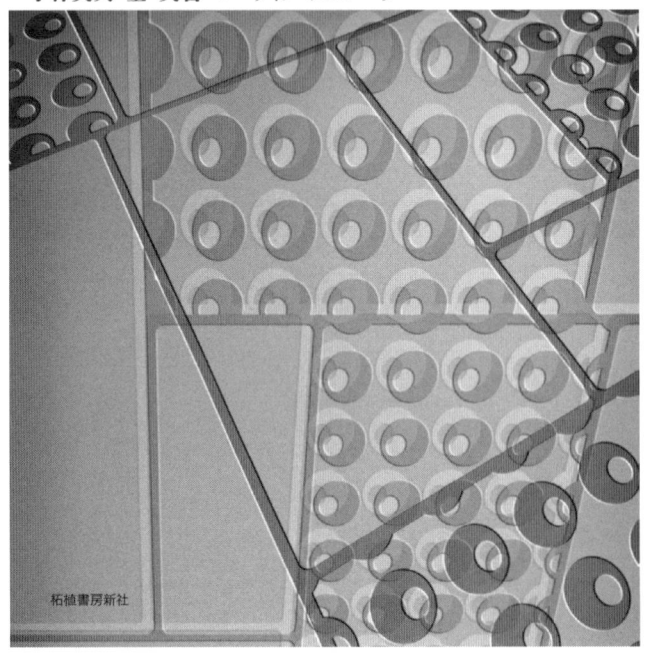

柘植書房新社

世界自動車部品企業の
新興国市場展開の実情と特徴

小林英夫・金英善・マーティン・シュレーダー編

A5 上製　296 ページ　定価 3500 円＋税

ISBN978-4-8068-0671-4